化学镀的物理化学基础与实验设计

李　钒　夏定国　王习东　编著

北　京
冶 金 工 业 出 版 社
2021

内 容 提 要

本书介绍了如何利用无机热力学数据库提取数据，绘制热力学参数状态图（包括电势-pH图）的原理与方法，化学镀沉积反应自由能的计算，以及化学镀的热力学条件分析；同时介绍了化学镀动力学的分析方法（包括建模和推导其数学表达式），并对动力学数据库给予简单说明，便于读者应用与查询。为使读者能具体应用指导实验，书中还针对可磨耗封严材料、化学电源材料以及隐身涂层等高技术材料的要求，运用基础理论设计化学镀的新体系以及相关的实验技术和方法。最后针对产业化的需求，突出介绍计算机优化技术（统计模式识别、人工神经网络、遗传算法以及网络化的人工神经网络-遗传算法等）的应用，并对相关工艺的参数进行了优化和工艺寻优。

本书可供化学化工、能源与环境、国防军工、材料科学、冶金等相关专业高年级学生、研究生以及科技人员参考。

图书在版编目（CIP）数据

化学镀的物理化学基础与实验设计/李钒等编著.
—北京：冶金工业出版社，2011.1（2021.3重印）
ISBN 978-7-5024-5427-2

Ⅰ.①化… Ⅱ.①李… Ⅲ.①化学镀—物理化学
—化学实验 Ⅳ.①TG174.4-33

中国版本图书馆CIP数据核字（2010）第240021号

出 版 人　苏长永
地　　址　北京市东城区嵩祝院北巷39号　邮编　100009　电话　(010)64027926
网　　址　www.cnmip.com.cn　电子信箱　yjcbs@cnmip.com.cn
责任编辑　宋　良　王雪涛　高　娜　美术编辑　张媛媛　版式设计　葛新霞
责任校对　石　静　责任印制　禹　蕊
ISBN 978-7-5024-5427-2
冶金工业出版社出版发行；各地新华书店经销；北京中恒海德彩色印刷有限公司印刷
2011年1月第1版，2021年3月第2次印刷
148mm×210mm；9.5印张；282千字；295页
25.00元
冶金工业出版社　投稿电话　(010)64027932　投稿信箱　tougao@cnmip.com.cn
冶金工业出版社营销中心　电话　(010)64044283　传真　(010)64027893
冶金工业出版社天猫旗舰店　yjgycbs.tmall.com
（本书如有印装质量问题，本社营销中心负责退换）

前　言

近年来，随着科学技术的进步，化学镀技术也发展迅速，已用于制备纳米薄膜、纳米纤维、纳米球、纳米棒、纳米球壳层、纳米包覆粉体等诸多新材料。其应用领域也不断拓宽，覆盖了能源、电子、原子能、航空航天、化学化工、石油、冶金、机械和汽车制造等工业部门。

用化学镀制备可磨耗封严材料，如镍包覆氮化硼、镍包覆球形二氧化硅、镍包覆硅藻土等材料，是高新技术和国防工业需求的重要材料之一，可用于航空燃气涡轮发动机。

化学镀在化学电源材料中有着重要的应用，如化学镀负载铂、铂-镍合金等催化剂，制备的中空镍纤维是发展无污染的化学电池的重要材料之一。随着环境科技的发展，无污染的能源备受人们的关注，研究化学沉积金属过程，对促进化学能源的发展也具有一定的实际意义。

化学镀制备纳米吸波材料、纳米或纳米复合隐身涂层材料是国内外关注的重点之一。

本书共分 5 章，第 1 章介绍了化学镀的发展沿革及其应用；第 2 章为化学镀的热力学基础，介绍了无机热力学数据库及其应用，热力学参数状态图的绘制和自由能的计算方法；第 3 章为化学镀的动力学分析，分析镀覆机理，介绍了三种模型的建立及相关公式的推导；第 4 章为化学镀金属的实验设计与材料制备，以镀镍、钴、铜、铁-镍、铂等为对象，介绍了化学镀的实验实例及一些高新技术用的材料制备；第 5 章为化学镀工艺参数优化，介绍了统计模式识别、人工神经网络、遗传算法，以及网络化的人工神经网络-遗传算法等方法，以及利用计算机对化学镀的工艺参数进行优化、寻优及分析各单因素对沉积时间的影响规律。

编著者衷心感谢国家自然科学基金（No. 50974006；No. 50425415）、

教育部留学回国人员科研启动基金（第 39 批）北京市自然科学基金（No. 2102004）、北京工业大学博士启动基金项目（X0005012200901）和北京市创新团队基金（PHR200907105）的资助。感谢张登君研究员指导和中科院过程工程研究所老师和朋友们的支持和帮助，感谢方克明、郭敏、张梅教授等审阅了相关的内容，并提出了宝贵的意见。

限于作者的水平，书中不当和疏漏之处，敬请读者批评和指正。

编著者

2010 年 8 月

目　录

1 化学镀的发展沿革及其应用

国内外采用的化学镀（electroless plating）这个术语，充分地反映了金属的沉积是纯化学反应（包含催化作用）的本质，有别于电镀沉积金属过程。

化学镀是靠溶液中的化学反应（还原剂的氧化反应）提供还原金属离子所需的电子，无需外电源的化学沉积过程。这种靠溶液中的氧化还原反应沉积金属的湿化学沉积方法可分三类：（1）置换法：将还原性较强的金属（基材），在氧化性较强的金属盐溶液中给出电子，使溶液中的金属离子还原，沉积在基材表面形成金属镀层。此方法也称浸镀。因镀层薄、镀层与基体结合不够紧密，适合浸镀的金属基材和镀液的体系不多，应用较少。（2）接触镀法：辅助金属的氧化还原电位低于溶液中沉积金属的电位，辅助金属接触到溶液时放出电子，使溶液中沉积金属离子还原沉积在基材表面，形成金属镀层。此法应用于非催化活性基材引发的化学镀。（3）还原法：在金属盐溶液中添加还原剂，还原剂提供的电子还原金属盐溶液中的金属离子，使之沉积在基材表面形成金属镀层。现在所称的化学镀，就是专指还原法中，在具有催化能力的活性表面上沉积金属镀层。由于在镀覆过程中沉积层仍具有自催化能力（有文献称其为自催化沉积过程），从而可以连续沉积，形成具有一定厚度的有实用价值的金属镀层。

化学镀是靠基材表面的自催化活性中心引发金属沉积过程，因此具有一系列优点，如镀层晶粒细、致密、孔隙率低，结合力一般优于电镀，可在经敏化、活化处理的非金属（非导体）表面上进行，某些镀层还具有特殊物理化学性质，工艺设备简单等。但化学镀也存在镀液组成复杂不易控制，成本较高，沉积的金属及合金的种类远不及电镀多等不足之处。

化学镀作为技术形成于 20 世纪 40 年代，且具有工业应用的前景；在 70 年代化学镀技术才受到重视，发展迅速，并开始在工业上应用。到了 90 年代，化学镀技术得到了广泛的应用。

特别是近年来，随着科学技术的发展，化学镀技术发展迅速，应用领域不断拓宽，在制备纳米薄膜、纳米纤维、纳米球、纳米球壳层、纳米粉体包覆等诸多新材料方面得到广泛的应用，满足了军工、国防和高新技术的需求，并促进了相关领域的科学和技术的发展。

1.1　化学镀发展简史

1844 年，乌尔特兹（A. Wurtz）已发现次磷酸盐在水溶液中可以还原出金属镍。但直到 1946 年，布兰内尔（A. Brenner）和瑞道（G. Riddell）报道了他们在水溶液中获得 Ni-P 的研究成果，并在 1947 年提出沉积镍的方法和成层的催化机理，使化学镀技术具有了工业应用的价值。1955 年，美国建立了第一条化学镀生产线，制定了操作规程和管理制度，生产化学镀镍的商品。1957 年，卡赫尔（Cahill）提出了化学镀铜技术，随后很快在印刷电路板、电屏蔽等方面得到应用。1959 年，在美国召开了第一届化学镀学术会议，从而标志着化学镀技术正式形成。

随着工业发展对材料性能要求的提高和研究的深入，人们逐渐认识到化学镀的一些优点。20 世纪 70 年代以后，化学镀作为一种新技术开始受到重视。在此期间，发表了大量的学术论文、专著和专利；发展了次磷酸钠、硼氢化钠作还原剂的化学镀工艺，并开始研究镀液的再生技术；试验研究添加配合剂、稳定剂等添加剂，出现了“双稳定、双配合”的配方，从而达到延长镀液的使用寿命和提高镀覆产品的质量的目的。80 年代，西方发达国家化学镀技术的研究、开发和应用成果频频，化学镀技术处于迅速发展阶段。

特别是 90 年代之后，随着计算机和高新技术的发展，为化学镀技术的发展提供了巨大的空间。1990 年，美国电化学学会开始出版《化学镀学术报告专集》，标志着化学镀技术处于稳定的发展阶段。化学镀技术已在耐腐蚀镀层、耐磨与减磨镀层、电接触镀层、微电子学应用（印刷电路、集成电路连线）以及改善钎焊性能镀层、电源材料、磁性薄膜（包括计算机磁盘），以及非金属材料表面金属化

（包括电磁辐射屏蔽材料）、金属基材增强剂、表面增强等方面得到更加广泛的应用。近年来，随着科学技术和现代工业的发展，化学镀技术的应用领域不断拓宽，覆盖了机械、汽车制造、电子、能源、航空航天、化学化工、石油和冶金等工业部门。

化学镀技术的出现和发展是以理论研究为基础，推动了应用技术的发展。同时，工业技术的发展和应用的需求也不断促进了化学镀技术向纵深发展。

化学镀技术的核心问题是镀液的组成和性能。化学镀液的最基本组成是主盐、还原剂和配合剂。主盐在镀液中起着提供被还原的金属离子的作用，一般要求在水溶液中有一定的溶解度和稳定性（即在一定的 pH 值范围内不产生水解或分解），同时主盐的阴离子对自催化过程应无明显的副作用。采用盐类的阴离子有硫酸根、乙酸根、氯化物等，特殊情况下也有用硝酸根的。还原剂是自催化镀液的关键组分，常用的还原剂包括次磷酸盐、硼烷衍生物、联氨系列、甲醛等。还原剂在体系中的还原能力，以及还原剂的化学稳定性和还原剂的氧化产物对镀层及沉积反应的影响，一直是研究者关注研究和分析的对象。还原剂的还原能力一般可根据其还原电势判别，还原电势越负，其还原能力越强。配合剂在镀液中的主要作用为：

（1）形成金属配合离子，使平衡电势改变，有利于金属沉积；

（2）降低金属离子在溶液中的浓度，防止产生沉淀；

（3）掩蔽杂质，提高镀液稳定性。

因此，对配合剂的要求有：形成的金属配合离子在溶液中有一定的溶解度；配合离子具有一定的稳定性，不分解、不水解；对自催化沉积过程无有害的影响。

随着高科技和国防工业的发展，对材料的要求不断提高。制备出满足高科技和国防工业所需性能的镀层和新材料，研究新的镀液组成、性能和工艺条件并降低制备成本，仍是化学镀技术方兴未艾的研究课题。

1.2 化学镀金属在高新技术中的应用

化学镀金属（如镍、铬、铜等）是化学镀技术中研究和工业化应用得最早，也是应用面最广的镀层制备技术，并随科学技术的发展和工业的进步不断发展着。以镍为例，从 20 世纪 70 年代末以次磷酸盐为还原剂制备 Ni-P 合金的 Ni 镀层的发展看，化学镀镍经历了应用于核工厂的储槽、槽车内衬的含磷 5% ~8% Ni 镀层，80 年代出现用于磁盘驱动器、电子设备等的含磷 9% ~12% Ni 镀层，90 年代出现高硬度、可焊性好的低磷（含磷约 4%）Ni 镀层以及高导电性的 Ni-P-Cu、Ni-P-Sn、Ni-B 接触材料镀层。直到 21 世纪初，仍有 Ni-P、Ni-P-ZrO_2-Al_2O_3 包覆碳纤维和 Ni（P）、Ni（B）纳米薄膜以及 Ni-P、Co-P 包覆纳米陶瓷粉的研究报道。

近年来随着高新技术的发展，对化学镀金属材料的新需求不断出现，促进了有关研究的不断发展和深化。这些研究不仅推动了化学镀技术的发展，也开拓了化学镀技术新的应用领域。诸如化学镀镍在可磨耗封严涂层材料、镍基化学电池、燃料电池电极表面负载金属、双金属催化剂，以及在隐身涂层材料（电磁吸波材料）中的应用。

1.2.1　化学镀金属在可磨耗封严装置中应用的背景

随着高新技术的不断发展，对微细部件、粉体材料化学镀镍的需求越来越迫切。颗粒的尺寸越小，其比表面积越大，镀覆难度也就越大，对化学镀镍技术提出了更高、更苛刻的要求。近年来，通过联氨还原化学沉积制备 Ni 包覆碳纤维、Ni 包覆硅藻土、Ni 包覆 BN 等封严材料是人们关注的研究课题。

燃气涡轮发动机压气机的低温、中温封严部件，控制转子叶尖间隙，减少气体泄漏，提高级间压力差，是提高涡轮燃烧效率，提高推力和整机性能的有效方法之一。早在 20 世纪 70 年代末，英、美、苏等国家许多大航空发动机制造厂家都在研究用复合粉体材料和热喷涂涂层技术，制造航空燃气涡轮高低温部位的可磨耗封严装置，如图 1-1 所示。它们具有部件易制造，投资少，成本低，安全可靠，并且易翻修更换等优点，至今仍被认为是制造燃气涡轮封严技术上最为经济可靠和结构合理的方法。在研制某型燃气涡轮发动机时，为提高该机的热效率和推力，降低发动机油耗，延长飞行时间和飞行距离，希望发动机 6 个热端部件达到最佳的封严状态。因此，探求新型可磨耗封严涂层材料，成为研制该型燃气涡轮发动机必须解决的关键问题之一。前苏联曾报道了采用 AlNi/BN 复合粉末和热喷涂涂层技术，制备极小型涡轮发动机多处中温（873～1073K）部位的封严。该涂层材料主要由 НИБОН-20 和 Al 组成，芯材是颗粒度为 2μm 的 BN。

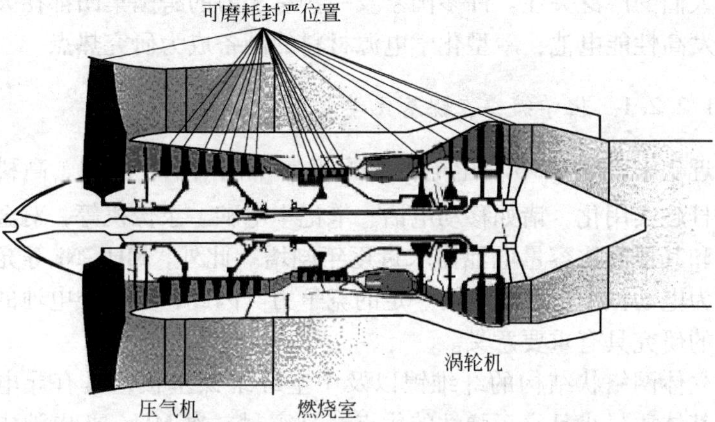

图 1-1 可磨耗封严材料在涡轮发动机中的应用示意图

为满足国防工业所需，目前国内外正在研究开发用于燃气涡轮发动机的 AlNi /BN 可磨耗封严涂层材料。从镍铝/氮化硼复合粉体材料成分看，六方氮化硼高温（<1173 K）的热稳定性和化学稳定性能良好，又具有良好的润滑性能。它和镍铝构成的复相材料作为可磨耗金属复合陶瓷涂层，用于燃气涡轮发动机 873 ～ 1073 K 部位的封严系统。由于工作环境原因，对此材料的硬度、杂质含量等要求很苛刻，故必须采用化学镀纯 Ni 工艺。从热力学角度看，氮化硼在任何温度下均可与水发生反应，其在低温水溶液体系中反应速度很慢，相对比较稳定；但当水温高于 373 K 时，会发生水解，生成硼酸和氨，且反应速度较快。

由此可见，直接采用水热氢还原化学沉积，在水热反应条件下，BN 颗粒（2μm）必会发生水解。因此，选择能镀纯金属镍的化学镀新体系，制备合格的前驱体和采用合理的流程，才能解决相关的问题。

1.2.2 化学镀金属在化学电池中应用的背景

随着空间技术、移动通信、航空航天等领域的快速发展，以及现代人们对能源危机、环境保护的关心，高性能电池的研究和开发已引起了人们的广泛关注。许多国家及一些有实力的跨国集团都在大力研究开发高性能电池，新型化学电源材料的制备成为研究热点。

1.2.2.1 化学镀镍在镍基化学电池中的应用

近年来，MH_X-Ni 充电电池发展迅速，在军工、国防、高科技等领域日趋实用化，诸如移动电话、笔记本电脑、录像机等，对金属氢化物和其他高比容量电池需求量逐年剧增。此外，MH_X-Ni 等充电电池作为电动汽车电源也具有一定的竞争力。因此，对此类电池的电极材料的研究具有重要意义。

立体网络状结构的纤维镍以及中空纤维镍基板，具有导电性能好、基体质量小且富于弹性的优点，是密封二次 MH_X-Ni 电池内部镍正极的关键材料。由其制成的基板电极，具有高比容、高充放电效率，且电极稳定性好。20 世纪 80 年代以来，美国、法国、德国、日本等国先后开始纤维镍电极的研究工作，我国张登君提出了采用水热法制备中空镍纤维的方法。而中空纤维镍基板、电极的制备研究与应用却始于 90 年代。多孔镍基板，如发泡镍基板、轻型含纤维镍基板等的研究，是提高镍氢电池性能的关键问题之一。电极是由基板充填活性物质制成。目前常规使用的镍纤维毡电极及泡沫镍电极因内阻大，致使高倍率放电时放电电压降低。而纯金属镍粉烧结的电极，因孔隙率低使活性物质载量低。相比而言，中空纤维镍电极富有弹性，为放电过程中活性物质体积收缩产生的应力释放提供了有利条件，且活性物质载量高。因此，国内开展了用烧结法制备中空纤维镍基板和电极的工艺研究。以往文献中所介绍的多是通过单因素影响的研究来选择基板制备的工艺参数，近年来出现了用统计模式识别优化工艺参数的研究，使工艺优化从“炒菜”式发展到借助计算机优化。然而，采用统计模式识别技术只能找到目标优化区，尚不能预报最佳工艺条件。

中空纤维镍基板制备工艺是将镍粉与中空镍纤维以及助剂和造孔剂等制成浆料，去除其中的气体，然后在穿孔镀镍薄钢带上刮浆、干燥，再在1300 K左右氨裂解气气氛下烧结20 ~ 30min获得多孔镍基板（图1-2）。SEM观测可以看出：在100%中空镍纤维基板中，中空镍纤维彼此穿插形成网络结构，镍颗粒连接网络结构的间隙，这种结构有利于提高基板的孔率以及导电连接。诸多实验表明，用中空镍纤维制备的电极具有良好的电化学性能，由此可见，中空镍纤维在镍基化学电池中的应用具有良好的前景，中空镍纤维制备新方法的基础研究具有重要的理论和实际意义。

图1-2 100%中空纤维镍基板三维网络结构的SEM照片

1.2.2.2 化学镀在燃料电池电极负载催化剂材料中的应用

燃料电池（fuel cells，FCs）是一种使燃料氧化时释放出的化学能直接转变成电能的电化学装置，由多孔材料和催化剂组成。常用燃料除氢气外，还有甲醇、联氨和烃类等。氧化剂一般为氧气和空气。电解质常见的有磷酸、氢氧化钾、熔融碳酸盐及离子交换膜等。燃料电池按工作温度可分为低温、中温和高温三种类型。与常规电池相比，燃料电池具有能量转换效率高、可连续运转、环境友好、低噪声以及效率不随电池功率和负荷大小而变化等特点。因此，在小规模的系统里能呈现高的产出效率。只要提供燃料，FCs的性能就能保持，并且取决于选择的燃料。

质子交换膜燃料电池（proton exchange membrane fuel cell，PEMFC），具有能量转换效率高，燃料来源丰富，贮存与携带方便，安全可靠，有明确应用前景，备受世界各国关注。对使用甲醇燃料的质子交换膜燃料电池称为直接醇燃料电池（direct-methanol fuel cell，DMFC）。目前国内外都在研制电动汽车、小型电站、应急电源和不间断电源等，且已有示范工程。然而 PEMFC 还存在一些限制其大规模商业化应用的问题：一是目前使用的 Nafion 质子交换膜的工作温度低（80℃），化学能利用不足，而对 DMFC 还有甲醇渗透导致电池的输出功率大幅度降低的问题；二是氧在阴极还原与水分子作用生成过氧化氢，对 Nafion 质子交换膜和碳质载体产生严重腐蚀作用，降低催化性能和影响电池寿命；三是目前常用的 Pt/C 催化剂价格高，铂的资源有限，且存在碳质载体的腐蚀，Pt 微颗粒的聚并长大催化性能下降问题。若把电池工作温度提高到中温（100℃以上），铂的热稳定性和抗腐蚀性能明显下降。为此，国内外燃料电池材料研究领域关注的核心问题是：催化剂、催化剂载体、复合质子交换膜和双电极等新材料的研究和试制。

近年来研究采用高性能的碳质载体，如碳纳米管、石墨化炭黑和富勒烯等，虽能大大降低碳质材料的腐蚀速率，但作为长时间使用的催化剂载体，还是未能从根本上解决其在长期启动-制动循环过程中的稳定性问题。也有研究采用氧化物（如 TiO_2、ZrO_2、SnO_2、CeO_2 和掺杂氧化物等氧化物）包覆碳质材料作为载体负载贵金属催化剂的研究。虽然氧化物具有很好的抗氧化性，能改善碳质的腐蚀速率，且有助催化性能可降低贵金属的用量，但依然没有从根本上解决载体的长时间稳定性问题。况且氧化物的电子导电性与碳质载体相比相差甚远，使电极催化剂的导电问题显现。人们期望能够用抗氧化性高于碳质材料，而电子导电性能与全碳质载体相当的氧化物载体替代目前的碳质载体，从根本上解决碳载体的腐蚀问题。众多氧化物中具有可与石墨化碳材料的室温电子电导率相比的 Ti-O Magneli 相材料成为备选材料之一。

为提高催化剂的活性、耐毒性和长期稳定性，减少铂用量，非铂和部分替代铂的阴极催化剂已成为目前国内外的研究热点。图 1-3 为合成的 MoN 催化剂的透射电子显微镜照片。在研究 Pt-Bi 新体系催化剂时，发现 PtBi、$PtBi_2$（图 1-4）等金属间化合物具有良好的氧还原催化性能和抗甲醇中毒性能。PtBi 具有抗甲醇中毒性能的原因，是因 PtBi 电极表面氧还原电流增大，提高了电催化剂对氧还原反应的催化活性。同时提出 PtBi 材料中 Pt 的 d 电子空穴增加和铂"皮肤"效应

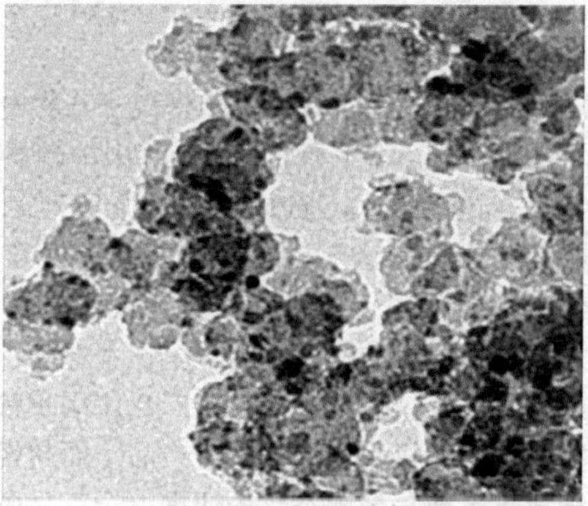

图 1-3 MoN 催化剂的 TEM 照片

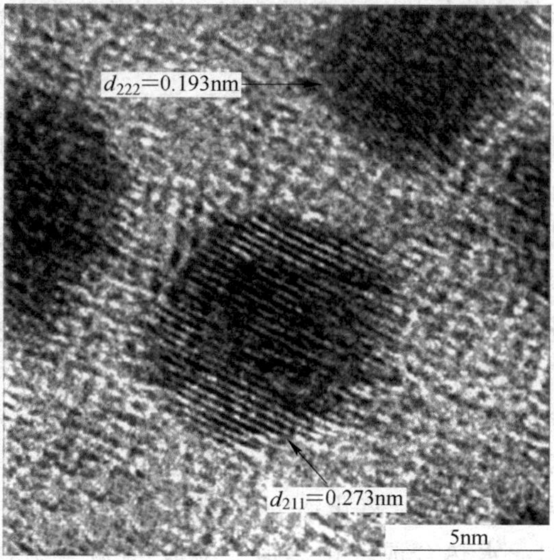

图 1-4 $PtBi_2$纳米粒子（211）和（222）面 HREM 像

机理。这为寻找和设计高效的催化剂建立更加清晰的理论依据。

针对提高催化剂的活性和寿命以及长期稳定性，降低贵金属使用量，降低成本促进规模化商业应用，研究用化学镀法在Ti-O Magneli相材料负载Pt（Pt-Ni）催化剂对促进直接醇燃料电池和质子交换膜燃料电池的规模化应用具有重要的意义。

1.2.2.3 锂离子电池

1990年索尼（SONY）公司首先推出锂离子二次电池产品，并非常迅速地占据了电池市场。与其他二次电池相比，锂离子电池具有工作电压高、质量小、比能量大、自放电小、循环寿命长、无记忆效应、环境污染小等优点，是世界各国争先研究和开发的二次化学电源。锂离子电池迅速替代了镍镉、镍氢电池成为最受欢迎的高能电池。由于最近几年移动通信的快速发展，笔记本电脑，以及便携式消费类电子产品的日益普及，锂离子电池已广泛应用于移动电话、笔记本电脑、数码相机和摄像机等便携式电子产品。而超轻超薄、高能量密度和柔性的锂离子电池是全固态化的便携电子产品所期待的。随着人们对环境污染的日益关注，研制具有零排放的电动汽车或低排放的混合动力汽车的步伐加快。大容量、高功率的锂离子电池是理想的车用动力电源。因此，研制具有大容量、高功率、快速充放电和安全可靠、环保以及廉价的锂离子电池，在电动汽车、混合动力汽车、航空航天、大容量储能设备等领域也具有很好的应用前景。所有这些都促进了锂离子电池工业的迅速发展。

目前商业化的锂离子电池负极材料大都为石墨碳材料（MC-MB），碳材料在锂插入时会形成钝化膜或电解质-电极界面膜，膜的存在对电化学性能影响非常明显。因此用化学镀、水热或电化学等方法对石墨电极材料表面掺杂、修饰和改性处理，可改善其电化学性能和安全性，增加比容量以及提高稳定性。近年来，国内外开始研制新型负极材料，如含纳米氧化锡储锂、纳米氧化锰、纳米孔球形硬炭、纳米硅和纳米氧化铬等高容量负极材料；这些纳米材料湿法制备诸如：水热合成、化学镀、溶胶-凝胶等方法，均有成功的先例。

1.2.2.4 固体氧化物燃料电池

固体氧化物燃料电池（solid oxide fuel cell，SOFC）具有高效率和极好的长期稳定性能，采用固体氧化物作为电解质，不会产生电解液腐蚀等问题。另外，在高的工作温度下电池排出的高质量余热可以充分利用，综合效率超过80%，高于任何一种传统的发电机和其他类型的燃料电池，系统费用可大幅度削减；它的燃料适用范围广，当用氢作燃料时，系统排出的仅为水，被公认为是搭接“氢社会”的桥梁。即便使用完全不同的燃料时，例如CO、天然气（甲烷）、煤气化气、碳氢化合物等作燃料，排出物仍比其他矿物燃料系统的少。SOFC系统涉及的技术领域极其广泛，包括电力、能源、建筑的供电供热和空调、化工、交通运输、电子控制和传感器、环境等。因此，SOFC是近年来全世界集中研究与开发的重点。目前由于高温SOFC的工作温度仍超过800～1000℃，高温控制困难，启动时间长等是应用的瓶颈。中温SOFC的工作温度在800～600℃，目前最好的工作温度接近600℃。SOFC的关键构件是电解质、阳极和阴极。传统的电解质是氧化钇（8%摩尔分数）稳定氧化锆（8YSZ）。目前普遍使用的阳极材料是Ni+电解质，其电子和离子导电性能较好，但仍存在电极烧结、阳极积碳和对含硫燃料容忍性差等问题。阴极损耗影响SOFC的性能，发展更好的SOFC阴极是一个非常活跃的研究课题。SOFC的工艺和性能研究包括粉体制备，电解质和电极的成形，电解质、阴极和阳极的沉积工艺。由于目前阴极和阳极的沉积还没有采用化学镀方法的报道，因此本书暂不涉及。

综上所述，被称为绿色电源的化学电池是国内外研究的热点之一，发展很快，化学镀在化学电池中的应用主要是：电极材料的表面修饰、掺杂和改性处理；在电极表面负载催化剂以及探索新的纳米负极材料等。以期提高充放电速率，改善其电化学性能和安全性，增加比容量、提高稳定性，降低成本促进规模化商业应用等。

1.2.3 化学镀金属在吸波材料中应用的背景

隐身技术作为提高战术武器系统生存能力和作战效能的有效手

段，受到世界各国的高度重视。美国在隐身技术基础理论和实际应用研究方面始终居于前列，图 1-5 是美国 B-2 战略轰炸机雷达吸波材料的部位与内部结构示意图。由图可看出多处采用了吸波涂层和吸收剂。

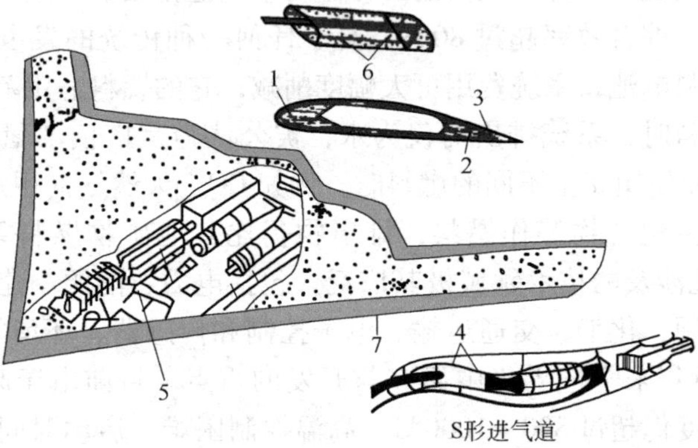

图 1-5　美国 B-2 战略轰炸机雷达吸波材料的部位与结构示意图

1—吸波纹板；2—多层吸波蒙皮；3—磁损耗和电损耗吸波涂层；4—雷达吸波衬里；5—屏蔽电子设备；6—蜂窝网格填充的磁损耗吸收剂；7—机翼表面吸波涂层

现代战争中雷达是探测目标的最可靠方法。隐身材料主要针对雷达波的发展和应用，是隐身技术发展的一个关键问题。吸波材料是实现隐身性能的方法之一。随着电子技术和国防工业的发展，对吸波材料提出了更高的综合性能要求，未来的吸波材料应具有厚度薄、质量小、频带宽、多功能的特点。

吸波材料的主要组成是吸收剂和基体材料（涂覆型为胶黏剂）。吸收剂提供吸收性能，吸收衰减入射的电磁波并转换成热能而耗散掉，或使电磁波因干涉而减弱，减少回波能量，达到目标隐身，是决定吸波材料吸收性能的主体。基体材料（或胶黏剂）提供黏结或承载性能。目前，研究开发高性能吸收剂是世界各国关注的热点。

通常使用的高吸收率的电磁波吸收剂有金属超细粉、导电炭黑和铁氧体粉末。金属超细粉体如 Co、Ni 以及它们的合金 CoNi、FeNi 粉体，它们的特点是密度大，电导率也大。近年有使用磁性多晶金属纤维如 Fe、Co、Ni 及其合金以及包覆金属的碳纤维等作为吸收剂的研究报道。因纤维具有独特的形状，各向异性，通过磁损耗或涡流损耗等多种吸波机制来损耗入射电磁波能量，以此来实现在很宽的频带内高吸收。且质量与传统的金属微粉吸收材料相比减轻 40 % ~60%，是一种有潜在应用前景的轻质、宽频吸收剂。表 1-1 为文献中报道的在金属颗粒吸收剂中掺杂少量金属纤维材料的吸波性能。由表可以看出少量磁性金属纤维掺入后，较明显地提高磁导率和磁损耗，较大幅度地提高隐身材料的电磁参数。

表 1-1 金属颗粒吸收剂中掺杂金属纤维材料的吸波性能测试结果

电磁参量				μ'_{e}		μ''_{e}		ε'_{e}		ε''_{e}	
频率/GHz				8	12	8	12	8	12	8	12
常规吸收剂浓度/%	84	掺杂比例/%	0	2.206	1.524	2.009	1.603	14.402	14.583	1.393	1.662
			0.1	2.252	1.635	1.977	1.653	15.121	15.268	1.567	1.642
			0.5	2.259	1.593	2.100	1.678	21.153	20.285	2.332	2.630
			2	2.393	1.790	2.449	2.195	33.385	36.319	7.195	8.174
	87	掺杂比例/%	0	2.351	1.443	2.418	1.855	17.707	18.703	2.287	1.751
			2	2.177	1.387	2.554	1.995	37.916	39.754	5.119	7.361
			4	2.065	1.447	2.330	1.942	34.357	31.854	5.757	6.773
			6	1.705	1.490	2.140	1.816	47.709	48.267	6.686	6.637

注：掺杂比例为质量百分比。

由于纳米材料的特殊结构引起的小尺寸效应、表面效应及量子尺寸效应等，使它产生许多与常规材料不同的特殊性能。在光、电、磁等物理性质方面发生一些质的变化，不仅磁损耗增大，而且兼具吸波、透波、偏振等多种功能，具有吸收强、频带宽、兼容性好、质轻层薄等优点。另外，磁性纳米粒子具有较高的矫顽力，可引起大的磁滞损耗。因此，纳米磁性金属如 Fe、Co、Ni 及其合金等纳米粉体，以及将纳米 NiCo 合金沉积在 SiC、C、Al_2O_3、Si_3N_4 等颗粒或纤维的表面形成超薄电磁吸波夹层材料等，成为一类极具发展前途的纳米吸波材料。有报道美国已研制出一种称作“超黑粉”的纳米吸波材料，对雷达波的吸收率高达 98%。纳米吸波材料对电磁波特别是高频电磁波有优良的吸收性能，但吸收机制尚需进一步研究。

采用复合型材料也是吸波材料的一个研究方向。近年来，空心微球型材料因其具有特殊的结构和形貌引起新型轻质雷达吸波材料研究者的关注。空心微球是从核/壳复合结构材料演变而来，可以通过调节异质核/壳复合粒子的结构、尺寸和成分等，实现对其光学、热学、电学、磁学以及催化等性质在较大范围的调控。这类结构的材料具有低密度、高比表面的特性。研究由磁性金属纳米颗粒构建的中空金属纤维，作为吸收剂，有望在轻质、宽频吸波材料中得到应用。

综上所述，研究采用工艺和设备简单的化学镀方法，制备成本相对较低，由纳米颗粒构建的金属-有机复合纤维、中空金属及其合金纤维，符合轻质、宽频、多功能吸波材料的研究方向；化学镀包覆无机非金属材料可作为封严涂层材料；化学镀制备的中空纤维等可用于无污染的化学电源，如中空镍纤维可用作镍氢电池的基板和电极材料。此外，化学镀可以作为燃料电池电极负载纳米催化剂材料的手段等。

参考文献

[1] Boose C A. Recent developments in electroless plating [J]. Transaction of the Institute of Metal Finishing, 1975, 53 (1): 49 ~ 54.

[2] Osaka T, Koiwa I, Goto F. Development of electroless plated magnetic disks for perpendicular recording [J]. New Materials and New Process, 1985, 3 (2): 108 ~ 113.

[3] Rubinstein M. Electrochemical metallizing of advanced materials [J]. Material and Manufacturing Process, 1989, 4 (4): 561 ~ 578.

[4] 姜晓霞, 沈伟. 化学镀理论及实践 [M]. 北京: 国防工业出版社, 2000.

[5] 曲敬信, 汪宏泓. 表面工程手册 [M]. 北京: 化学工业出版社, 1998.

[6] Shoeib M A, Mokhtar S M, Abd E I, et al. Mechanical and corrosion protection properties of electroless nickel-polymer composite coating [J]. Metal Finishing, 1998, 96 (11): 58 ~ 59.

[7] Jaffrezic-Renault N, Stremsdoerfer G. An optical fibre corrosion sensor with an electroless deposit of Ni-P [J]. Sensors and Actuators, 2001, B75: 1 ~ 4.

[8] Khoperia T N, Tabatadxe T J, Zedgenicdze T L. Formation of microcircuits in microelectronics by electroless deposition [J]. Electrochemical Acta, 1997, 42 (20): 3049 ~ 3055.

[9] Li J, Hu X G, Wang D L. Effects of Co-deposited tungsten on the properties of low-phosphorous electroless nickel coating [J]. Plating & Surface Finishing,

1996, 83 (8): 62 ~ 64.

[10] Kim D, Matsuda H, Aoki K. Electroless Ni-Fe-B alloy plating solution using DMAS as a reducing agent [J]. Plating & Surface Finishing, 1996, 83 (2): 78 ~ 80.

[11] Moonir, Vaghefi S M, Saatchi A, et al.. Deposition and properties of electroless nickel- phosphorus molybdenum disulfide composite plating [J]. Metal Finishing, 1997, 95 (11): 46 ~ 52.

[12] Farr J P G, Noshani A A. Some properties of electroless Ni-P, Co-P and Ni-Co-P deposits [J]. Transactions of the Institute of Metal Finishing, 1996, 74 (6): 221 ~ 225.

[13] Ge J P, Che R X, Wang X S. Structure and properties of electroless Ni-P-B_3C composite coating [J]. Plating & Surface Finishing. 1998, 85 (10): 69 ~ 73.

[14] Balaroju J N. Preparation and characterization of electroless Ni-P and Ni-P-Si_3N_4 composite coating [J]. Transactions of the Institute of Metal Finishing, 1999, 77 (2): 84 ~ 86.

[15] Wu Y C, Li G H, Zhang L D, et al. Investigation on the constitution and mechanical characteristic of composite containing silicon carbide produced by electroless Co-deposition [J]. Journal of Materials Engineering and Performance, 2000, 9 (4): 607 ~ 620.

[16] Feldsyein M D. Composite electroless nickel coating for the aerospace & airline industries [J]. Plating & Surface Finishing, 1998, 85 (11): 248 ~ 252.

[17] O'Sullivan E J, Schrott A G, Paunovic M, et al. Electrolessly deposited diffusion barriers for microelectronics [J]. Journal of Research and Development, 1998, 42 (5): 607 ~ 620.

[18] Nawafune H, Uegaki T, Mizumoto S. Preparation and electrical resistance characteristics of electroless copper nickel alloy deposits [J]. Transactions of the Institute of Metal Finishing, 1998, 76 (6): 231 ~ 234.

[19] Shacham D Y. Integrated electroless metallization for ULSL [J]. Electrochemic Acta, 1999, 44: 36 ~ 39.

[20] Kordas K, Remes J, Leppavuori S, et al. Laser-assisted selective deposition of nickel patterns on porous silicon substances [J]. Applied Surface Science, 2001, 178: 93 ~ 97.

[21] Lee W J. Mechanical properties of electroless Ni/Au wire bonded to an Al pad with the effects of chemical activation [J]. Thin Solid Films, 2002, 40 (8):

176 ~ 182.

[22] Kohn A, Eizenbery M, Sverdlov Y. Characterization of electroless deposited Co (W, P) thin films encapsulation of copper metalization [J]. Materials Science and Engineering, 2001, A302: 18 ~ 26.

[23] Wang X Y, Zhang Y S, Yan J, et al. Effect of electroless plating cobalt on characteristics of nickel hydroxide electrode for rechargeable alkaline batteries [J]. Transaction of Nonferrous Metals Society of China (English edition), 1998, 8 (4): 666 ~ 672.

[24] Wang X Y, Yan J, Yuan H T, et al. Impedance studies of nickel hydroxide microencapsulated by cobalt [J]. International Journal of Hydrogen Energy, 1999, 24 (10): 973 ~ 980.

[25] Durairajan A, Colon-Mercado H, Haran B, et al. Electrochemical characterization of cobalt-encapsulated nickel as cathodes for MCFC [J]. Journal of Power Source, 2002, 104 (2): 157 ~ 168.

[26] Osaka T, Homma T, Watanabe T, et al. Optimization of head-medium parameters for electroless CoNiReP/NiFeP double layered media using ring type heads [J]. Journal of Magnetism and Magnetic Materials, 1994, 134 (3): 331 ~ 335.

[27] Kim D H, Aoki K, Takano O. Soft magnetic films by electroless Ni-Co-P plating [J]. Journal of Electrochemical Society, 1995, 142 (11): 3763 ~ 3767.

[28] Matsude H, Takasu I, Kim D, et al. Magnetic recording properties of electrolessly deposited Ni_xP/CoReNiMnP double layer media [J]. Journal of Magnetism and Magnetic Materials, 1996, 155 (3): 250 ~ 252.

[29] Chow G M, Zhang J, Li Y Y, et al. Electroless polyol synthesis and properties of nanostructured Ni_xCo_{100-x} films [J]. Material Science and Engineering, 2001, 306 (2): 194 ~ 199.

[30] Tzeng S S, Cheng F Y. Electrical resistivity of electroless nickel coating carbon fibers [J]. Thin Solid Films, 2001, 388: 1431 ~ 1449.

[31] Shiue S T, Yang C H, Chu R S, et al. Effect of the coating thickness and roughness on the mechanical strength and induced stress voids in nickel-coated optical fibers prepared by electroless plating method [J]. Thin Solid Films, 2005, 485: 169 ~ 175.

[32] Chen Y J, Cao M S, Xu Q, et al. Electroless nickel plating on silicon carbide nanoparticles [J]. Surface & Coatings Technology, 2003, 172: 90 ~ 94.

[33] Wen G, Guo Z X, Davies C K L. Mictrostructural characterisation of electroless-

nickel coating on zirconia powder [J]. Scripta Material, 2000, 43: 307 ~ 311.

[34] Park S J, Jang Y S, Rhee K Y. Interlaminar and ductile characteristics of carbon fibers-reinforced plastics produced by nanoscaled elecroless nickel plating on carbon fiber surfaces [J]. Journal of Colloid and Interface Science, 2002, 245: 383 ~ 390.

[35] Urena A, Rams J, Escalera M D, et al. Characterization of interfacial mechanical properties in carbon fiber/ aluminium matrix composites by the nanoindentation technique [J]. Composites Science and Technology, 2005, 65: 2025 ~ 2038.

[36] Goh C F, Yu H, Yong S S, et al. Synthesis and cure kinetics of isotropic conductive adhesives comprising sub-micrometer sized nickel particles [J]. Materials Science and Engineering B, 2005, 117: 153 ~ 158.

[37] Shi Z Y, Wang X Z, Ding Z M. The study of electroless deposition of nickel on graphite fibers [J]. Applied Surface Science, 1999, 140: 106 ~ 110.

[38] Pushpavanam M, Natarajan S R. Nickel-boron nitride electrocomposites [J]. Metal Finishing, 1995, 93 (6): 97 ~ 99.

[39] Hepel M, Tannahill T, Baxter C, et al. Compositefilms of copper/boron nitride and nickel/boron nitride [M]. In: IEEE Materials Research Society edit. Materials Research Society Symposium Proceedings V451. New York: IEEE Materials Research Society: 1997; 481 ~ 488.

[40] 李钒, 张登君, 李报厚, 等. 六方 BN 颗粒表面化学镀镍 [J]. 过程工程学报, 2002, 2 (5): 425 ~ 430.

[41] 李钒, 张登君, 张慧, 等. 中空纤维镍基板及电极研究中的模式识别应用 [J]. 电源技术, 1999, 23: 87 ~ 90.

[42] Zelenskii V G, Zarubinskii A A. Novye material dlya uplotnenii parovykh turbin (New materials for steam turbine seals) [J]. Teploenergetika, 1974, 3 (1): 27 ~ 29.

[43] Kuznetsov E I, Satanin V A. Vliyanie vysokotemperaturnogo okisleniya v produktakh sgoraniya zhidkogo topliva na prochnosynye kharakteristiki spechennogo uplotnitel'nogo materials nikhrom kh20n80-nitrid bora [J]. Problem Prochnosti, 1983, 174 (12): 87 ~ 90.

[44] Pieczonka T, Frydrych J. Nickel boride in sintered boron nitride-nickel [J]. Journal of the Less-Common Metals, 1988, 143 (4): 325 ~ 329.

[45] Pieczenka T, Frydrych J, Stolarz S. Interactions occurring between nickel and boron nitride [J]. Powder Metallurgy International, 1987, 19 (1): 24 ~ 28.

[46] Dallaire S, Legoux J G. High-temperature tribological properties of plasma-sprayed metallic coatings Contained ceramic particles [J]. Journal of Thermal Spray Technology, 1996, 5 (1): 43~48.

[47] Yeaple F. Gas turbine rotor grinds own tip seals [J]. Design News (Boston), 1987, 43 (1): 106~107.

[48] Linev V D, Mnukhin A S. Carbonyl metallurgy of nickel problem and prospects [J]. Soviet Powder Metallurgy and Metal Ceramics (English Translation of Poroshkovaya Metallurgiya), 1985, 24 (5): 341~344.

[49] Cohen J H, Dailey J H. New machining method for nickel based thermal sprays [M]. In: ASME edit. American Society of Mechanical Engineers (Paper). New York: ASME, 1994: 1~5.

[50] Dhar S K, Ovshinsky S R, Gifford P R, et al. Nickel / Metal hydride technology for consumer and electric vehicle batteries—A Review and Up-Date [J]. Journal of Power Source, 1997, 65: 1~7.

[51] Ohms D, Kohlhase M, Benczúr-Ürmössy G, et al. New developments on high power alkaline batteries for industrial applications [J]. Journal of Power Source, 2002, 105: 127~133.

[52] Ilic D, Kilb M, Holl K, et al. Recent progress in rechargeable nickel / metal hydride and lithiumion miniature rechargeable batteries [J]. Journal of Power Source, 1999, 80: 112~115.

[53] Sutomu I T, Yoshio M. アルカリ电池用ニツケル极. 日本专利: JP03-149753, 1991-11-17.

[54] Råde I, Andersson B A. Requirement for metals of electric vehicle batteries [J]. Journal of Power Source, 2001, 93: 55~71.

[55] Shukla A K, Venugopalan S, Hariprakash B. Nickel-based rechargeable batteries [J]. Journal of Power Source, 2001, 100: 125~148.

[56] Kim H S, Itoh T, Nishizama M, et al. Microvoltammetric study of electrochemical properties of a single spherical nickel hydroxide particle [J]. International Journal of Hydrogen Energy, 2002, 27: 295~300.

[57] Zhu W H, Durben P J, Tatarchuk B J. Microfibrous nickel substrate and electrodes for battery system applications [J]. Journal of Power Source, 2002, 111: 221~231.

[58] Ge Chen, Zhenyao Wang, Dingguo Xia. One-pot synthesis of carbon nanotube @ SnO_2-Au coaxial nanocable for lithium-ion batteries with high rate capability [J].

Chemistry of Materials, 2008, 20 (22): 6951 ~ 6956.

[59] Zhenyao Wang, Dingguo Xia, Ge Chen, et al. The effects of different acids on the preparation of TiO_2 nanostructure in liquid media at low temperature [J]. Materials Chemistry and Physics, 2008, 111 (2 ~ 3): 313 ~ 316.

[60] Dingguo Xia, Shuzhen Liu, Zhenyao Wang, et al. Methanol-tolerant MoN electrocatalyst synthesized through heat treatment of molybdenum tetraphenylporphyrin for four-electron oxygen reduction reaction [J]. Journal of Power Sources, 2008, 177 (2): 296 ~ 302.

[61] Zhenyao Wang, Shuzhen Liu, Ge Chen, Dingguo Xia. Preparation and Li-intercalation properties of mesoporous anatase-TiO_2 spheres [J]. Electrochemical and Solid State Letters, 2007, 10 (3): A77 ~ A80.

[62] Dingguo Xia, Ge Chen, Zhenyao Wang, et al. Synthesis of ordered intermetallic $PtBi_2$ nanoparticles for methanol-tolerant catalyst in oxygen electroreduction [J]. Chemistry of Materials, 2006, 18 (24): 5746 ~ 5749.

[63] Lijuan Zhang, Dingguo Xia. Electrocatalytic activity of ordered intermetallic PtBi for formic acid electrooxidation [J]. Chinese Journal of Inorganic Chemistry, 2006, 22 (6): 1085 ~ 1089.

[64] Lijuan Zhang, Dinguo Xia, Zhenyao Wang, et al. Intermetallic PtBi as methanol-tolerant catalysts for oxygen reduction [J]. ACTA Physic-chemistry Sinica, 2005, 21 (3): 287 ~ 290.

[65] 许开华，聂祚仁，夏定国，郭学益. 方形动力电池用新型极板材料的研究与应用 [J]. 中国有色金属学报，2005，15 (1)，237 ~ 243.

[66] 夏定国，赵煜娟，王振尧. 燃料电池研究进展及产业化对策 [J]. 新材料产业，2004，(1): 42 ~ 45.

[67] 张丽娟，王振尧，陈戈，等. 抗甲醇中毒氧还原催化剂铂铋金属间化合物的研究 [J]. 功能材料，2004，(z1): 1807 ~ 1809.

[68] Zhao J, Gao Q Y, Gu C, et al. Preparation of multi-walled carbon nanotube array electrodes and its electrochemical intercalation behavior of Li ions [J]. Chemical Physics Letters, 2002, 358 (1 - 2): 77 ~ 82.

[69] Aurbach D, Lu Z, Schechter A. et al. Prototype systems for rechargeable magnesium batteries [J]. Nature, 2000, 407 (6805): 724 ~ 727.

[70] Blomgren G E. Making a potential difference [J]. Nature, 2000, 407 (6805): 681 ~ 682.

[71] Philip B. Nature, 2003; 18 April, Nature News, www. nature. com/nsu/030414/

030414-14. html.

[72] 彭艳萍．飞机隐身技术及隐身材料 [J]. 航空学报, 1999, 20 (3): 287～288.

[73] Thomas K D, Playa D R, Norman H H. Broadband absorbers of electromagnetic radiation based on aerogel materials and method of marking the same. US Pat. 5381149, 1995.

[74] Bahret William F. The beginnings of stealth technology [J]. IEEE Transaction on Aerospace and Electronic Systems, 1993, 29 (4): 1377～1385.

[75] 施冬梅, 邓辉, 杜仕国, 等．雷达隐身材料技术的发展 [J]. 兵器材料科学与工程, 2002, 25 (1): 66～76.

[76] 张卫东, 冯小云, 孟秀兰, 等．国外隐身材料研究进展 [J]. 宇航材料工艺, 2003, 3: 1～4.

[77] 陈珂, 曾海兵, 胡辉．雷达隐身材料技术研究现状 [J]. 防御技术, 2005, 33 (1): 58～61.

[78] 莫美芳．国外结构隐身材料的研制与发展概况 [J]. 材料工程, 1996, (5): 46～49.

[79] 汪家春, 时家明, 李晓霞, 等．高速飞行器用新型轻质雷达隐身材料 [J]. 航天电子对抗, 2000, (1): 62～64.

[80] 陈曙, 杨炎炎, 史莹冰．磁性纤维对常规隐身材料弱掺杂研究 [J]. 航天电子对抗, 2001, (6): 46～49.

[81] Yang Y, Zhang B S, Xu W D. et al. Preparation and properties of a novel iron-coated carbon fiber [J]. Magnetism and Magnetic Materials, 2003, 256: 129～132.

[82] Collardey S, Tarot A-C, Pouliguen P. et al. Use of eletromagnetic band-gap materials for RCS reduction [J]. Microwave and Optical Technology Letters, 2005, 44 (6): 546～550.

[83] Xie G, Wang Z, Cui Z. Ni-Fe-Co-P coatings on coiled carbon nanofibers [J]. Carbon, 2005, 43: 3181～3194.

[84] 张卫东, 吴伶芝, 冯小云, 等．纳米雷达隐身材料研究进展 [J]. 宇航材料工艺, 2001, (3): 1～3.

[85] Vendange V, Tronc E, Colomban P. Towards microwave absorbing metal-oxide nanocomposites: the problem of metal/matrix reaction [J]. Journal of Sol-Gel Science and Technology, 1998, 11: 299～307.

[86] 孟凡文, 杨觉明, 严文, 等．纳米复合隐身材料 [J]. 西安工业学院学报, 1999, 19 (4): 324～328.

[87] Zhao D L, Zhao H S, Zhou W C. Dielectric properties of nano Si/C/N composite powder and nano SiC powder at high frequency [J]. Physica E, 2001, 9: 679 ~ 685.

[88] 钱海霞, 熊惟皓. 纳米复合隐身材料的研究进展 [J]. 宇航材料工艺, 2002, (2): 8 ~ 11.

[89] Kim S S, Kim S T, Ahn J M, et al. Magnetic and microwave absorbing properties of Co-Fe thin films plated on hollow ceramic microspheres of low density [J]. Journal of Magnetism and Magnetic Materials, 2004, 271: 39 ~ 45.

2 化学镀的热力学基础

热力学是在以公理为基础建立起来的热力学三个基本定律的基础上，经过严格的数学逻辑演绎和理论推演而得到的一些原理性的理论，是严谨的、正确的科学理论，是不可违背的，违背了就要犯原则性的错误。因此，诸多工程都必须以热力学为理论依据，化学沉积过程也必须遵守。以往化学镀热力学多用电势-pH 图进行分析，但没有介绍电势-pH 图绘制的方法，以及反应自由能的计算原理和方法等，使人们在分析一些实际条件或新体系的化学镀热力学上遇到了困难。本章首先介绍热力学数据库及其应用（可以评估、优化热力学数据，绘制热力学参数状态图，包括电势-pH 图），在此基础上着重讨论化学镀的热力学计算和电势-pH 图的绘制与应用。

2.1 无机热化学数据库

随着人类文明的发展，对材料提出越来越高的要求。因此，材料科技工作者需要不断地探索、研制新材料，以满足科学技术发展的需求。然而直到 20 世纪中叶，新材料的研制仍然用“炒菜”式方法。研制一种新材料需要不断改变配方和工艺，制备若干实验样品，观测其结构，表征其性能；如此反复多次，最终才能找到合适的新材料。显然实验研究工作量大，耗时长，浪费了很多的人力和物力。20 世纪 50 年代提出了“材料设计”的思想，到 80 年代逐渐成熟。随着计算机信息处理技术的飞速发展，特别是数据库、知识库、程序库和人工智能等技术的发展，人们把物理化学理论和繁杂的实验数据结合起来，利用归纳和演绎结合的方式对新材料进行设计，于是出现了计算机辅助研究（computer aided research，CAR）和辅助设计（computer aided design，CAD）又称设计自动化，它是设计方法的创新，是对传统手工设计的重大改革。日本三岛良绩和岩田修一等建立了计算机合金辅助设计系统（computer aided alloy design，CAAD），该系统包括：各元素的基本物理化学数据、合金相图、合金物性及其经验公式等，从而对材料的设计和制备工艺实现了定量控制，并能揭示过程的反应机理。通常做法是将材料领域中的实际问题，经过抽象、概括，建立模型（包括：数学模型、物理模型和数学物理模型），再编制计算机程序或软件，利用计算机进行计算（图2-1）。

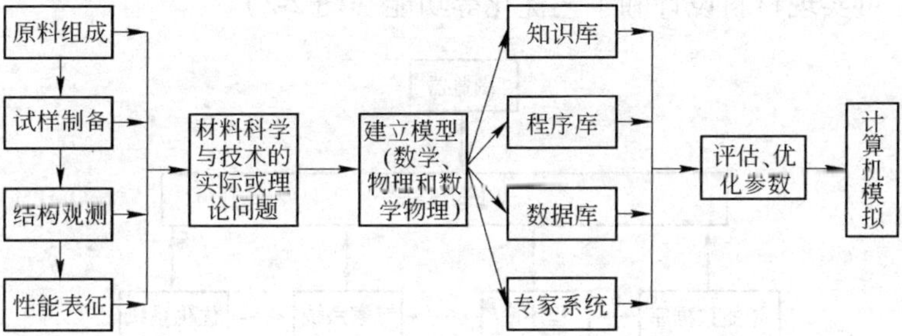

图2-1　计算机材料设计应用示意图

数据库系统（database system，DBS）的出现和应用，使材料学科与工程的发展进入了新阶段，将已有的大量的数据和各种工艺参数录入计算机，通过数据库系统进行数据处理，设计新材料，确定其制备过程的条件参数。

数据库系统在20世纪60年代末进入实用阶段。数据库的发展经历了两代：第一代数据库系统支持层次、网状数学模型，第二代是关系数据库模型。目前，数据库技术和计算机网络已成为计算机在材料科学中应用的最重要的组成部分。1969年基于层次数据的模型，IBM公司推出IMS数据库产品，同年美国数据库系统语言协会的数据库任务组（DBTG）提出了相应的报告，从而奠定了数据库管理系统的规范。20世纪70年代初，考德（Codd）定义了数据库语言的概念，创建了关系演算和关系代数两种语言，提出了规范化理论，从而奠定了数据库的理论基础。70年代中期，几个关系型数据库的原型研制成功，较著名的有IBM公司的SYSTEMR数据库和加州大学伯克利分校的INGRES数据库。当前涉及的数据库大多指关系型数据库，其特点是：（1）关系数据库语言符合国际标准查询语言SQL（standard query language）；（2）客户/服务器（client/server）

体系结构；（3）提供用户开发工具和图形界面；（4）支持多媒体数据。

网络化的数据库系统是为有效组织、运用、交流信息而开发的工具。无机热化学数据库属科学数据库，关键的部分是数据库管理系统，能够承担复杂的计算和科学图解功能，利用专家系统和人工智能，可实现材料设计和工艺优化等功能（图 2-2）。

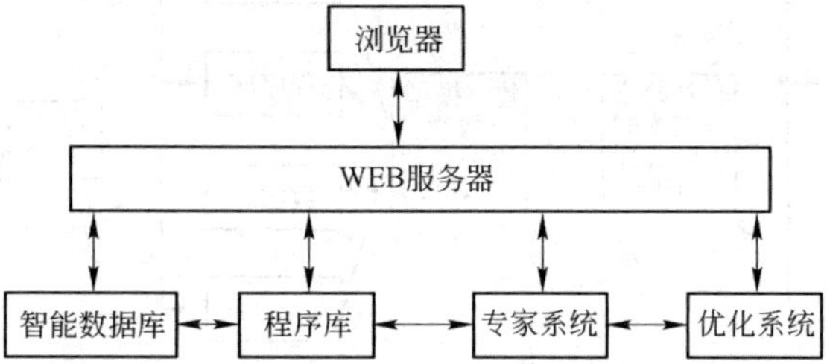

图 2-2 网络化热化学数据库系统示意图

无机热化学数据系统有两大核心部分：一是数据库系统，收录贮存数据和信息，且收集的数据要经过评估和优化，以保证数据的可靠性。二是强大的数据库管理系统（DBMS），包括体系结构、数据模型、实现技术等，如 Foxpro、Oracle 多功能数据库管理系统，能在 Windows 平台下操作，用户界面友好。

随着科学技术的发展，科技工作者又提出了集成热化学数据库系统概念，即 ITD（integrated thermochemical database），将现代化的计算机软件与经过评估和优化的热力学数据，以及相关参数耦合起来（又称智能数据库），并实现了网络化，为科学研究和生产实践提供程序、数据和相关的热力学信息（图 2-3）。在 ITD 系统下，用户可

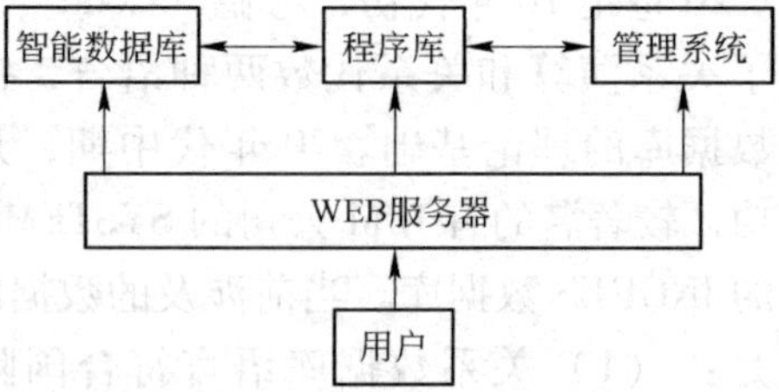

图 2-3 网络 ITD 流程示意图

以获得诸多热力学信息，诸如：查找和浏览任意温度、任意成分化合物和溶液的数据，存放和调用专用数据，计算蒸汽压、热平衡、多元多相平衡、化合物的稳定性，气相化学平衡，绘制热力学参数状态图（又称广义相图，常用的有8类热力学参数状态图，包括电势-pH图、平衡相图等），计算化学反应的热力学性质变化，热力学性质的优化和评估等。

国内相关单位也先后开展了集成热化学数据库的研制工作。20世纪80年代初，中国科学院过程工程研究所率先建立了无机热化学数据库（ITDB），收集了2010个无机物的基本热化学数据35000多个，具有14种功能。此外，还可以利用经验关系式预报复杂氧化物的高温热力学性质。此后，中南大学、东北大学、北京科技大学等单位先后建立了热力学数据库系统，收集了本领域中相当一部分热力学数据及相图数据，建立了数据库管理系统，大多以Windows为操作平台，使用较方便。目前国内科研和教学单位除自己编制的程序外，还购买了国外的相关计算机程序。这里简单介绍国内起步较早的中国科学院过程工程研究所（原中科院化工冶金研究所）许志宏等人建立的无机热化学数据库（ITDB），它包括数据库、应用程序库和计算机操作系统三个部分：

（1）数据库。它的建立依靠化学数据信息系统（图2-4）。

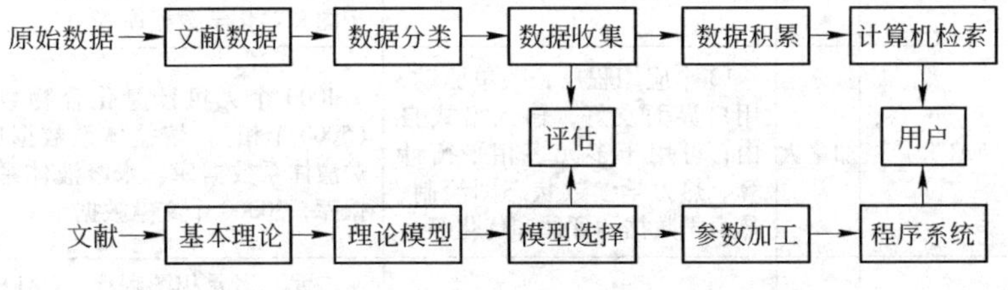

图2-4　化学数据信息系统

数据库包括：1）程序系统，建立关于物质属性的基本规律计算程序；2）数据收集、整理、分类和储存；无机热化学数据库的基本数据主要选自本章后面列出的文献［1～14］；3）建立通用的数据库软件及其操作系统的数据库软件。

（2）应用程序库。它们可以完成检索元素和化合物的热力学数据，并选择数据计算化学反应的热力学性质等。

（3）计算机操作系统。采用人机对话的方式调用数据，计算多元系的热力学性质、绘制相图和热力学参数状态图等。

国外热化学数据库研制和建立较早，如芬兰、美国、英国、加拿大、德国、法国、瑞典等都开发了自己的热化学集成数据库，有些数据库实现了网络化，在一定条件下可以在全世界各地相互调用，充分发挥出数据库信息共享的优势。国内各单位根据自己熟识的情况，购买了相应的国外热化学数据库。国外主要的集成热化学数据库概况及其功能和特点列于表2-1。

表2-1 国外主要集成热化学数据库

数据库名称	国家	主要功能和特点	数据库概况
HSC	芬兰	5个应用程序，菜单驱动，Windows平台；可用于多元多相平衡计算、热力学参数状态图绘制等	只有纯物质数据，4600多个无机计量化合物（元素、化合物等）
ChemSage	德国	6个应用程序，多元多相平衡和计量化学反应计算、拟合、评估热力学数据、绘制优势区图等	SGTE纯物质数据库，SGTE溶液数据库，SGTE有机纯物质数据库，SGTE单组元物质数据库等
THERMODATA	法国	4个应用程序，命令驱动，（法语、德语、英语）界面	30000个精选文献（1966年至今），无机化合物热力学数据库，合金相图和热化学数据库，熔盐相图和热化学数据库等
FACT	加拿大	13个应用程序，菜单驱动，用户界面友好，输入格式自由；可用于多元多相平衡计算、热力学参数状态图绘制、热力学数据的评估和优化等	4000个无机计量化合物数据（5000个相），熔盐体系数据库，炉渣体系数据库，水溶液体系数据库，30000个文献数据
MANLABS	美国	二元和多元相图体系计算功能	二元和多元相图程序，CALPHAD合金数据库，氧化物数据库，可挂接Thermo-Calc软件
THERMO-CALC	瑞典	600多个模块化子程序，其中最重要的POLY-3模块可计算各种相平衡和相图	3500个化学计量化合物（SGTE纯物质数据），200多个二元和多元系溶液与相图数据（SGTE合金溶液），铁基合金数据库，熔盐数据库，半导体数据库等5个数据库

续表 2-1

数据库名称	国家	主要功能和特点	数据库概况
THERDAS	德国	7 个应用程序，可用于多元多相平衡计算、热力学参数状态图绘制、热力学数据的评估和优化等	3500 个化学计量化合物（SGTE 纯物质数据），150 多个二元和三元系溶液与相图数据（SGTE 合金溶液），30000 个文献数据
MTDATA	英国	10 个应用程序，可分四个等级操作，集成化软件包等；可用于多元多相平衡计算、热力学参数状态图绘制、热力学数据的评估和优化等	3500 个化学计量化合物（SGTE 纯物质数据），150 多个二元和多元系溶液数据（SGTE 合金溶液）

2.2 无机热化学数据库的应用

无机热化学数据库应用非常广泛，不同的集成热化学数据库操作系统各不相同，使用数据库语言不尽相同，完成一定的功能所编程的流程图也不尽相同。利用任意一种无机热化学数据库，均可以查询物质的热力学性质参数，诸如：C_p 及其与温度的关系式等数据、焓变 $\Delta H(T)$、熵 $\Delta S(T)$、吉布斯自由能 $\Delta G(T)$ 或所存在的相及其温度范围，进而计算熔化焓、蒸发焓、相变焓和生成焓等；利用已知的热力学数据库结合相关的计算程序还可以评估热力学数据，计算多元多相平衡，计算热力学参数状态图（含相图）等。无机热化学数据库优势在于：还可以利用专家系统筛选和评估数据，从而提高了热力学数据的准确性和可靠性；热力学性质的计算简便快速，节约了时间；可以取代复杂，甚至条件苛刻难以实现的实验，从而节省了人力和物力。

任意两个或 3 个热力学参数为坐标均可绘制其稳定区相图，统称为热力学参数状态图（又称广义相图）。在化学镀的热力学分析中，人们常用电势-pH 图，它是热力学参数状态图的一种。因此，本节重点介绍热力学参数状态图的绘制。由于化学镀大多是在水溶液中进行的，因此它与物质在水溶液中的稳定性密切相关，而这种稳定性与溶液中的电势、pH 值、组分浓度、温度和压力等有关。电势-pH 图就是把水溶液中的基本反应作为电势、pH 值及活度的函数，在指定温度和压力下，将电势与 pH 值关系表示在平面图上，用来表明反应自动进行的条件及物质在水溶液中稳定存在的区域，从而为化学镀过程提供热力学可行性的基本依据。

2.2.1　热力学参数状态图绘制的原理

热力学参数状态图（包括电势-pH 图）的绘制，在不含化学反应的体系中，相律为

$$f = 2 - \Phi + S \tag{2-1}$$

对有化学反应的体系，根据杜亥姆（Duhem）原理，相律具有类似的变量，如温度、压力（即上式中的 2 所代表的），每一相有 $S-1$ 个组分含量可变，每个组分在各相中含量平衡比值有 $\Phi-1$ 个。此外，还要考虑平衡时，各组分间存在的独立化学反应数 r，则得到

$$f = 2 + (S-1)(\Phi) - (\Phi-1)(S) - r = 2 - \Phi + S - r \tag{2-2}$$

式中，f 为自由度数。

例如，化学反应的 $\lg\left(\frac{p_i}{p^\ominus}\right)$ 对 $\lg\left(\frac{p_j}{p^\ominus}\right)$ 图，当温度一定时，则反应

$$K(s) + g_1 + g_2 = L(s) \tag{2-3}$$

的自由度为 1。故在各温度剖面下，状态图表现为诸线段的组合。

当体系为 M—X—Y 时，存在 Φ 个相，则可能发生 C_Φ^2 个反应，而每个反应满足

$$n_3K(s) + n_1g_1 + n_2g_2 = L(s) \tag{2-4}$$

由式 2-4 知，生成 1mol L(s) 需要 $n_1$mol g_1、$n_2$mol g_2 及 $n_3$mol K(s)。而 1 mol g_1 中含有 α_1 个 M，β_1 个 X，γ_1 个 Y；1mol g_2 中含有 α_2 个 M，β_2 个 X，γ_2 个 Y；1mol K(s) 中含有 α_3 个 M，β_3 个 X，γ_3 个 Y；1 mol L(s) 中含有 α_4 个 M，β_4 个 X 及 γ_4 个 Y。于是有

$$\begin{aligned} n_1\alpha_1 + n_2\alpha_2 + n_3\alpha_3 &= \alpha_4 \\ n_1\beta_1 + n_2\beta_2 + n_3\beta_3 &= \beta_4 \\ n_1\gamma_1 + n_2\gamma_2 + n_3\gamma_3 &= \gamma_4 \end{aligned} \tag{2-5}$$

解式 2-5 可求出化学计量数，据此可设计出各类两相反应。

（1）两相界线的确定 常见的气-固反应可简化为

$$K(s) + n_1g_1 + n_2g_2 = L(s) \tag{2-6a}$$

$$\frac{\Delta_r G^\ominus}{2.303RT} = n_2 \lg\left(\frac{p_{g_2}}{p^\ominus}\right) + n_1 \lg\left(\frac{p_{g_1}}{p^\ominus}\right) \tag{2-6b}$$

若取 $x = \lg\left(\frac{p_{g_1}}{p^\ominus}\right)$，$y = \lg\left(\frac{p_{g_2}}{p^\ominus}\right)$，则

$$y = ax + b \tag{2-6c}$$

式中 $a = -\frac{n_1}{n_2}$，$b = \frac{\Delta_r G^\ominus}{2.303 n_2 RT}$ (2-6d)

当 $n_2 = 0$ 时，$x_0 = \frac{\Delta_r G^\ominus}{2.303 n_1 RT}$ (2-6e)

由上述各式可以计算出各可能的两相界线。

(2) 三相点的确定。根据稳定相吉布斯自由能最小原理，可以证明其每个相角必小于180°（图2-5）。三相点相交可出现四种情况，如图2-6所示。以图中第（b）种情况为例证明，只有IJL三相点稳定。当 p_{g_1} 一定时，随着 p_{g_2} 减小，在界线ⓐ、ⓑ以下都将出现K相，故式2-6d中 $n_2 < 0$，截距 b 大者，$\Delta_r G^\ominus$ 值较小。因此，L相较K相稳定。随着 p_{g_2} 增大，在界线ⓒ、ⓓ以上将出现K相，故式2-6d中 $n_2 > 0$，则截距 b 小者，$\Delta_r G^\ominus$ 值较小。因此，L相较K相稳定。应舍去IJK三相点，只保留IJL三相点。同理可以证明，在第（a）种情况下，保留两个三相点KIJ与IJL；第（c）种情况IJK稳定，舍去不稳定的IJL；第（d）种情况没有稳定的三相点。

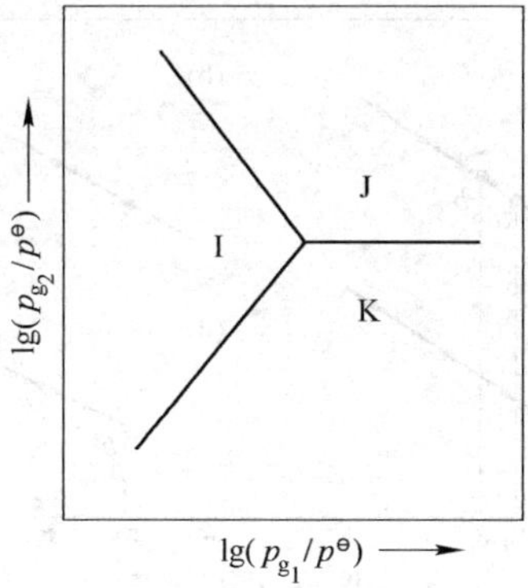

图2-5 三相点IJK

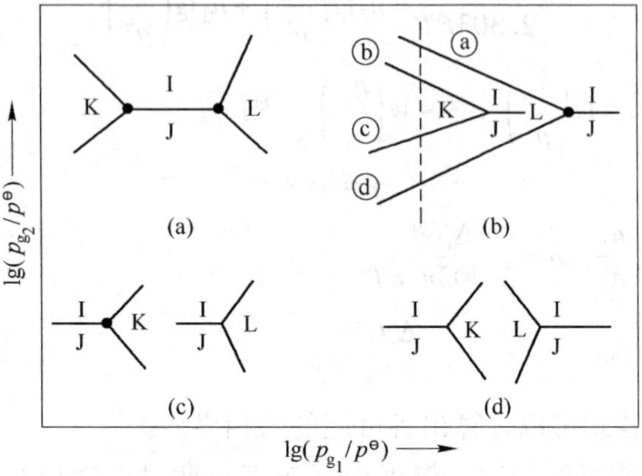

图 2-6 三相点相交的情况

定义尖角向右（或向上）的为第一类相角（图 2-7 中的（a）），而尖角向左（或向下）的为第二类相角（图 2-7 中（b））。令线上最右端的第一类相角的横坐标为 x_a，最左端的第二类相角的横坐标为 x_b，若 $x_a < x_b$，则保留两个三相点 a 与 b；若 $x_a > x_b$，则无稳定的三相点。图 2-7 中第（b）种情况，保留最右端的相角 a；第（c）种情况，保留最左端的相角 b。由此可以建立计算机逻辑判断的程序。

关于第一类和第二类相角的判定方法简述如下：设反应式 2-4 中

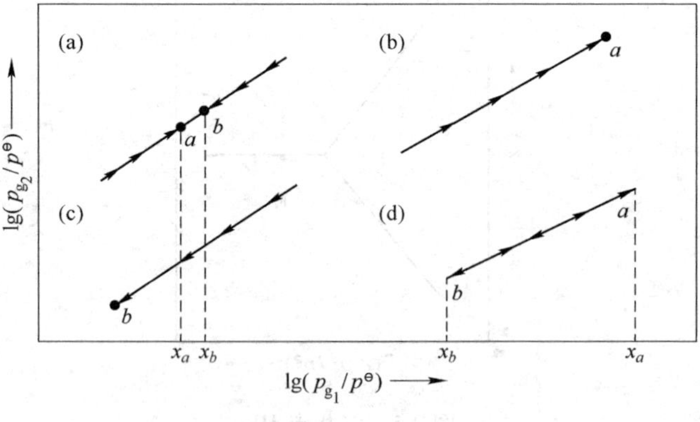

图 2-7 两类相角

K 相转变为 L 相，其两相的界线记为 KL，斜率记为：$\alpha_{KL} = -\dfrac{n_1}{n_2}$。若 IJ 线与 KL 线相交，如 K = I 或 K = J，则令标识符 $h=1$；如 L = I 或 L = J，则令标识符 $h=2$。于是

在以下四种情况下，交角对 IJ 线而言为一类相角：

1）$\alpha_{IJ} > \alpha_{KL}$，且 $n_2 > 0$，$h=2$，见图 2-8(1)；

2）$\alpha_{IJ} > \alpha_{KL}$，且 $n_2 < 0$，$h=1$，见图 2-8(2)；

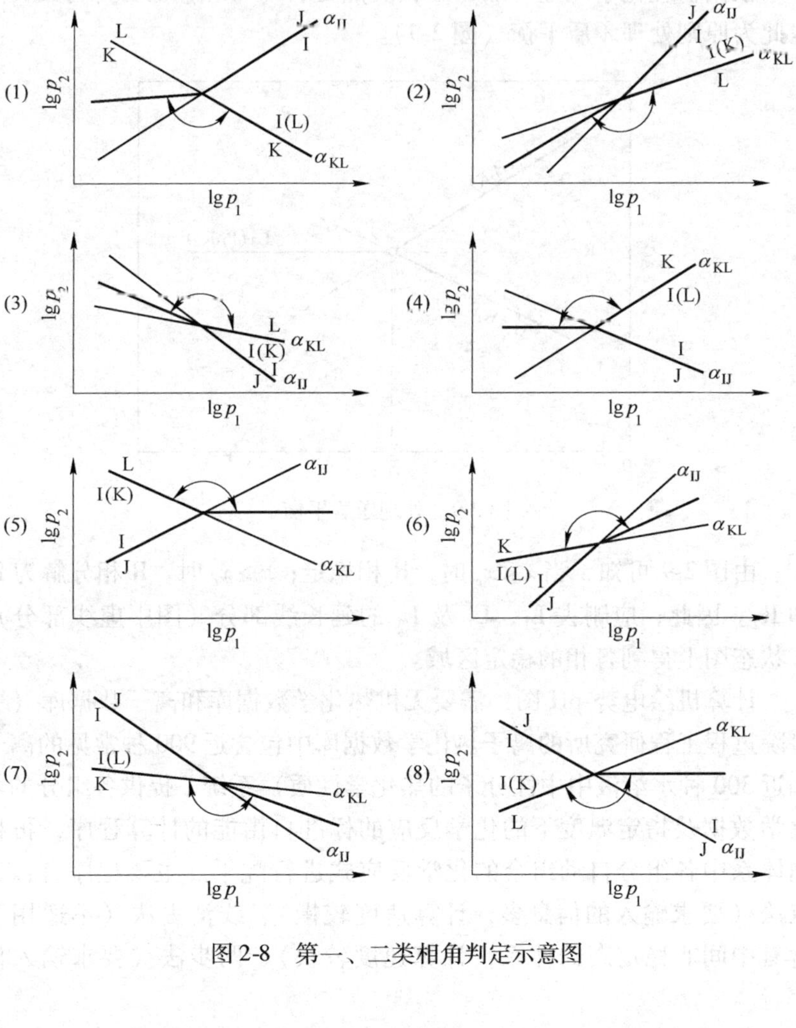

图 2-8 第一、二类相角判定示意图

3）$\alpha_{IJ} < \alpha_{KL}$，且 $n_2 > 0$，$h = 1$，见图 2-8(3)；

4）$\alpha_{IJ} < \alpha_{KL}$，且 $n_2 > 0$，$h = 2$，见图 2-8(4)。

而在以下四种情况下，交角对 IJ 线而言为二类相角：

1）$\alpha_{IJ} > \alpha_{KL}$，且 $n_2 > 0$，$h = 1$，见图 2-8(5)；

2）$\alpha_{IJ} > \alpha_{KL}$，且 $n_2 < 0$，$h = 2$，见图 2-8(6)；

3）$\alpha_{IJ} < \alpha_{KL}$，且 $n_2 > 0$，$h = 2$，见图 2-8(7)；

4）$\alpha_{IJ} < \alpha_{KL}$，且 $n_2 > 0$，$h = 1$，见图 2-8(8)。

根据物理化学原理可知，三相交点处，每个相角必须小于 180°，以此为原则处理矛盾平衡（图 2-9）。

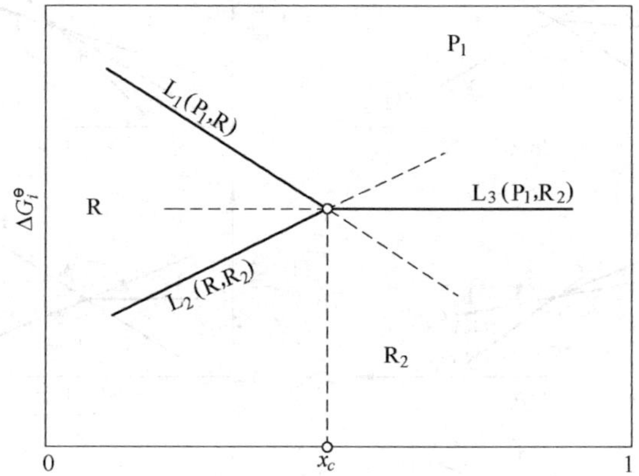

图 2-9　处理矛盾平衡

由图 2-9 可知，当 $x < x_c$ 时，R 相稳定；$x > x_c$ 时，R 相分解为 P_1 和 R_2。因此，应删去 L_1、L_2 及 L_3 的延长线部分（图中虚线部分），在状态图上得到各相的稳定区域。

计算机绘电势-pH 图，需要无机热化学数据库和离子数据库（中科院过程工程研究所的离子热化学数据库中包含近 900 种常见的离子和近 300 种水溶液中中性分子的热化学性质）系统，提供各组分的热化学数据及指定温度下的化学反应的标准自由能的计算程序，再根据体系中各组分自动组合的化学反应式进行配平。主要程序有：逐点法（要求输入的信息多，计算速度较慢）、线消去法（不适用于含有中间非稳定态的体系，计算速度较快）、两步法（要求输入信息多，但计算速度快）、压缩法（要求输入信息多，计算速度较快）、解联立方程法（预处理工作量大，计算速度相对较快）和凸多边形法（要求输入信息多，且不直观。中南大学用此方法编制程序）等。

化学镀常用电势-pH 图进行化学反应沉积金属的热力学分析。现具体介绍电势-pH 图绘制的原理和方法。

设水溶液中反应通式为

$$bB + hH^+ + ne^- \xlongequal{} \gamma R + \omega H_2O \tag{2-7}$$

式中，b、h、γ、ω 为各组分的化学计量系数；n 为参与反应的电子数。在恒温恒压条件下，反应吉布斯自由能的变化为

$$\Delta_r G = \Delta_r G^\ominus + RT\ln \frac{a_R^\gamma a_{H_2O}^\omega}{a_B^b a_{H^+}^h} \tag{2-8}$$

式中，a_B为氧化态物质的活度；a_R 为还原态物质的活度。水是溶剂，故 $a_{H_2O}=1$，而 $pH = -\lg a_{H^+}$，则式 2-8 可写成

$$\varphi = \varphi^\ominus + \frac{2.303RT}{nF}\lg \frac{a_B^b}{a_R^\gamma} - \frac{2.303RTh}{nF}pH \tag{2-9}$$

式 2-9 是电极电势 φ 与 pH 值关系的通式，其中摩尔气体常数 $R=8.314J/(K\cdot mol)$，F 为法拉第常数，$F=96500C/mol$。若将 $T=298K$ 代入 式 2-9，得

$$\varphi = \varphi^\ominus + \frac{0.05916}{n}\lg \frac{a_B^b}{a_R^\gamma} - \frac{0.05916h}{n}pH \tag{2-10}$$

在指定浓度下绘制电势-pH 图，则电极电势 φ 仅与溶液的 pH 值有关。在不同的情况下，式 2-10 具有不同的形式：

1）$n=0$，即无电子得失，反应与电势无关，只与 pH 值有关。$\Delta_r G^\ominus = -RT\ln K^\ominus$ 与式 2-10 结合可得

$$pH = \frac{1}{h}\lg K^\ominus + \frac{1}{h}\lg \frac{a_B^b}{a_R^\gamma} \tag{2-11}$$

式中，$K^\ominus$表示 $T=298K$ 时反应的平衡常数。

2）$h=0$，即无 H^+ 参加，反应与 pH 值无关，只与得失电子有关，则

$$\varphi = \varphi^{\ominus} + \frac{0.05916}{n} \lg \frac{a_{B}^{b}}{a_{R}^{\gamma}} \tag{2-12}$$

式中，$\varphi^{\ominus}$为标准电极电势。

3）$n \neq 0$、$h \neq 0$，则

$$\varphi = \varphi^{\ominus} + \frac{0.05916}{n} \lg \frac{a_{B}^{b}}{a_{R}^{\gamma}} - \frac{0.05916h}{n}\mathrm{pH} \tag{2-13}$$

一般情况下，当浓度一定时，a_{R}^{γ}、a_{B}^{b} 均可视为常数，且 $\varphi^{\ominus}$ 也为常数，因而式 2-13 为一直线，其斜率为

$$\eta = -\frac{0.05916h}{n}$$

当 $n=0$，$\eta=\infty$，无电子参加的反应，为一垂线；当 $h=0$，$\eta=0$，没有 H^{+}参与的反应，为一水平线。这样，便可以绘制各类有关的电势-pH 图。

2.2.2　热力学参数状态图绘制方法

2.2.2.1　手工绘制热力学参数状态图

手工绘制热力学参数状态图的关键步骤为：

（1）确定体系中可能发生的各类化学反应，并写出各个反应的平衡式；

（2）利用参与反应的各组分的热力学数据，计算各反应的标准吉布斯自由能 $\Delta_r G^{\ominus}$；

（3）由式 2-13 或式 2-6d 等求斜率和截距，并绘制描述各反应平衡条件的线段；

（4）处理矛盾平衡，删去一些（或部分）线段（参见图 2-9）。

在 L_1 线上存在反应　　$R = P_1$

在 L_2 线上存在反应　　$R_2 = R$

在 L_3 线上存在反应　　$R_2 = P_1$

现以 Fe-H_2O 系为例，说明电势-pH 图手工绘制的方法：确定 Fe-H_2O 系中主要反应，计算其 298K 平衡条件见表 2-2。

表 2-2 Fe-H_2O 系中的反应和 298K 平衡条件

编号	反应式	平衡条件
ⓐ	$2H^+ + 2e^- \rightarrow H_2$	$\varphi = -0.05916pH$
ⓑ	$O_2 + 4H^+ + 4e^- \rightarrow 2H_2O$	$\varphi = 1.229 - 0.05916pH$
①	$Fe^{2+} + 2e^- \rightarrow Fe$	$\varphi = -0.440 + 0.02961\lg a_{Fe^{2+}}$
②	$Fe^{3+} + e^- \rightarrow Fe^{2+}$	$\varphi = 0.771 + 0.05916\lg a_{Fe^{3+}}/a_{Fe^{2+}}$
③	$Fe(OH)_2 + 2H^+ = Fe^{2+} + 2H_2O$	$pH = 6.57 - 0.5\lg a_{Fe^{2+}}$
④	$Fe(OH)_3 + 3H^+ = Fe^{3+} + 3H_2O$	$pH = 1.53 - \frac{1}{3}\lg a_{Fe^{3+}}$
⑤	$Fe(OH)_3 + 3H^+ + e^- = Fe^{2+} + 3H_2O$	$\varphi = 1.057 - 0.177pH - 0.05916\lg a_{Fe^{2+}}$
⑥	$Fe(OH)_2 + 2H^+ + 2e^- = Fe + 2H_2O$	$\varphi = -0.047 - 0.05916pH$
⑦	$Fe_2O_3 + 6H^+ \rightarrow Fe^{2+} + 3H_2O$	$\varphi = 0.271 - 0.05916pH$

根据表 2-2 中各个反应的 φ 与 pH 值关系，计算斜率、截距和分析矛盾平衡，做图（图 2-10a）；令 $a_{Fe^{2+}} = 1$，$a_{Fe^{3+}} = 1$，则反应①与②为两条与 pH 轴平行的直线；反应③与④为两条与纵轴平行的直线；反应⑤、⑥、⑦为三条斜线。图 2-10a 中两条虚线ⓐ与ⓑ分别为氢线和氧线，其中

氢线为

$$H^+ + e^- \longrightarrow \frac{1}{2}H_2,\ \varphi = -0.05916pH - 0.059\lg\ (p_{H_2}/p^\ominus)^{1/2}$$

氧线为

$$O_2 + 4H^+ + 4e^- \longrightarrow 2H_2O, \varphi = 1.229 - 0.05916pH + \frac{0.059}{4}\lg(p_{O_2}/p^\ominus)$$

由图 2-10a 可知，线ⓐ在线①之上，故在酸性溶液中，阴极上易于析氢而不易于沉积铁。在中性和碱性溶液中，又容易在阴极表面生成铁的氧化物或氢氧化物而钝化，所以，在简单铁离子的水溶液中，铁的沉积是很困难的。

在图 2-10a 中，ⓐ线以下，H_2O 的电势比氢的电势值负，发生 H_2 的析出，表明 H_2O 不稳定。ⓐ线以上，H_2O 的电势比 H_2 的电位正，发生氢的氧化，H_2O 是稳定的。同理ⓑ线以上析出 O_2，H_2O 不稳定，ⓑ线以下，氧还原为 OH^-，H_2O 是稳定的。

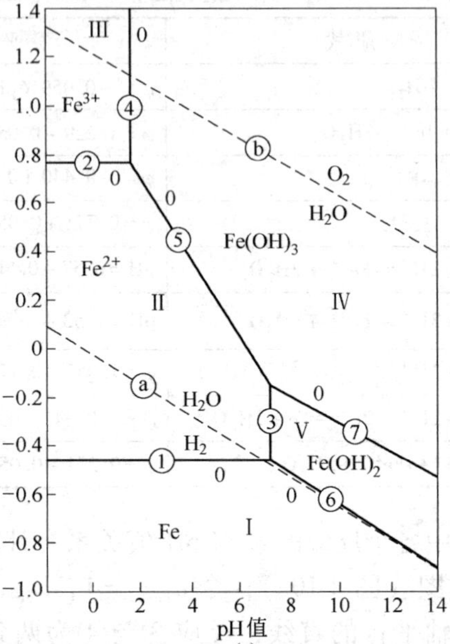

(a)

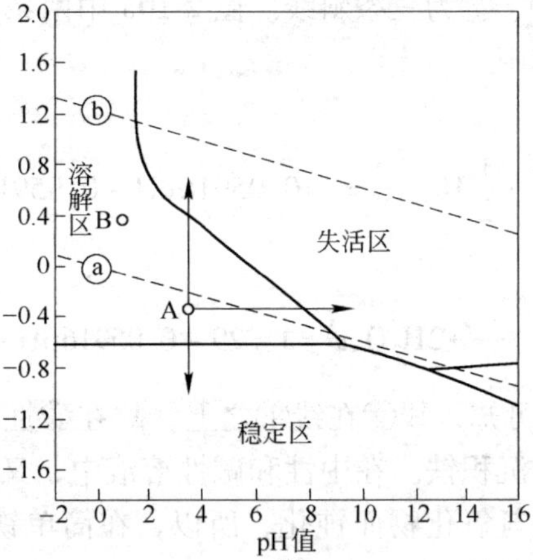

(b)

图 2-10　$Fe-H_2O$ 系 φ-pH 图（298K）

图 2-10a 中三线的交点表示相邻三相平衡共存。如②、④、⑤三线交点，表示 Fe^{3+}、Fe^{2+} 与 $Fe(OH)_3$ 三相共存。每条线代表一个反应，线的位置与组分浓度有关，如线⑤表示反应

$$Fe(OH)_3 + 3H^+ + e^- \longrightarrow Fe^{2+} + 3H_2O$$

$$\varphi = 1.057 - 0.177pH - 0.05916\lg a_{Fe^{2+}}$$

当 $a_{Fe^{2+}}$ 减小时，线的位置向上平移，反之向下平移。每个面表示某组分的稳定存在区。在稳定区内，可自动进行氧化还原反应。如ⓐ、ⓑ线之间可发生 $2H_2 + O_2 \rightarrow H_2O$ 的反应，区域Ⅱ可发生 $Fe^{3+} + e^- \rightarrow Fe^{2+}$ 反应。

图 2-10a 中Ⅰ区为金属沉淀区；Ⅱ、Ⅲ区为溶解区；Ⅳ、Ⅴ区为失活区。因此，Ⅰ区越大金属越稳定，即金属越难溶解，而离子稳定区（Ⅱ、Ⅲ区）越大则金属越容易溶解。

人为规定可溶性物质在溶液中的浓度小于 10^{-6}mol/L 时，它的溶解速度可视为无限小，即可把该物质视为不溶解。因此，金属电势-pH 图中的 10^{-6}mol/L 等溶解度线可视为溶解与不溶解的分界线，如平衡计算中离子浓度皆取 10^{-6}mol/L，则可以得到简化了的电势-pH 图（图 2-10b）。该图可划分为三个区域，即

（1）稳定区。该区域内金属处于热力学稳定状态，金属不发生溶解。如图 2-10b 中所示的稳定区，是铁和氢的稳定区域。在它所包含的电势和 pH 值条件下，虽然铁不会溶解，但有 H^+ 还原为氢原子或氢分子，而向金属中渗氢。

（2）溶解区。该区域内稳定存在的是金属的各种可溶性离子，如 Fe^{2+}、Fe^{3+} 和 $HFeO_2^-$ 等。对金属而言，则处于热力学不稳定状态，发生溶解。如图 2-10b 中溶解区，体系中将发生如下反应

$$Fe \longrightarrow Fe^{2+} + 2e^-$$

$$2H^+ + 2e^- \longrightarrow H_2$$

$$Fe + 2H^+ \longrightarrow Fe^{2+} + H_2$$

因此将发生析氢。

若铁处在位置 B，这时的电势高于ⓐ线，低于ⓑ线，因此不会发生析氢反应，而会发生氧的还原反应。体系中发生的反应为

$$Fe \longrightarrow Fe^{2+} + 2e^-$$

$$2H^+ + \frac{1}{2}O_2 + 2e^- \longrightarrow H_2O$$

$$Fe + 2H^{+} + \frac{1}{2}O_2 \longrightarrow Fe^{2+} + H_2O$$

铁会发生溶解。

（3）失活区。该区内稳定存在的是难溶性的金属氧化物、氢氧化物或难溶盐。这些固态物质若能牢固覆盖在金属表面上，使金属失去活性（图2-10b）。如 Fe-H_2O 系中（图2-10b），金属铁被 $Fe(OH)_2$ 和 $Fe(OH)_3$，或 Fe_2O_3 和 Fe_3O_4 所覆盖而失活。

2.2.2.2 计算机绘制参数状态图

随着计算机技术的发展及冶金热力学数据库的开发应用，已建立了计算机绘制热力学参数状态图的各种程序，通用的电势-pH 图计算机程序框图，如图 2-11 所示。计算机绘制电势-pH 图大致可分为五步：（1）确定体系中可能发生的各类反应以及每个反应的平衡方程式；（2）利用参与反应各组元的热力学数据计算反应的标准自由能 $\Delta_r G^{\ominus}_{(T)}$，并求得标准电极电势 $\varphi^{\ominus}$；（3）求出反应的电极电势与 pH 值的关系式；（4）依据各组元的活度和气相分压，计算出指定条件下的电势与 pH 值的关系；（5）根据相稳定区判定原理，最后得到规定条件下的电势-pH 图。

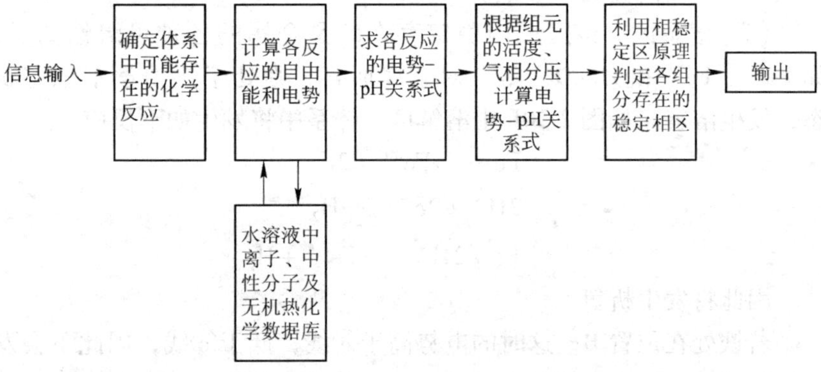

图 2-11 计算机绘制电势-pH 框图

不同作者采用不同原理和方法来判断相稳定区，图 2-12 为线消去法主程序框图。各主要子程序功能为：

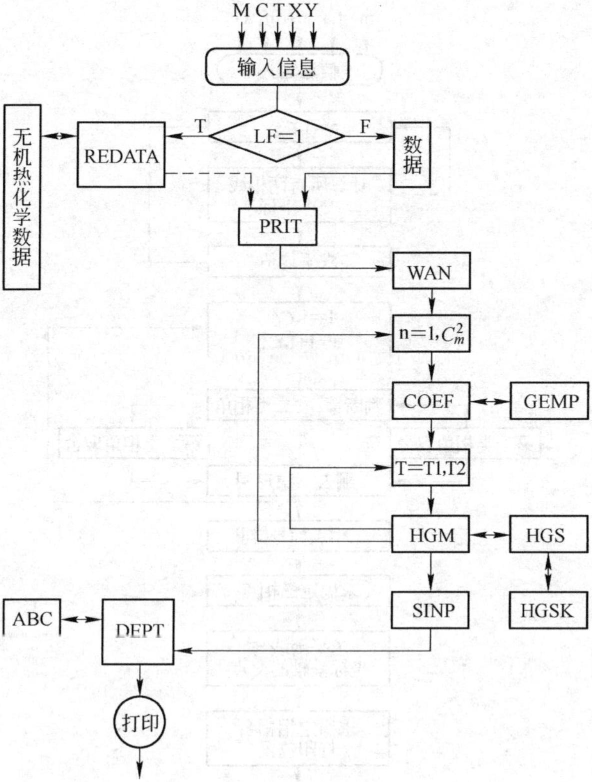

图 2-12 PREDOMINACE 程序结构示意图

REDATA 检索无机热化学数据；WAN 设计体系可能的反应，配平化学计量系数，计算反应标准吉布斯自由能；COEF 配平每一个反应的化学计量系数；HGM 计算反应的标准吉布斯自由能；SINP 计算并输出所有反应的两相界线方程的系数；DEPT 计算并输出稳定三相点的坐标，两相界线的坐标及各组分的稳定相区等。图 2-13 是用于计算机绘制热力学参数状态图的子程序，也可以计算水溶液体系的电势-pH 图。

需要指出的是：配合物（络合物）体系的电势-pH 图的构成原理不同于常规的电势-pH 图。溶液中形成配合物过程，可以使金属的电势更负，金属离子更易还原实现化学沉积。在配合物体系的电势-pH

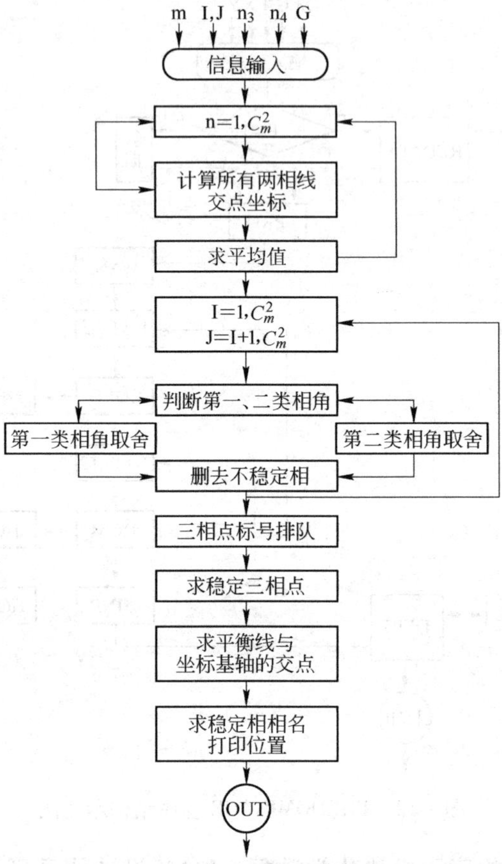

图 2-13　DEPT 程序结构框图

图中，配合物形成部分呈曲线形，这里不再做理论推导和分析。

2.2.3　电势-pH 图及其应用

电势-pH 图由比利时学者普贝（Pourbaix）和他的同事们在 20 世纪 30 年代首先提出的。最简单的电势-pH 图只涉及一种元素（包括它的氧化物与氢化物）和水组成的体系，随后又建立了多元体系的电势-pH 图。经过多年的研究，普贝等人已将 90 种元素与水组成的电势-pH 图汇集成册。目前，电势-pH 图在电化学、无机化学、化学分析、地质、冶金和材料等学科领域得到了广泛的应用。

平衡电势的数值反映了物质的氧化还原能力，可以用来判断电化学反应进行的可能性。平衡电势的数值与反应物质的活度（气体的逸度）有关，对有 H^+ 或 OH^- 参与的反应，电极电势随溶液的 pH 值的变化而变化。因此，把各种反应的平衡电势和溶液的 pH 值之间的函数关系绘制成图，称为电势-pH 图。人们可以从图上分析电化学体系中发生的各种化学或电化学反应，及其相应的电极电势和溶液的 pH 值等条件，初步判断在给定条件下某化学反应或电化学反应进行的可能性。

2.2.3.1 *化学反应和电极反应的平衡条件*

对于金属与水组成的电化学体系，有三种反应类型：

（1）有 H^+ 参加，没有电子参加的反应。这类反应可以是发生在溶液中的均相反应，如

$$(CH_3)_2NHBH_3 + 3H_2O + H^+ \Longrightarrow (CH_3)_2NH_2^+ + H_3BO_3 + 3H_2$$

也可以是在固-液或气-液界面上的异相反应，如

$$Ni^{2+} + 2H_2O \Longrightarrow Ni(OH)_2(s) + 2H^+$$

$$BH_3(g) + H_2 \Longrightarrow BH_4^- + H^+$$

其反应通式为

$$aA + cH_2O \Longrightarrow bB + mH^+ \tag{2-14}$$

式 2-14 反应达到平衡时，有

$$-a\lg a_A - c\lg a_{H_2O} + b\lg a_B + m\lg a_{H^+} = \lg K^{\ominus}$$

因为 $-\lg a_{H^+} = pH$

所以 $$\lg \frac{a_B^b}{a_A^a} = \lg K^{\ominus} + m\text{pH} \tag{2-15}$$

或 $$\text{pH} = -\frac{1}{m}\lg K^{\ominus} - \frac{1}{m}\lg \frac{a_A^a}{a_B^b} \tag{2-16}$$

由式 2-15、式 2-16 可知，反应的平衡取决于溶液的 pH 值，而与电极电势无关。在一定的温度下，平衡常数 K 恒定不变，pH 值只随 a_A^a/a_B^b 的比值变化而变化。所以，在电势-pH 图中，表示这类反应平衡条件的是一组平行于 φ 轴的垂线。每一条垂线都对应于一定反应

物质的活度或逸度。

(2) 没有 H^+ 参与，但有电子参加的反应。反应的通式为

$$aA + ne^- = bB \tag{2-17}$$

如

$$Fe^{3+} + e^- = Fe^{2+}$$

$$Fe^{2+} + 2e^- = Fe(s)$$

$$Cl_2(g) + 2e^- = 2Cl^-$$

其平衡条件可根据能斯特（Nernst）公式得

$$\varphi = \varphi^{\ominus} + \frac{2.303RT}{nF}\lg\frac{a_A^a}{a_B^b} \tag{2-18}$$

这类反应的平衡与溶液 pH 值无关，而取决于平衡电势。电极反应的平衡电势与 pH 值无关，在一定温度下，随比值 a_A^a/a_B^b 的变化而变化。在电势-pH 图中为一组平行于 pH 轴的水平线，各条水平线对应于一定的反应物质活度或逸度。

(3) 有 H^+ 参加，又有电子的反应。反应通式为

$$aA + mH^+ + ne^- = bB + cH_2O \tag{2-19}$$

如

$$MnO_4^- + 8H^+ + 5e^- = Mn^{2+} + 4H_2O$$

$$Fe(OH)_3(s) + 3H^+ + e^- = Fe^{2+} + 3H_2O$$

$$2H^+ + 2e^- = H_2(g)$$

反应的平衡条件为

$$\varphi = \varphi^{\ominus} - \frac{2.303RT}{nF}m\text{pH} + \frac{2.303RT}{nF}\lg\frac{a_A^a}{a_B^b} \tag{2-20}$$

可看出，这类反应的平衡既与溶液 pH 值有关，也与平衡电势有关。在一定的温度和 a_A^a/a_B^b 比值时，电极反应的平衡电势将随 pH 值的变化而变化。

在电势-pH 图中是一组平行的斜线（图 2-14），每一条斜线对应于一定的反应物质活度或逸度的比值。

2.2.3.2 水的电势-pH 图

A 水的电势-pH 图绘制

水是所有水溶液中最基本的组成，因此首先研究水的电势-pH 图。水可以离解为氢离子和氢氧根离子，其电离反应为

$$H_2O = H^+ + OH^- \tag{2-21}$$

该反应的平衡条件为

$$\lg(a_{H^+} \cdot a_{OH^-}) = \lg K_W$$

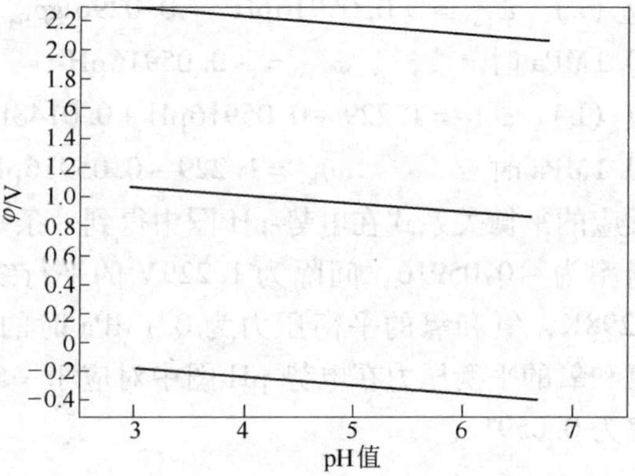

图 2-14 有 H^+ 和电子参与的电势-pH 示意图

因为

$$\lg K_W = -\sum \frac{v_i \mu_i^{\ominus}}{2.303RT}$$

已知 298K 时

$$\mu_{OH^-}^{\ominus} = -157.27\text{kJ/mol}\ ;\ \mu_{H_2O}^{\ominus} = -237.19\text{kJ/mol};\ \mu_{H^+}^{\ominus} = 0$$

所以

$$\lg K_W = -\frac{\mu_H^{\ominus} + \mu_{OH^-}^{\ominus} - \mu_{H_2O}^{\ominus}}{2.303RT} = -\frac{237190 - 157270}{2.303 \times 8.314 \times 298} = -14.00$$

即

$$\lg a_{H^+} + \lg a_{OH^-} = -14.00$$

在纯净水中，H^+ 和 OH^- 的活度相等，根据 pH 值的定义，可得到水电离平衡的条件为

$$pH = 7.00$$

由于纯水体系中存在着 H_2O、H^+、OH^- 三种组分，因而纯水中还能发生下列两种电极反应

(a) $2H^+ + 2e^- \longrightarrow H_2(g)$

(b) $O_2(g) + 4H^+ + 4e^- \longrightarrow 2H_2O$

分别用 $\varphi_{(a)}^{\ominus}$ 和 $\varphi_{(b)}^{\ominus}$ 表示反应（a）和反应（b）的标准电极电势，已

知 298K 时

$$\varphi^{\ominus}_{(a)}=0.000\text{V};\ \varphi^{\ominus}_{(b)}=1.229\text{V}$$

上述电极反应的平衡条件：

对于反应（a） $\varphi_{(a)}=-0.05916\text{pH}-0.0296\lg p_{H_2}$ （2-22a）

当 $p_{H_2}=0.1\text{MPa}$ 时 $\varphi_{(a)}=-0.05916\text{pH}$

对于反应（b） $\varphi_{(b)}=1.229-0.05916\text{pH}+0.0148\lg p_{O_2}$ （2-22b）

当 $p_{O_2}=0.1\text{MPa}$ 时 $\varphi_{(b)}=1.229-0.05916\text{pH}$

根据各反应的平衡关系式在电势-pH 图中得到一条平行于 φ 轴的垂线和一条斜率为 -0.05916，间隔为 1.229V 的平行线ⓐ和ⓑ（图 2-15），即为 298K，氢和氧的平衡压力为 0.1MPa 时的水的电势-pH 图。不同的氢和氧的平衡压力在电势-pH 图中对应于一组相互平行的直线，其斜率为 0.05916。

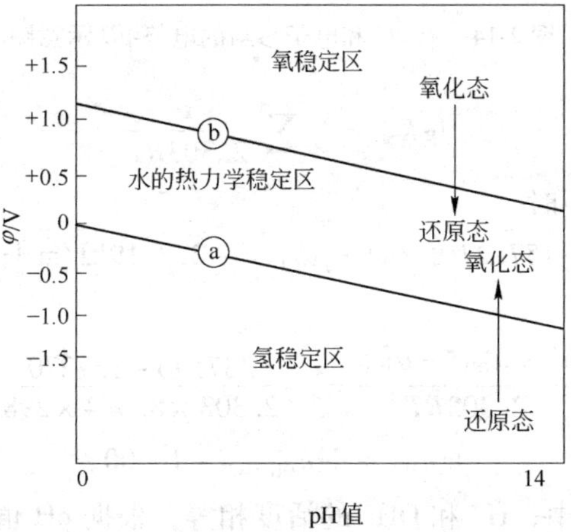

图 2-15 298K 水的电势-pH 示意图

B 水的电化学平衡图的分析

a 水的热力学稳定性

图 2-15 中ⓐ线上的任意一点都对应于不同 pH 值时的平衡电势。在线ⓐ的下方，反应（a）处于非平衡状态，体系中有剩余电荷的积累。在这种条件下，还原反应 $2H^++2e^-\rightarrow H_2(g)$ 的速度将增大。因此，水发生还原反应，析出氢气，使溶液的酸度降低。

同理，在线ⓑ的上方，任意一点的电势均比反应（b）的平衡电势更正，因而水发生氧化反应，即 $2H_2O(l) \rightarrow O_2(g) + 4H^+ + 4e^-$，而析出氧气，使溶液的酸度增加。由此可见，只有在线ⓐ和线ⓑ之间的区域内，即 298K，$p_{H_2} = p_{O_2} = 0.1$MPa 时为水的热力学稳定区。

b　水的酸碱性

按照酸碱理论，规定 $a_{H^+} = a_{OH^-}$ 为水溶液的中性条件。$a_{H^+} > a_{OH^-}$ 时，溶液呈酸性。$a_{H^+} < a_{OH^-}$ 时，溶液呈碱性。在水的电势-pH 图中，pH = 7 做一条垂线，即为溶液的中性条件，垂线左边为酸性溶液，右边为碱性溶液。

c　水的氧化还原性质

根据反应 $H_2O(l) \rightleftharpoons H^+ + OH^-$，当 $a_{H^+} = a_{OH^-}$ 为中性，也可根据水分解成氢和氧，即反应 $2H_2O(l) \rightleftharpoons 2H_2(g) + O_2(g)$，当 $p_{H_2} = 2p_{O_2}$ 时为中性。

氧化还原性质的中性条件可表示为

$$\lg p_{H_2} = \lg p_{O_2} + \lg 2 = \lg p_{O_2} + 0.30 \tag{2-23}$$

若设 $rO = -\lg p_{O_2}$，$rH = -\lg p_{H_2}$，则可写为

$$rH = rO - 0.30 \tag{2-24}$$

由于反应 $2H_2O(l) = 2H_2(g) + O_2(g)$ 实际上是水中电极反应（a）和反应（b）耦合的结果，即

$$4H^+ + 4e^- = 2H_2(g)$$

$$2H_2O(l) = O_2(g) + 4H^+ + 4e^-$$

$$2H_2O(l) = 2H_2(g) + O_2(g) \tag{2-25}$$

只有 $\varphi_{(a)} = \varphi_{(b)}$ 时，才能满足 $p_{H_2} = 2p_{O_2}$ 的条件。将 rO 和 rH 代入式 2-22a 和式 2-22b 可得

$$\varphi_{(a)} = -0.05916pH + 0.0296rH$$

$$\varphi_{(b)} = 1.229 - 0.05916pHrO$$

根据 $\varphi_{(a)} = \varphi_{(b)}$，则有

$$rH = 27.56,\ rO = 27.86 \tag{2-26}$$

式 2-26 与式 2-24 相吻合，是 298K 时水的氧化还原性质的中性条件，在电势-pH 图中是一条斜线。

当水同时符合酸碱性和氧化还原性的中性条件时，被认为是绝对中性。对于水和稀溶液，298K 时的绝对中性条件为：pH = 7.00；rH = 27.56；rO = 27.86；φ = 0.40。

由此可见，水的电势-pH 图可划分为四个区域，如图 2-16 所示。

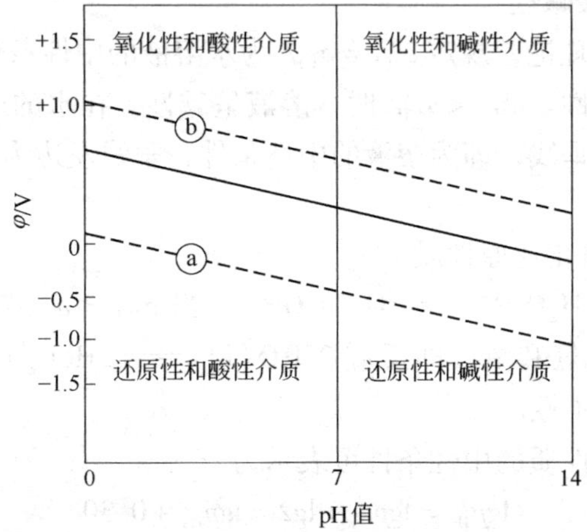

图 2-16 298K 时水的酸碱性和氧化还原性质

2.2.3.3 金属的电势-pH 图绘制及其应用

金属的电势-pH 图是一个大气压力和 298K 时，某金属热力学稳定性及其不同价态物质变化的倾向，以及金属与其离子在水溶液中的反应条件。近十多年来，除了金属-水体系的电势-pH 图外，还出现了多元体系的电势-pH 图。

A 单一金属化学镀过程的初步分析

现以 Cu-H_2O 系、C-H_2O 系，以及它们叠加的电势-pH 图为例，分析铜的化学镀基础。用芬兰的 HSC 计算机程序绘制该体系的电势-pH 图，在给出相关的组分、两个坐标和指定温度，即可得到该指定温度下的 Cu-H_2O 系、C-H_2O 系，以及它们的叠加电势-pH 图（图 2-17a、图 2-17b、图 2-17c）。由于铜没有自催化特性，因此化学镀铜反应发生在水溶液和具有催化活性的固体界面上。其过程是：还原剂将铜离子还原为金属铜，反应可表示为

$$Cu^{2+} + 2e^- = Cu, \varphi^\ominus = 0.34V$$

从文献中可知，还原剂的电势都比铜离子的电势负，故甲醛、次磷酸盐、硼氢化钠和联氨等均可还原 Cu^{2+}。

$$H_2PO_3^- + 2H^+ + 2e^- = H_2PO_2^- + H_2O(pH=0), \varphi = -0.50V$$

$$HCOOH + 2H^+ + 2e^- = HCHO + H_2O(pH=14), \varphi = -1.07V$$

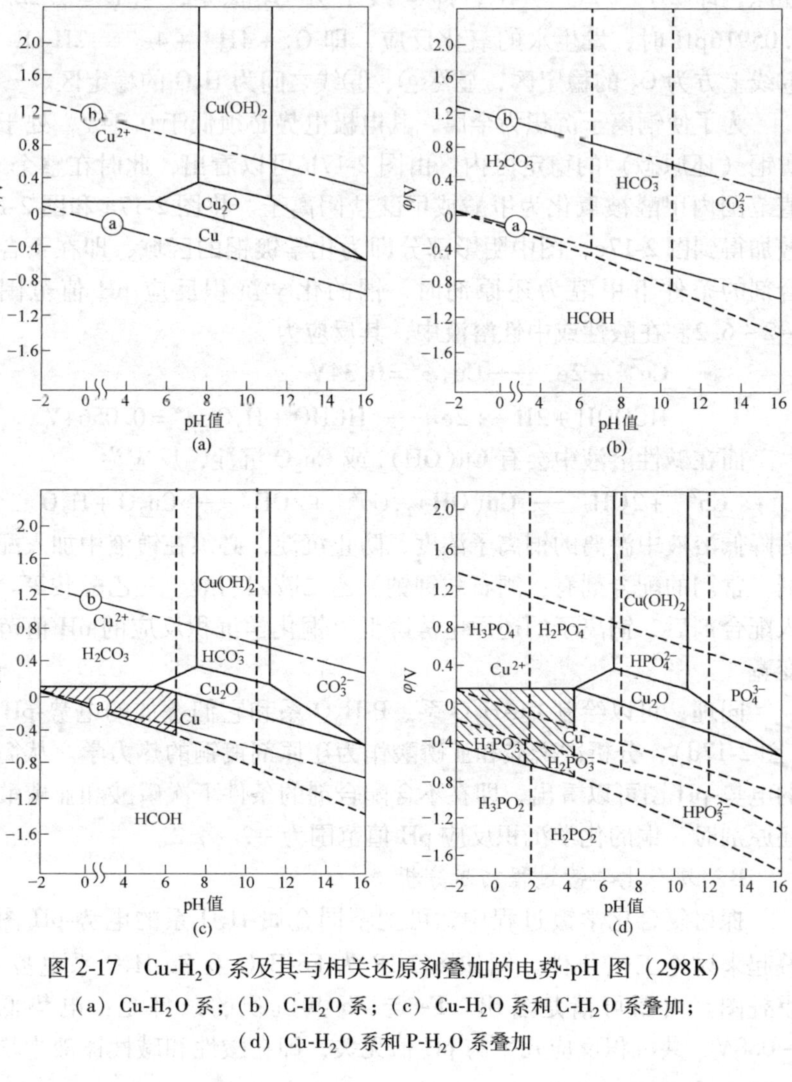

图 2-17 Cu-H_2O 系及其与相关还原剂叠加的电势-pH 图（298K）

（a）Cu-H_2O 系；（b）C-H_2O 系；（c）Cu-H_2O 系和 C-H_2O 系叠加；

（d）Cu-H_2O 系和 P-H_2O 系叠加

电势-pH 图中与 pH 轴平行的直线表示氧化还原反应与 pH 值无关，当电势高于平衡线时，反应为氧化反应，反之为还原反应；与 pH 轴垂直的线表示反应与电极电势无关。当溶液的 pH 值大于平衡时的 pH 值时，反应将消耗 OH^- 或产生 H^+；斜线则表示反应既与电势有关又与 pH 值有关，当电势 $\varphi = -0.05916pH$ 时，发生氢离子的还原，即 $2H^+ + 2e^- = H_2$，即ⓐ线下方 H_2 稳定，当 $\varphi = 1.229 - 0.05916pH$ 时，发生水的氧化反应，即 $O_2 + 4H^+ + 4e^- = 2H_2O$，即ⓑ线上方为 O_2 的稳定区，显然ⓐ、ⓑ线之间为 H_2O 的稳定区。

为了使铜离子沉积为金属，其电极电势必须低于 0.34V，处于金属铜（还原态）的稳定区内。由图 2-17b 可以看出，此时在整个 pH 值范围内甲醛被氧化为甲酸或甲酸盐阴离子。将图 2-17a 和图 2-17b 叠加得到图 2-17c，图中阴影部分即为化学镀铜的区域，即在不含配合剂的条件下甲醛为还原剂时，铜的化学沉积反应 pH 值范围为 −2 ~ 6.2。在酸性或中性溶液中，其反应为

$$Cu^{2+} + 2e^- \longrightarrow Cu, \varphi^\ominus = 0.34V$$

$$HCOOH + 2H^+ + 2e^- \longrightarrow HCHO + H_2O, \varphi^\ominus = 0.0564V$$

而在碱性溶液中会有 $Cu(OH)_2$ 或 Cu_2O 沉淀，反应为

$$Cu^{2+} + 2OH^- \longrightarrow Cu(OH)_2, Cu^{2+} + 2OH^- \longrightarrow Cu_2O + H_2O$$

为降低溶液中游离的铜离子浓度，防止沉淀，必须在镀液中加入配合剂。常用的配合剂有：酒石酸钾钠、乙二胺四乙酸、三乙醇胺等。加入配合剂后，铜离子的还原电势降低，铜化学沉积反应的 pH 值范围变宽。

同理，可以绘制 Cu-H_2O 系、P-H_2O 系和它们叠加的电势-pH 图（图 2-17d），分析次磷酸和亚磷酸作为还原剂镀铜的热力学。从简单的电势-pH 图可以看出，即在不含配合剂的条件下次磷酸和亚磷酸为还原剂时，铜的化学沉积反应 pH 值范围为 −2 ~ 4.2。

B　复合化学镀过程初步分析

探讨复合化学镀过程中，可把不同金属-H_2O 系的电势-pH 图重叠起来讨论工艺条件。例如图 2-18 为 Fe-H_2O 及 Zn-H_2O 系电势-pH 重叠图。由图可清楚看出，Fe 与 Zn 共沉积的条件是：电势低于 −0.8V，共沉积反应几乎与 pH 值无关，即在酸性和碱性镀液中均可

进行。

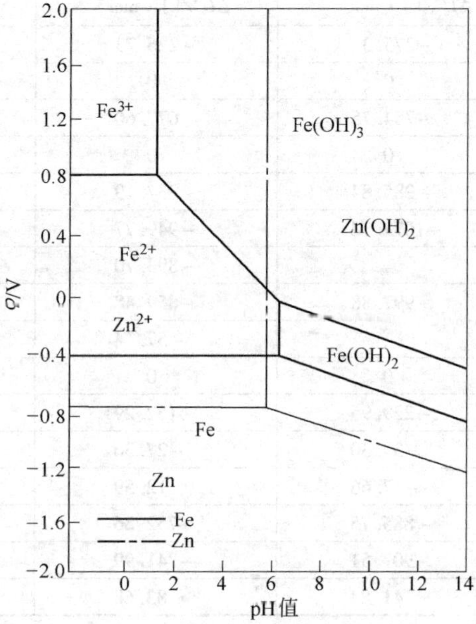

图 2-18 Fe-H_2O 和 Zn-H_2O 系叠加的 φ-pH 图（298K）

以硫酸亚铁铵和锌盐为主盐，联氨为还原剂，酒石酸盐为配合剂，可以获得 Fe-Zn 的共沉积。当二价铁离子的浓度较低时，沉积速率低；随着浓度的增加，其沉积速率逐渐增加。实验表明：随着 pH 值的增加，沉积反应加快，但镀液的稳定性下降。

C Mo-S-H_2O 系电势-pH 图绘制及分析

由 FACT 数据库可以检索到 Mo-S-H_2O 系在 298K 时有关热力学数据（表 2-3），并列出该体系中各种可能反应的有关反应式及平衡方程（表 2-4）。选定在 $T=298$K，$p=0.1$MPa 及活度为 1 的条件下，计算机直接绘制出 Mo-S-H_2O 系的电势-pH 图（图 2-19）。为进行比较，在图 2-19 中，用虚线绘制出相应各种硫离子稳定存在的区域。图中（a）和（b）线分别为氢电极和氧电极电势随 pH 值的变化，即 $2H^+ + 2e^- = H_2$ 和 $O_2 + 4H^+ + 4e^- = 2H_2O$，在（a）和（b）线之间为水的稳定区。

表 2-3 Mo-S-H$_2$O 系热力学数据（298K）

物 质	$\Delta H^\ominus$/kJ · mol^{-1}	$\Delta G^\ominus$/kJ · mol^{-1}	$S^\ominus$/J · K^{-1} · mol^{-1}
MoS_2	-275.3	-226.73	63.18
S^0	0	0	31.88
MoO_3	-754.75	-677.60	77.82
Mo	0	0	28.58
H_2O	-285.84	-237.19	69.94
H_2MoO_4	-1072.78	-949.77	150.62
$HMoO_4^-$		-893.70	
MoO_4^{2-}	-997.88	-859.48	58.58
Mo^{3+}		-57.74	
H^+	0	0	0
OH^-	-229.95	-157.29	10.54
H_2S	-39.30	-27.36	122.20
HS^-	-17.66	12.59	61.10
HSO_4^-	-885.75	-752.86	126.85
SO_4^{2-}	-907.51	-741.99	17.15
S^{2-}	41.84	83.68	22.18

表 2-4 Mo-S-H$_2$O 系反应式及平衡方程（298K）

编号	反 应 式	平 衡 方 程
1	$MoS_2 + 4H^+ + 4e^- = Mo + 2H_2S$	$\varphi = -0.446 - 0.059pH - \frac{0.05916}{3}\lg[H_2S]$
2	$MoS_2 + 2H^+ + 4e^- = Mo + 2HS^-$	$\varphi = -0.653 - \frac{0.05916}{3}pH - \frac{0.05916}{3}\lg[HS^-]$
3	$MoS_2 + 4e^- = Mo + 2S^{2-}$	$\varphi = -1.02 - \frac{0.05916}{3}\lg[S^{2-}]$
4	$MoO_3 + 6H^+ + 3e^- = Mo^{3+} + 3H_2O$	$\varphi = -0.317 - 0.118pH - \frac{0.05916}{3}\lg[Mo^{3+}]$
5	$Mo^{3+} + 2HSO_4^- + 14H^+ + 15e^- = MoS_2 + 8H_2O$	$\varphi = 0.387 - 0.055pH - \frac{0.05916}{3}\lg\frac{1}{[HSO_4^-]^2[Mo^{3+}]}$
6	$MoO_3 + 2HSO_4^- + 20H^+ + 18e^- = MoS_2 + 11H_2O$	$\varphi = 0.376 - 0.066pH - \frac{0.05916}{3}\lg\frac{1}{[HSO_4^-]^2}$

续表 2-4

编号	反应式	平衡方程
7	$MoO_3 + 2SO_4^{2-} + 22H^+ + 18e^- = MoS_2 + 11H_2O$	$\varphi = 0.388 - 0.072pH - \frac{0.05916}{3}\lg\frac{1}{[SO_4^{2-}]^2}$
8	$HMoO_4^- + 2SO_4^{2-} + 23H^+ + 18e^- = MoS_2 + 12H_2O$	$\varphi = 0.400 - 0.075pH - \frac{0.05916}{3}\lg\frac{1}{[HMoO_4^-][SO_4^{2-}]^2}$
9	$MoO_4^{2-} + 2SO_4^{2-} + 24H^+ + 18e^- = MoS_2 + 12H_2O$	$\varphi = 0.420 - 0.079pH - \frac{0.05916}{3}\lg\frac{1}{[MoO_4^{2-}][SO_4^{2-}]^2}$
10	$S^0 + 2H^+ + 2e^- = H_2S$	$\varphi = 0.142 - 0.059pH - \frac{0.05916}{3}\lg[H_2S]$
11	$S^0 + H^+ + 2e^- = HS^-$	$\varphi = -0.065 - \frac{0.0591}{2}pH - \frac{0.05916}{3}\lg[HS^-]$
12	$HMoO_4^- = MoO_4^{2-} + H^+$	$pH = 6.00 + \lg\frac{[MoO_4^{2-}]}{[HMoO_4^-]}$
13	$MoO_3 + H_2O = HMoO_4^- + H^+$	$pH = 3.70 + \lg[HMoO_4^-]$
14	$HSO_4^- = H^+ + SO_4^{2-}$	$pH = 1.91 + \lg\frac{[SO_4^{2-}]}{[HSO_4^-]}$
15	$H_2S = H^+ + HS^-$	$pH = 7.00 + \lg\frac{[HS^-]}{[H_2S]}$
16	$S^{2-} + H^+ = HS^-$	$pH = 12.47 + \lg\frac{[HS^-]}{[S^{2-}]}$

从图 2-19 可以看出，Mo 在水溶液中主要存在形式不是金属阳离子，而是以含氧酸根阴离子形式存在。这是由于 Mo 是过渡族元素，具有 $4d^55s^1$ 的外层电子结构，以正六价最稳定，而四价钼只能以配合离子的形式存在于水溶液中。在 $pH > 6.0$ 的条件下，钼在水溶液中的主要存在形式是 MoO_4^{2-}；当 $pH < 6.0$ 后，过渡为 $HMoO_4^-$；pH 值降低到小于 3.7，则转变为 MoO_3。

从图 2-19 还可以看到，金属 Mo 电极电势线是在氢电极电势线以下，即在水溶液中用氢还原得不到金属钼。

因为 MoS_2 是处在氧电极电势以下，位于水的稳定区内，所以在室温，MoS_2 比其他金属硫化物稳定，需要较强的氧化剂参与反应。在酸性水溶液中进行 MoS_2 氧化反应可表示为

$$MoS_2 + 8H_2O + 15OX \longrightarrow Mo^{3+} + 2HSO_4^- + 14H^+ + 15OX^-$$

$$MoS_2 + 11H_2O + 18OX \longrightarrow MoO_3 + 2SO_4^{2-} + 22H^+ + 18OX^-$$

以上两式中 OX 表示氧化剂。由图 2-19 看出，Mo^{3+} 只在强酸性介质中出现，而且 Mo^{3+} 稳定存在的区域很窄。这就是用化学镀制备 Fe-Mo-B 耐腐蚀镀层时，镀液中加钼酸盐而不是硫化钼的原因。

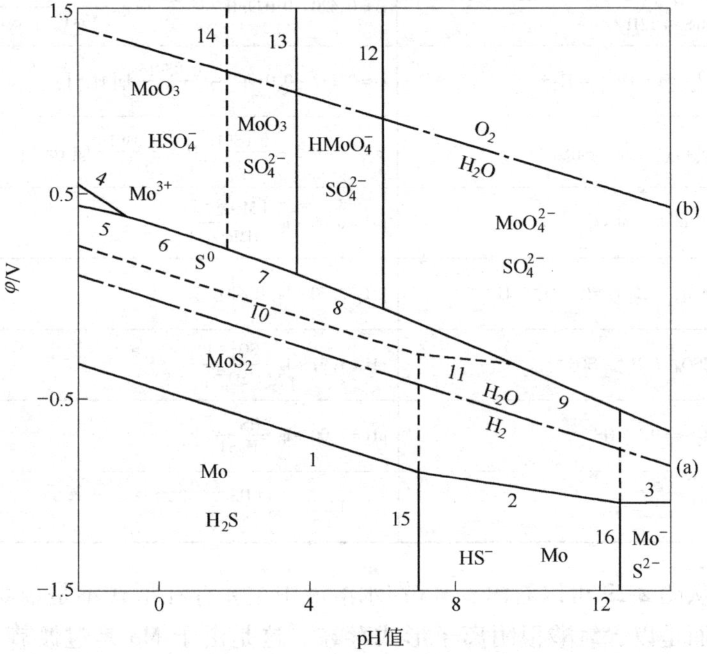

图 2-19　Mo-S-H_2O 系的电势-pH 图（298K，$a=1$）

2.2.3.4　电势-pH 图在化学镀镍过程中的应用

以往的化学镀热力学分析多采用绘制热力学参数状态图（通常用电势-pH 图，如图 2-20 ~ 图 2-25）的方法，其优点是直观。一般绘制室温下的电势-pH 图寻找稳定相区存在的条件，用来判断化学镀反应能否进行，并分析其与 pH 值的关系。例如从图 2-20 可以清楚地看到 Ni、Ni^{2+}、$Ni(OH)_2$ 等物质的稳定区，在标准状态下直线ⓐ以上为 Ni^{2+} 的稳定区，而其下面则为 Ni 的稳定区。直线ⓑ为镍离子的水

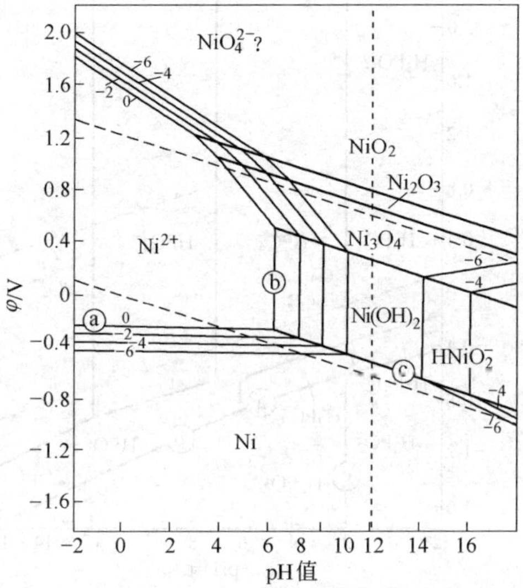

图 2-20 Ni-H_2O 系的电势-pH 图（298K）

解反应曲线，在一定的 pH 值下 Ni^{2+} 将生成 $Ni(OH)_2$。直线ⓒ对应的是 $Ni(OH)_2$ 的还原反应。对应不同的 Ni^{2+} 浓度，lg[Ni^{2+}] 分别等于 0、-2、-4 和 -6 线也绘制在图 2-20 上。如果将图 2-20 中 lg[Ni^{2+}]=0 的线和图 2-21 叠加就得到图 2-22。由图可以看出，当 pH 值处在 0~4 之间，则次磷酸可以把镍离子还原为金属镍。但在实际过程中，由于 H^+ 的竞争析出，很难得到金属镍，这就显出仅用热力学参数状态图（电势-pH 图）进行化学镀热力学分析的不足。

除了根据前述绘制热力学参数状态图方法自行绘制反应体系的电势-pH 图外，我们还能从一些文献中看到一些前人绘制的室温下的电势-pH 图。图 2-23 为常用的几种还原剂的电势-pH 图，图 2-24 和图 2-25 为在碱性溶液中几种金属与配合剂形成配合体后的电势-pH 图。比较图 2-24 和图 2-25，可以看出，在碱性溶液范围内金属配合离子稳定存在于水溶液中，且其电极电势发生负移。若其电极电势仍高于亚磷酸、次磷酸的电极电势，则金属配合离子可以被还原，从而实现化学镀金属的沉积。

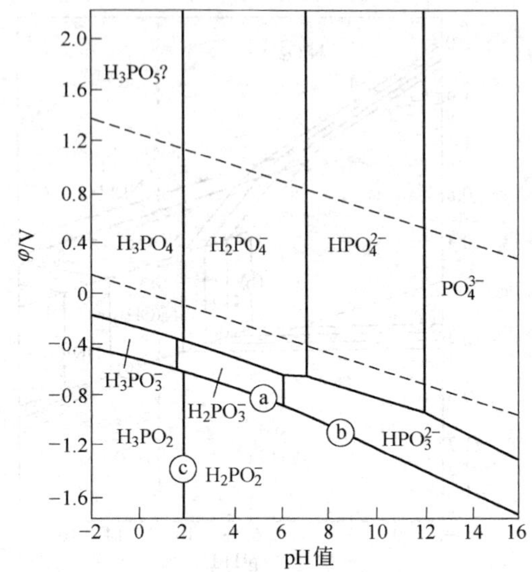

图 2-21　P-H_2O 系的电势-pH 图（298K）

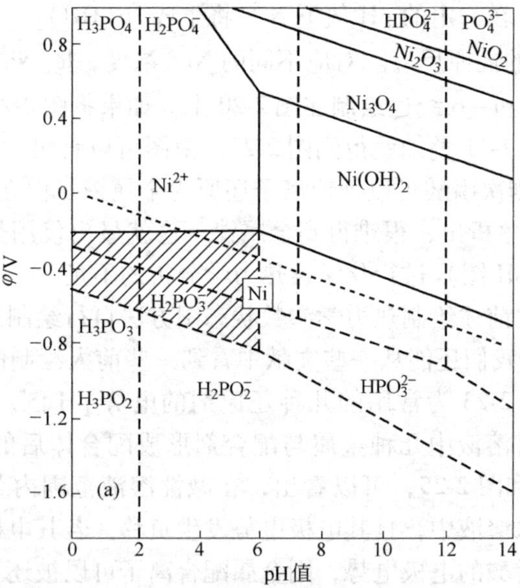

图 2-22　Ni-P-H_2O 系的电势-pH 图（298K）

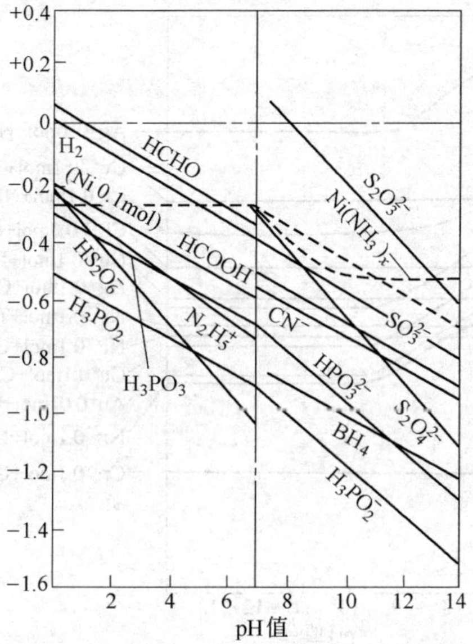

图 2-23 几种还原剂的电势-pH 图（298K）

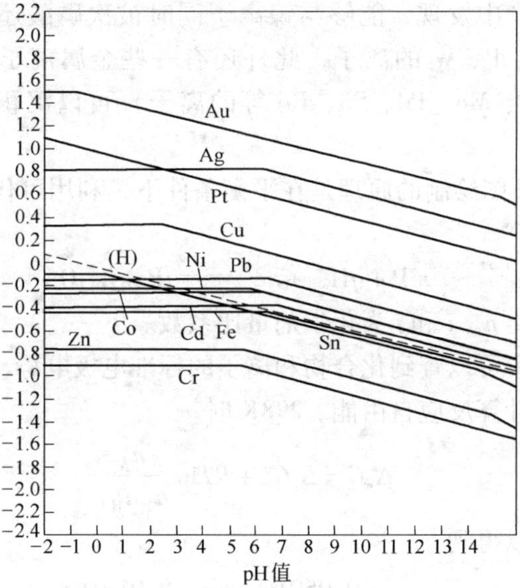

图 2-24 几种金属离子的电势-pH 图（298K）

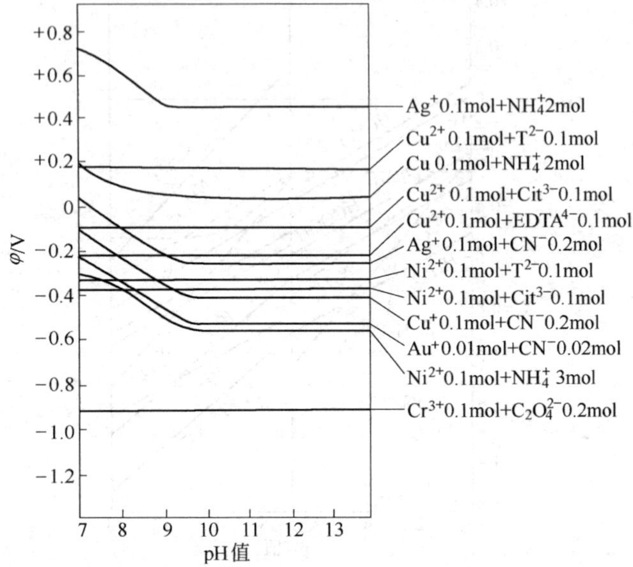

图 2-25　碱性溶液中金属配合离子的电势-pH 图（298K）

实际生产中发现，能够与镍离子同时被次磷酸还原的金属离子有：Fe、Co、P、W 的离子，此外还有一些金属离子（如：V、Cr、Mn、Cu、Zn、Mo、Pd、Sn、Re 等的离子）可以沉积，但它们的沉积量很小。

电势-pH 图绘制的原理是在平衡条件下，利用可代表各类水溶液反应的通式

$$mP + qH^+ + ne^- = iR + jH_2O \qquad (2\text{-}27)$$

式中，m、q、n、i 和 j 为化学剂量比系数。

从文献中可以查到化合物和离子的标准电极电势，根据化学反应等温方程式计算反应自由能。298K 时，

$$\Delta_r G = \Delta_r G^\ominus + RT\ln\frac{a_R^i}{a_P^m a_{H^+}^q}$$

由此可以得到

$$\varphi = \varphi^\ominus - \frac{0.05916}{n}\lg\frac{a_R^i}{a_P^m} - \frac{0.05916q}{n}\text{pH} \qquad (2\text{-}28)$$

一般在固定反应物和反应产物的浓度时，a_{R}^{i}和 a_{P}^{m}为常数，$\varphi^{\ominus}$ 也是常数。因此式 2-28 是一条直线，其斜率为 $-\dfrac{0.05916q}{n}$；当 $q=0$ 时，反应没有 H^+参加，为平行于 pH 坐标的一条直线。

由上述分析可知，在一定条件下可以用直观的电势-pH 图对化学镀过程进行热力学分析，得知在水溶液中各成分生成的条件及组分稳定存在的条件，了解在水溶液中发生的一系列反应及平衡问题，为设计新的化学镀镀液奠定一定的基础；若考虑温度对过程的影响，则需要增加温度坐标绘制三维的热力学参数状态图。但在分析实际情况时，应充分考虑所用的电势-pH 图的局限性。

2.2.3.5 电势-pH 图的局限性

电势-pH 图都是根据热力学数据建立的，有严格的理论基础，绘制各种体系的电势-pH 图，已成为研究水溶液体系化学反应各种过程（湿法冶金、化学镀、金属腐蚀以及浸取矿物等）热力学规律的重要方法，因而得到广泛地应用和不断地发展。但是，电势-pH 图是在指定溶液离子浓度和温度条件下，电极电势（还原电势）仅与溶液的 pH 值有关的前提下绘制的，而实际应用体系往往是复杂的。因此，应用电势-pH 图分析、解决实际问题，必须注意到它的局限性。特别是运用文献的电势-pH 图时，更应注意绘制的条件与应用体系的条件的差异，考虑它的局限性，避免出现大的偏差。电势-pH 图的局限性主要表现在下列几方面：

（1）电势-pH 图是一种热力学的水溶液化学反应平衡图。因此，由图只能知道水溶液中氧化还原反应的方向和热力学的可行性，而不能给出反应的速度。

（2）根据热力学计算绘制的电势-pH 图，是指定溶液中离子浓度和温度时电极电势与溶液的 pH 值关系，得到的是等温、等浓度的电势-pH 线。因此，对同一反应体系不同温度、不同离子浓度的电势-pH 图是不同的。在实际运用时，特别要注意文献给出的电势-pH 图的绘制条件与实际体系条件的一致性。

（3）电势-pH 图是由等温、等浓度的电势-pH 线构成。没有考虑水的离子积常数随温度的变化，在溶液温度不是室温（298K）时，应该考虑水的离子积常数随温度的变化对反应的影响。

（4）根据热力学计算绘制的电势-pH 图中的 pH 值，是指反应平衡时整个溶液的 pH 值。在实际反应体系中（特别是在没有搅拌的情况下），通常阳极反应区的 pH 值比整个溶液的 pH 值低些，而阴极反应区的 pH 值比整个溶液的 pH 值高些。

（5）电势-pH 图是以金属与溶液中的离子和固相反应产物之间的平衡作为先决条件的。但在实际体系中，可能偏离这种平衡。此外，电势-pH 图中没有考虑水溶液中往往存在 Cl^-、SO_2^{4-} 等离子对平衡的影响，而它们对化学反应平衡的影响往往是不能忽略的。

（6）电势-pH 图中的所谓“失活区”是以金属氧化物、氢氧化物或难溶盐的稳定存在为依据的。而这些物质的保护性能，不能用电势-pH 图来进行判断。

对实际反应体系，可根据实际溶液中离子浓度、温度和金属离子的标准电极电势，通过热力学计算绘制电势-pH 图，但得到的仍是等温、等浓度的电势-pH 线。没有考虑水的离子积常数随温度的变化及气体产物等因素的影响。因此，只有一定的参考价值。在设计反应体系时还是要进行实际条件下的热力学计算。通过分析计算结果，从中得到一些有益的启示。下面介绍计算联氨为还原剂实际体系化学镀沉积金属反应自由能的方法。

2.3　联氨还原化学镀热力学计算的方法

在碱性环境中，联氨（肼）作为还原剂的优点：一是有强的还原性，二是它的氧化产物可以脱离反应系统，不给反应溶液带来杂质，可以得到纯金属。而高科技的许多领域需要纯金属的镀层材料。在设计选择化学镀镀液组成配方时，需要联氨作为还原剂的相关化学镀体系的热力学计算。如何考虑热力学计算时遇到的问题，文献中缺少有关报道。由于有些金属离子在碱性环境中易形成氢氧化物而沉淀，如 $Ni(OH)_2$ 的溶度积常数为 $K_{SP}=2.0\times10^{-15}$。因此在用化学镀法镀覆这类金属时，在镀液中需加入配合剂，形成配合离子，防止金属离子在碱性溶液中形成氢氧化物沉淀，保持镀液澄清，以利控制镀覆过程。

目前人们对联氨为还原剂的化学镀过程的认识和掌握，相对于以次磷酸盐、硼烷衍生物、硼氢化物为还原剂的化学镀过程来说尚不成熟。本节将以联氨还原化学镀镍为例，介绍如何考虑配合剂与金属离子可能的配合数、水的离子积常数、pH 值与温度关系、反应物与产物的活度（浓度、压力）等因素，计算实际条件下联氨还原几种镀液体系的镀覆反应的反应自由能变化规律。为后面计算和综合分析实际条件下化学镀镍过程的可行性奠定基础。

2.3.1 联氨还原酒石酸根配合镍离子的热力学计算

用酒石酸盐为配合剂，计算联氨还原酒石酸根配合镍离子的自由能（通常用（T^{2-}）表示酒石酸根（$C_4H_4O_6$）$^{2-}$），其主要反应为

$$N_2+4H_2O+4e^-\longrightarrow N_2H_4+4OH^-,\ \varphi^\ominus=-1.16V \quad (2\text{-}29)$$

镍离子与酒石酸根离子形成 $Ni(T^{2-})$ 配合离子

$$Ni(T^{2-})+2e^-\longrightarrow Ni+T^{2-},\ \varphi^\ominus=-0.34V \quad (2\text{-}30)$$

$$\varphi=\varphi^\ominus-\frac{2.303RT}{2F}\lg\frac{a_{Ni}a_{T^{2-}}}{a_{Ni(T^{2-})}}$$

2 × 式 2-30 − 式 2-29 得到联氨还原酒石酸根配合镍离子总反应式

$$2Ni(T^{2-})+N_2H_4+4OH^-\longrightarrow 2Ni+2T^{2-}+N_2+4H_2O,\ \varphi^\ominus=0.82V \quad (2\text{-}31)$$

其标准自由能

$$\Delta_rG^\ominus_{(2\text{-}31)}=-316.52\text{kJ/mol}$$

实际条件下的总反应自由能

$$\Delta_rG_{(2\text{-}31)}=\Delta_rG^\ominus_{(2\text{-}31)}+RT\ln Q$$

$$RT\ln Q=8.314\times2.303T\lg\frac{p_{N_2}a^2_{T^{2-}}a^4_{H_2O}a^2_{Ni}}{a_{N_2H_4}a^4_{OH^-}a^2_{Ni(T^{2-})}p^\ominus}\ \text{kJ/mol} \quad (2\text{-}32)$$

式中，$p^\ominus$ 为标准大气压；a_i 为组元或离子活度。

组元活度的拉乌尔活度和亨利活度，分别表示为：

以纯物质为标准态，以符合拉乌尔定律的理想溶液为参考态，活

度为

$$a_{R,i} = \gamma_{R,i} x_i$$

式中，$a_{R,i}$为拉乌尔活度；$\gamma_{R,i}$为拉乌尔活度系数。

对无限稀溶液服从亨利定律的活度为

$$a_{H,i} = f_{H,i} x_i$$

式中，$a_{H,i}$为亨利活度；$f_{H,i}$为亨利活度系数。

离子活度表示为

$$a_+ = \gamma_+ \frac{m_+}{m^\ominus}; \ a_- = \gamma_- \frac{m_-}{m^\ominus}$$

式中，a_+、a_-、γ_+、γ_-及m_+、m_-分别表示正、负离子活度、离子活度系数及离子质量摩尔浓度；$m^\ominus = 1\text{mol/kg}$。

通常化学镀镀液各组成分浓度一般在0.1～1.0mol/L之间，可视镀液为稀溶液，用浓度代替活度。

考虑在活性过渡族金属如Pd或Ni催化作用下，联氨可能发生分解反应。由表2-5数据可计算在实验温度范围内，联氨的平均蒸气压约为0.025MPa。

表2-5　联氨的蒸气压

温度/K	293	298	313	333	353	373
p/kPa	1.404	2.0	4.509	12.3	29.52	63.61

由反应的标准自由能公式

$$\Delta_r G^\ominus = \Delta_r H^\ominus - T\Delta_r S^\ominus \tag{2-33}$$

计算298K联氨分解反应的标准反应自由能。

$$2N_2H_4 \longrightarrow 2NH_3(g) + N_2(g) + H_2(g), \Delta_r G^\ominus_{298K} = -253.96\text{kJ/mol} \tag{2-34}$$

根据道尔顿（Dalton）分压定律计算氮的分压$p_{N_2} = 6.25 \times 10^{-3}$MPa。

考虑水的离子积常数随温度变化$pH_{(T,K)} = \dfrac{pK_{W(T,K)}}{pK_{W(298K)}} \times pH_{(298K)}$，分别计算不同温度、pH＝8～10时，镀液中$a_{OH^-}$，结果示于表2-6。

表 2-6　水的离子积常数随温度变化时 $\lg a^4_{OH^-}$ 值

$t(T)$	$K_W = [H^+][OH^-]$	$pK_W = -\lg K_W$	$\lg a^4_{OH^-}$	
			pH = 8	pH = 10
60℃ (333K)	8.91×10^{-14}	13.05	20.2	12.2
70℃ (343K)	15.8×10^{-14}	12.8	19.2	11.2
80℃ (353K)	25.1×10^{-14}	12.6	18.4	10.4
90℃ (363K)	38.0×10^{-14}	12.42	17.68	9.68

将实验条件代入，即可计算实际条件下总反应的自由能

$$\Delta_r G_{(2\text{-}31)} = \Delta_r G^{\ominus}_{(2\text{-}31)} + RT\ln Q$$

2.3.2　联氨还原柠檬酸根配合镍离子的反应自由能计算

用柠檬酸盐为配合剂，镍离子与柠檬酸根离子形成 $[Ni(Cit^{3-})]^-$ 配合离子［通常用 (Cit^{3-}) 表示柠檬酸根 $(C_6H_5O_7)^{3-}$］，其标准还原电势为

$$Ni(Cit^{3-})^- + 2e^- \longrightarrow Ni + Cit^{3-},\ \varphi^{\ominus} = -0.37\ V \tag{2-35}$$

$$\varphi = \varphi^{\ominus} - \frac{2.303RT}{2F}\lg\frac{a_{Ni}a_{Cit^{3-}}}{a_{Ni(Cit^{3-})^-}}$$

2 × 式 2-35 − 式 2-29 得到总反应

$$2Ni(Cit^{3-})^- + N_2H_4 + 4OH^- \longrightarrow 2Ni + 2Cit^{3-} + N_2 + 4H_2O,$$
$$\varphi^{\ominus} = 0.79V \tag{2-36}$$

$$\Delta_r G^{\ominus}_{(2\text{-}36)} = -304.94 kJ/mol$$

实际条件下的总反应自由能

$$\Delta_r G_{(2\text{-}36)} = \Delta_r G^{\ominus}_{(2\text{-}34)} + RT\ln Q$$

式中，$RT\ln Q = 8.314 \times 2.303T\lg\dfrac{p_{N_2}a^2_{Cit^{3-}}a^4_{H_2O}a^2_{Ni}}{a_{N_2H_4}a^4_{OH^-}a^2_{Ni(Tit^{3-})^-}p^{\ominus}}$ kJ/mol，$p^{\ominus}$ 为标准大气压；a_i 为组元或离子活度，其计算方法同前。

考虑不同温度下水的离子积和氮的可能的蒸汽压的影响，代入实际条件可以计算出总反应的自由能 $\Delta_r G_{(2\text{-}36)}$。

2.3.3　联氨还原镍氨配合体系化学镀的热力学计算

氨与许多金属离子可以形成配合离子，使离子的还原电势负

移。氨与金属镍离子可形成不同配位数 n 的氨配合镍离子 $Ni(NH_3)_n^{2+}$（$n=1\sim6$）。因此，分析联氨还原镍氨配合体系化学镀的热力学时，必须考虑不同配位数的氨配合镍离子 $Ni(NH_3)_n^{2+}$ 的还原。

已知金属镍离子的标准还原电势为

$$Ni^{2+}+2e^- \longrightarrow Ni,\ \varphi^\ominus=-0.23V \tag{2-37}$$

$$\varphi_{(2\text{-}37)}=\varphi^\ominus_{(2\text{-}37)}-\frac{2.303RT}{nF}\lg\frac{a_{Ni}}{a_{Ni^{2+}}}$$

镀液中加入配合剂氨后，氨与金属镍离子可形成 $Ni(NH_3)_n^{2+}$ 配合离子

$$Ni^{2+}+n(NH_3)=\!=\!=Ni(NH_3)_n^{2+}\ (n=1\sim6) \tag{2-38}$$

式2-37－式2-38得

$$Ni(NH_3)_n^{2+}+2e^- \longrightarrow Ni+nNH_3 \tag{2-39}$$

$$\varphi_{(2\text{-}39)}=\varphi^\ominus_{(2\text{-}39)}-\frac{2.303RT}{2F}\lg\frac{a_{Ni}p_{NH_3}^n}{a_{Ni(NH_3)_n^{2+}}(p^\ominus)^n}$$

已知在碱性环境中联氨为强还原剂，2×式2-39－式2-29得到联氨还原氨配合镍离子的总反应

$$2Ni(NH_3)_n^{2+}+N_2H_4+4OH^- \longrightarrow N_2+4H_2O+2Ni+2nNH_3 \tag{2-40}$$

$$\varphi_{(2\text{-}40)}=\varphi^\ominus_{(2\text{-}40)}-\frac{2.303RT}{4F}\lg\frac{p_{NH_3}^{2n}p_{N_2}a_{H_2O}^4a_{Ni}^2}{a_{N_2H_2}a_{OH^-}^4a_{Ni(NH_3)_n^{2+}}^2(p^\ominus)^{2n+1}}$$

式中，$p^\ominus$ 为标准大气压，a_i 为组元或离子活度，其计算方法同前。

已知 φ，可计算总反应2-40在实际条件下的反应自由能 $\Delta_rG_{(2\text{-}40)}$。或先计算总反应的标准自由能 $\Delta_rG^\ominus_{(2\text{-}40)}$，再根据化学反应等温方程式 $\Delta_rG=\Delta_rG^\ominus+RT\ln Q$ 计算总反应2-40在实际条件下的反应自由能 $\Delta_rG_{(2\text{-}40)}$。

$$\Delta_rG_{(2\text{-}40)}=-4F\varphi^\ominus_{(2\text{-}40)}+2.303RT\lg\frac{p_{NH_3}^{2n}p_{N_2}a_{H_2O}^4a_{Ni}^2}{a_{N_2H_2}a_{OH^-}^4a_{Ni(NH_3)_n^{2+}}^2(p^\ominus)^{2n+1}}\text{kJ/mol} \tag{2-41}$$

$$RT\ln Q = 2.303RT\lg\frac{p_{NH_3}^{2n}p_{N_2}a_{H_2O}^{4}a_{Ni}^{2}}{a_{N_2H_4}a_{OH^-}^{4}a_{Ni(NH_3)_n^{2+}}^{2}(p^{\ominus})^{2n+1}}\text{kJ/mol}$$

根据傅崇说给出的公式，从不同氨配位数金属 Me 离子的稳定常数 β_n，计算出各配位数的氨配合金属 Me 离子的标准电极电势 $Me(NH_3)_n^{Z+}/Me$

$$\varphi^{\ominus}_{Me(NH_3)_n^{Z+}/Me} = \varphi^{\ominus}_{Me^{Z+}/Me} - \frac{2.303RT}{nF}\lg\beta_n \tag{2-42}$$

此式适用于 Ni、Fe、Co 、Cu 等氨配合离子。由此可计算联氨还原氨配合金属 Ni、Co、Cu 等配合离了的标准反应自由能。这是一种具有一定普适性的计算方法。对于 Ni，式 2-42 可写为

$$\varphi^{\ominus}_{Ni(NH_3)^{2+}/Ni} = \varphi^{\ominus}_{Ni^{2+}/Ni} - \frac{2.303RT}{2F}\lg\beta_n = \varphi^{\ominus}_{Ni^{2+}/Ni} - 0.0295\lg\beta_n \tag{2-43}$$

由傅崇说给出的不同氨配位数镍离子标准电极电势数据 $\varphi^{\ominus}_{table}$ 和由式 2-42 计算出的不同氨配位数镍离子标准电极电势值 $\varphi^{\ominus}_{calc}$，分别计算联氨还原氨配合镍离子总反应的标准自由能 $\Delta_r G^{\ominus}_{(2\text{-}40)}$。表 2-7 列出 298K Ni（Ⅱ）的配合物的稳定常数 β_n、$\varphi^{\ominus}_{calc}$ 和 $\varphi^{\ominus}_{table}$ 及相应的 $\Delta_r G^{\ominus}_{(2\text{-}40)}$ 计算结果。

表 2-7 不同镍氨配合离子数的 $\varphi^{\ominus}$ 和 $\Delta_r G^{\ominus}$（$\Delta_r G^{\ominus}_{table}$ 和 $\Delta_r G^{\ominus}_{calc}$）

n	$\varphi^{\ominus}_{table}$/V	$\Delta_r G^{\ominus}_{table}$ /kJ·mol^{-1}	$\lg\beta_n$	$\varphi^{\ominus}_{calc}$/V	$\Delta_r G^{\ominus}_{calc}$/kJ·mol^{-1}
0				−0.23	
1	−0.324	−322.70	2.80	−0.3025	−331.00
2	−0.390	−297.22	5.04	−0.3605	−308.61
3	−0.441	−277.53	6.77	−0.4053	−291.31
4	−0.477	−263.64	7.96	−0.4362	−279.39
5	−0.499	−255.15	8.71	−0.4556	−271.90
6	−0.500	−254.76	8.74	−0.4564	−271.59

下面计算实际条件下联氨还原 $Ni(NH_3)_n^{2+}$ 配合离子反应的 $RT\ln Q$，$n = 1 \sim 6$。

由前面计算分析知

$$RT\ln Q = RT \times 2.303\lg \frac{p_{NH_3}^{2n} p_{N_2} a_{H_2O}^{4} a_{Ni}^{2}}{a_{N_2H_4} a_{OH^-}^{4} a_{Ni(NH_3)_n^{2+}}^{2} (p^{\ominus})^{2n+1}} \text{kJ/mol}$$

$$RT\ln Q = 8.314 \times 2.303 \times T\left(\lg \frac{p_{NH_3}^{2n} p_{N_2} a_{Ni}^{2}}{a_{N_2H_4} a_{Ni(NH_3)_n^{2+}}^{2} (p^{\ominus})^{2n+1}} + \lg \frac{a_{H_2O}^{4}}{a_{OH^-}^{4}} \right) \text{kJ/mol} \tag{2-44}$$

已知室温下氨水的饱和蒸汽压为1.59kPa，由此估算氨和氮的分压，$p_{NH_3} = 1.59 \times 10^{-3}$ MPa；$p_{N_2} = \frac{1}{2} p_{NH_3} = 7.95 \times 10^{-4}$ MPa，考虑表2-6给出的反应温度下水的离子积常数和相应pH值下的［OH^-］值，可计算反应体系在不同pH值、不同温度下，配位数由$n=1$到6，联氨还原［$Ni(NH_3)_n$］$^{2+}$配合离子总反应的$RT\ln Q$。由表2-7可以得到联氨还原不同配位数氨配合镍离子总反应的标准自由能$\Delta_r G^{\ominus}_{(2\text{-}40)}$，再由$\Delta_r G_{(2\text{-}40)} = \Delta_r G^{\ominus}_{(2\text{-}40)} + RT\ln Q$计算出总反应2-40的反应自由能。

上述的热力学计算，可为设计新的化学镀工艺，选择和控制工艺条件提供理论依据和经济且便捷的方法。读者可从后续章节中的实例看到：热力学计算的结果与实验相吻合。

参考文献

［1］Knacke O, et al. Thermochemical Properties of Inorganic Substances［M］. Berlin: Springer-Verlag, 1991.

［2］ACS and AIP for National Bureau of Standard. JANAF（Journal of Army Navy Air Force）Thermochemical Tables［M］. 3rd edition, USA: 1990.

［3］Barin I. Thermodynamic Data of Pure Substances［M］. VCH, Weinheim, FRG, 1989; 2nd ed. VCH Weinheim, Germany: 1993.

［4］Kubaschewski O, et al. Materials Thermochemistry［M］. 6th edtion, Oxford, New York: Pergamon Press, 1993.

［5］Dinsdale A T. SGTE Data for Pure Elements［J］. Calphad, 1991, 15（4）: 317.

［6］Kaufman L, et al. CALPHAD（International Journal, Calculation of Phase Diagram, or Computer Coupling of Phase Diagram and Thermochemistry）［J］. USA Massachusetts: Cambridge, 1977 ~ 1999.

［7］Massaski T B, et al. Binary Alloy Phase Diagrams［M］. 2nd edition Vol. 1 ~ 3,

Ohio: ASM, Metals Park, 1990.

[8] Smith J F, et al. J. of Phase Equilibria (The former journal name: Bulletin of Alloy Phase Diagrams), 1980 ~ 1990, USA: ASM International, 1991 ~ 1999.

[9] Gurvich L V, et al. Thermodynamic Properties of Individual Substances Vol. 1 ~ 5, 4th edition [M]. New York: Hemisphere Publishing Corp., 1990.

[10] Christensen J J, et al. Hand Book of Heat of Mixing [M]. New York: John Wiley & Sons, 1982.

[11] Wisniak J, et al. Mixing and Excess Thermodynamic Properties—A Literature Source Book [M]. Amsterdam: Elsevier, 1978; Suppl. 1, 1982; Suppl. 2, 1986.

[12] Hultgren R, et al. Selected Values of Thermodynamic Properties of the Metals & Alloys [M]. USA: J. Wiley & Sons Inc., 1973.

[13] Hultgren R, et al. Selected Values of Thermodynamic Properties of the Elements [M]. Ohio: ASM, Metals Park, 1973.

[14] Hultgren R, et al. Selected Values of Binary Alloys [M]. Ohio: ASM, Metals Park, 1973.

[15] Fan Li, Du Sichen. Thermodynamic consideration and experimental study on the preparation of heat-treated hollow nickel fibres [J]. International Journal of Materials Research (formally Zeitschrift fur Metallkunde), 2008, 99 (9): 1023 ~ 1031.

[16] Fan Li, Dengjun Zhang. Nickel coating on hexagonal boron nitride particles by chemical plating [J]. Metallurgical and Materials Transactions B, 2007, 38B (April): 149 ~ 157.

[17] 李钒，王习东，张梅，张登君．氨配合体系联氨还原化学镀的物理化学分析 [J]. 中国稀土学报，2006，24（专辑）：396 ~ 400.

[18] 傅崇说．冶金溶液热力学原理与计算 [M]. 北京：冶金工业出版社，1979.

[19] 姜晓霞，沈伟．化学镀理论及实践 [M]. 北京：国防工业出版社，2000.

[20] 李宁．化学镀实用技术 [M]. 北京：化学工业出版社，2003.

[21] 李文超．冶金热力学 [M]. 北京：冶金工业出版社，1995.

[22] 李文超，文洪杰，杜雪岩．新型耐火材料理论基础——近代陶瓷复合材料的物理化学设计 [M]. 北京：地质出版社，2001.

[23] Akins P W. Physical Chemistry. 4th edit [M]. Oxford: Oxford University Press. 1990.

3 化学镀的动力学分析

进行化学镀热力学分析，可以预测化学反应的方向和限度，但不能推断化学反应的机理、反应速率、反应的路径等问题，因此必须对化学镀的动力学进行分析和讨论。化学镀动力学研究的内容和解决的问题是：化学沉积（镀覆）各种金属过程的机理，反应的速率及其影响因素。化学镀过程的动力学，包括化学反应（氧化还原反应）及物理过程（物质传递、溶解等）。因此研究化学镀动力学要以化学反应动力学（微观动力学）为基础，分析化学反应速率与浓度、温度等因素的关系。另外在规模化生产中，化学沉积反应速率还与溶液的流动特性、传质速率、传热（化学反应热的传输过程）以及反应器的形状、尺寸等因素有关，因此严格来讲还要考虑气/固（反应气体产物与镀覆物、器壁）、气/液（溶液与反应气体产物）、液/液、固/液（镀液与镀覆物、反应器壁）等相间作用动力学（宏观反应动力学），这对工业化生产尤为重要。总之，研究化学镀过程机理及反应速率变化规律，要研究化学反应动力学，在扩大试验及生产时需要探索宏观反应动力学。

研究化学镀过程的动力学对阐明反应机理、强化沉积过程、优化沉积过程工艺参数、提高生产效率、降低生产成本具有重要的意义。

众所周知，动力学属结构性理论，其特点是：一是由简单的体系出发，利用综合的方法，对复杂体系构造出复杂的物理图像；理论比较完备，但不够严谨。二是建立在经验的基础上，从分析方法入手，推演出一些结论和普遍性原理，适应性较强。动力学通常分为化学动力学和宏观动力学。化学动力学又称微观动力学，是从原子、分子的性质与反应速度的关系出发，来研究反应机理与反应速度规律。宏观动力学是结合流体的流动形式，从传质、传热和动量传递（即称“三传”）角度来研究工业规模的反应机理和反应速度规律。本章依据过程动力学的分析方法，即首先描述过程的机理，而后建立动力学模型，最后推导动力学模型的数学表达式，探求发展化学镀纯金属过程的动力学和新模型的建立。

3.1 金属沉积动力学研究现状

由于在水溶液中联氨与金属离子共存形式较复杂，多种配合物共存，研究有一定难度。目前次磷酸盐或硼烷衍生物还原体系化学镀制备含磷或硼元素的镍（合金）镀层的研究较多，从技术及应用到还原机理假说和有关沉积速率动力学的研究，都有一些总结归纳。但对联氨还原体系化学镀制备镍、钴等纯金属的报道还较少，且多数研究者是研究获得镀层的条件与镀层形貌的关系以及镀层性质，研究有关沉积金属动力学，也是从沉积实验的宏观过程总结反应的规律，表3-1列出了他们的研究结果。由表可以看出，有关联氨还原化学镀的微观化学反应历程和动力学模型的报道很少。

表3-1 联氨还原系化学镀镍（钴）的还原沉积动力学的研究结果

时间	研究者	镀覆表面	动力学研究对象	反应级数	表观活化能 /kJ·mol⁻¹
1967	Dini 等	平 面	估算联氨还原镍盐的过程		47
1967	Levy 等①		钴-联氨体系		65.6①
1975	Егорова 等	Al 粉体	用瞬时终止反应法研究镍离子浓度随时间变化	1	
1975	Edwerd 等	不锈钢圆盘	溶液中镍离子浓度随时间关系	1.12±0.036	高温 76.5±4 低温 142±21
1984	梁焕珍等	W 粉体	镍沉积率随时间变化规律		
1999	邵忠财等	ZrO_2 粉体	镍析出量随时间变化规律	两个阶段0级	217.08 自催化 90.21
1999	邵忠财等	ZrO_2 粉体（加入F^-）	镍析出量随时间变化规律	两个阶段0级	156.73 自催化 52.75
1999	邵忠财等	ZrO_2 粉体（加阴离子表面活性剂）	镍析出量随时间变化规律	两个阶段0级	70.98 自催化 30.00
2000	田彦文等	$Ni(OH)_2$ 粉	钴析出量随时间变化规律	两个阶段0级	198.04 自催化 90.04

① Levy 的工作未公开发表，但 Dini 在文章中引用其结论。

从表3-1也可以看出各研究者所研究的反应体系、反应条件不尽相同，动力学研究的结果也不一致，对联氨还原系自催化沉积过程的解释也有差异。在温度对反应的影响方面，埃德沃德（Edwerd）等认为：在高温阶段为催化表面的化学反应控速；在低温条件下，较高的活化能可能是由于在催化表面形成吸附层所致。

由于对用联氨还原化学镀方法制备纯的金属镍、钴等镀层的研究不够深入，技术尚不成熟，成本较高，难于控制，不易于工业化生产；对化学镀制备纯的金属镍或钴的动力学研究报道不多，而已有的研究结果彼此存在较大分歧；至于化学镀纯金属镍、钴的动力学模型的研究尚未见他人的报道。

化学镀过程影响因素多，过程复杂，工业化控制难度大，其技术的核心问题是镀液的组成和性能等。因此，深入研究化学镀方法制备金属镀层的工艺过程，探求化学镀沉积金属的动力学规律，以及能描述化学镀沉积金属层的动力学模型，是制备新镀层材料并实现产业化的重要理论基础。

3.2　化学镀的动力学机理

虽然有不少科技工作者对化学镀镍（大多是 Ni-P）的机理进行了相关的研究，提出了一些机理，如 1946 年布雷纳（Brenner）和赖德戴尔（Riddel）提出原子氢析出机理，认为原子氢还原镍，在还原的同时原子态的氢结合成氢气而析出。1959 年马丘（Machu）提出了电子还原机理，认为电解质溶液与水反应产生电子，电子使金属离子还原为金属原子。1964 年 荷斯奇（Hersch）和卢凯斯（Lukes）提出正负氢离子机理，认为氢负离子还原镍离子成金属镍，正负氢离子相互作用，以及氢负离子与水作用生成氢气。1981 年冯·德·梅拉克柯（Van Den Meerakker）提出了统一机理，认为无论采用次磷酸、硼氢化钠，还是二甲胺硼烷作为还原剂，第一步都是还原剂脱氢，而这个氢可被氧化放出电子去还原金属离子，并相互复合而析出。这个机理可以用于所有还原剂的氧化过程，故称为统一机理。但上述各种机理都尚不能完全解释化学镀过程中所出现的问题，因此有待进一步深入研究。如有人用重氢（D）取代次磷酸中的氢（H）作为还原剂（$H_2PO_2^-$ 和 $D_2PO_2^-$），它们与水分子作用放出电子来还原镍，而副反应放出氢中的同位素的组成显著不同；发现后者重氢的比例比由 P-H

结合的次磷酸作为还原剂的多42%，达到了92%（次磷酸还原镍的效率一般不会超过50%）。这用原子氢析出机理、电子还原机理以及正负氢离子机理等都无法解释。另外，如前文中所述，近年来联氨还原化学镀过程的动力学研究结果仍存在较大的分歧。对同一个体系化学镀的动力学研究，有人得到的结论是零级反应，有人得到的是一级反应；有人得到沉积速率与时间是线性关系，有人则得到的是一条折线关系等。为此，应对联氨还原体系的化学镀纯金属的动力学进行较深入的研究与分析，认识还原沉积金属的规律，便于掌握和控制工艺过程。

化学镀过程实际是液/固两相之间的反应过程，液/固的反应速率不仅影响化学镀过程的效率，还直接影响镀层的质量。金属离子在界面还原沉积、生长，晶粒的大小和形状也与化学镀过程的反应速率相关。化学镀过程的影响因素很多，而各种动力学的处理都是在一定的条件下进行了一些简化，因此具有一定的局限性。如果把在固相基材表面化学镀纯金属的过程，看成是镀液中金属离子在基材表面活性中心被还原成金属，且随着镀覆时间的推移逐渐形成金属镀层这样一个过程，就可以把联氨还原化学镀覆金属过程的机理分解为如下一些基本步骤：

（1）溶液中化学反应生成金属离子（Me^{n+}）；

（2）溶液中化学反应生成活性氢原子（H^*）；

（3）金属离子（Me^{n+}）迁移到反应界面；

（4）活性氢原子（H^*）迁移到反应界面；

（5）活性氢原子（H^*）吸附在钯（Pd）或金属（Me）的活性中心；

（6）在反应界面发生化学反应，产物金属（Me）在界面沉积；

（7）生成的氢离子（H^+）从反应界面迁移到溶液的体相中。

由于在化学镀的过程中一直用适宜的速度搅拌镀液，当搅拌速率达到一定数值后，传质不应是过程的控速环节；镀液中离子的生成为均相化学反应，也不可能是控速环节。由此可见，只有界面化学反应或在反应后期物质的迁移有可能成为控速环节。

在对化学镀过程机理分析的基础上，可以建立相应的物理模型，进而推导相应的动力学表达式。

3.3　化学镀反应的动力学模型及其动力学表达式

根据上述化学镀过程反应机理的一些基本步骤，通过分析可以建立化学镀过程的动力学模型。

3.3.1　“三段控速”动力学模型及其数学表达式

反应的活性中心与被镀覆的物体相比可视为无限小，这样可以把被镀覆的物体视为平板，用平板模型（图3-1）描述化学镀的沉积过程。

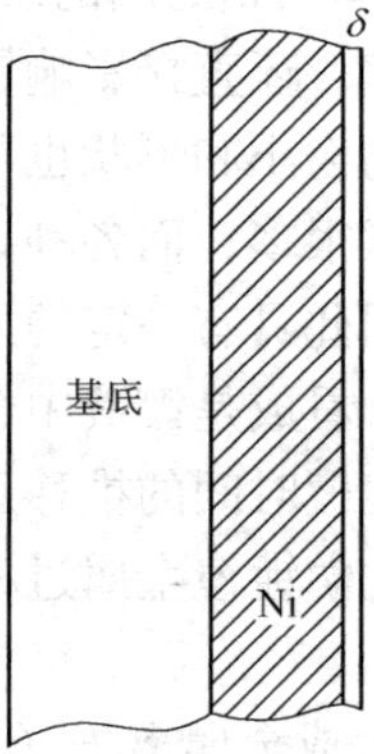

图3-1　平板模型示意图

根据前述的反应机理，对平板模型可以得到串联反应各步的速率方程。

当镀覆基材置于镀液中时，在其表面存在一个固/液界面靠近液相的边界层（图3-1），令其厚为 δ，首先溶液中的金属离子要通过固/液边界层，向固体表面的活性中心扩散，其速率可写为

$$-\frac{\mathrm{d}c_{\mathrm{Me}^{2+}}}{\mathrm{d}t}=AD\frac{\Delta c}{\delta}=AD\frac{c_{\mathrm{Me}^{2+}}-c_{\mathrm{Me}^{2+}}^{\mathrm{i}}}{\delta}\tag{3-1}$$

式中，A 为反应界面面积；D 为金属离子的扩散系数；$c_{\mathrm{Me}^{2+}}^{\mathrm{i}}$ 为反应界面处金属离子的浓度；$c_{\mathrm{Me}^{2+}}$ 为溶液体相金属离子的浓度；δ 为固/液边界层的厚度。

上式可以写为

$$c^{\mathrm{i}}_{\mathrm{Me}^{2+}} - c_{\mathrm{Me}^{2+}} = \frac{\dfrac{\mathrm{d}c_{\mathrm{Me}^{2+}}}{\mathrm{d}t}}{\dfrac{AD}{\delta}} \tag{3-2}$$

在固/液界面发生界面化学反应，其速度应用有效化学反应速度表示，即

$$-\frac{\mathrm{d}c_{\mathrm{Me}^{2+}}}{\mathrm{d}t} = \vec{v} - \overleftarrow{v} = k_{+}Ac^{\mathrm{i}}_{\mathrm{Me}^{2+}} - k_{-}Ac^{\mathrm{i}}_{\mathrm{Me}^{2+}} \tag{3-3}$$

式中，$\vec{v}$ 为正反应速率；$\overleftarrow{v}$ 为逆反应速率；k_{+} 为正反应速率常数；k_{-} 为逆反应速率常数。当化学反应达到动态平衡时，有效化学反应速率等于零。此时的浓度可用平衡时的浓度 $c^{\mathrm{eq}}_{\mathrm{Me}^{2+}}$ 来表示，又因为$K^{\ominus} = \dfrac{k_{+}}{k_{-}}$，此处 $K^{\ominus}$为标准平衡常数。

根据质量作用定律，反应前后物质的量不变，于是有

$$-\frac{\mathrm{d}c_{\mathrm{Me}^{2+}}}{\mathrm{d}t} = A\{k_{+}c^{\mathrm{i}}_{\mathrm{Me}^{2+}} - k_{-}[c^{\mathrm{eq}}_{\mathrm{Me}^{2+}}(1+K^{\ominus}) - c^{\mathrm{i}}_{\mathrm{Me}^{2+}}]\} \tag{3-4}$$

可写为

$$-c^{\mathrm{i}}_{\mathrm{Me}^{2+}} + c^{\mathrm{eq}}_{\mathrm{Me}^{2+}} = \frac{K^{\ominus}\dfrac{\mathrm{d}c_{\mathrm{Me}^{2+}}}{\mathrm{d}t}}{Ak_{+}(1+K^{\ominus})} \tag{3-5}$$

将式 3-2 和式 3-5 相加，消去了未知的界面浓度项，从而得到了化学镀过程反应速率的微分表达式

$$\frac{\mathrm{d}c_{\mathrm{Me}^{2+}}}{\mathrm{d}t} = \frac{-A(c_{\mathrm{Me}^{2+}} - c^{\mathrm{eq}}_{\mathrm{Me}^{2+}})}{\dfrac{\delta}{D} + \dfrac{K^{\ominus}}{k_{+}(1+K^{\ominus})}} \tag{3-6}$$

或写为

$$\frac{\mathrm{d}c_{\mathrm{Me}^{2+}}}{\mathrm{d}t} = \frac{-A(c_{\mathrm{Me}^{2+}} - c^{\mathrm{eq}}_{\mathrm{Me}^{2+}})}{\dfrac{\delta}{D} + \dfrac{1}{k_{\mathrm{eff}}}} \tag{3-7}$$

式中，k_{eff}为有效化学反应速率常数，即 $k_{\mathrm{eff}} = \dfrac{k_{+}(1+K^{\ominus})}{K^{\ominus}}$。

将式 3-6 或式 3-7 分离变量积分后，便可得到化学镀过程的积分

表达式。

对于化学镀过程来说，反应前期，扩散到镀覆基材表面的金属离子在钯活性中心吸附、生核、长大到临界尺寸，此时界面化学反应为控速环节，而离子通过边界层扩散的阻力可以忽略，且此时可以认为参与反应的金属离子浓度等于溶液中的金属离子浓度，亦即 $c_{Me^{2+}} = c^0_{Me^{2+}}$，由式 3-7 得到

$$\frac{dc_{Me^{2+}}}{dt} = \frac{-A(c^0_{Me^{2+}} - c^{eq}_{Me^{2+}})}{\frac{1}{k_{eff}}} \tag{3-8}$$

分离变量积分

$$\int_{C^0_{Me^{2+}}}^{C_{Me^{2+}}} dc_{Me^{2+}} = \int_0^t k_c A(c^0_{Me^{2+}} - c^{eq}_{Me^{2+}})\,dt \tag{3-9}$$

将 c_{Me} 代入，整理得到：$c_{Me} = k'_c t$ 即溶液中沉积金属浓度与时间成正比。式中，k'_c 为界面化学反应控速的反应速率常数。

反应中期，界面化学反应的阻力与金属离子通过边界层扩散的阻力相当，于是

$$\frac{dc_{Me^{2+}}}{dt} = \frac{-A(c_{Me^{2+}} - c^{eq}_{Me^{2+}})}{\frac{\delta}{D} + \frac{1}{k_{eff}}} \tag{3-10}$$

令

$$\frac{\delta}{D} + \frac{1}{k_{eff}} = \frac{1}{k_M}$$

式中，k_M 为混合控速的反应速率常数。

于是式 3-10 可写为

$$\frac{dc_{Me^{2+}}}{c_{Me^{2+}}} = Ak_M dt \tag{3-11}$$

积分后，将 c_{Me} 代入后得到 $\lg c_{Me} = k'_M t$ 为界面化学反应与扩散混合控速。式中，k'_M 为混合控速的反应速率常数（包含其他常数值）。

反应后期，当镀覆基材表面已形成足够厚的金属膜时，且溶液中金属离子的浓度已急剧下降，此时金属离子通过边界层的扩散起主要作用，于是有

$$\frac{\mathrm{d}c_{\mathrm{Me}^{2+}}}{\mathrm{d}t}=\frac{-Ac_{\mathrm{Me}^{2+}}^{\mathrm{b}}}{\frac{\delta}{D}} \tag{3-12}$$

式中，$c_{\mathrm{Me}^{2+}}^{\mathrm{b}}=c_{\mathrm{Me}^{2+}}-c_{\mathrm{Me}^{2+}}^{\mathrm{eq}}$为体相剩余的金属离子的浓度。

当沉积过程达到了准稳态，扩散的距离与浓度成正比，即 $x\propto c_{\mathrm{Me}^{2+}}$，而体相浓度可视为常数，则上式可写为

$$c_{\mathrm{Me}^{2+}}\mathrm{d}c_{\mathrm{Me}^{2+}}=AD'c_{\mathrm{Me}^{2+}}^{\mathrm{b}}\mathrm{d}t \tag{3-13}$$

式中，D'为与金属离子扩散系数相关的常数。

积分式3-13，并将 c_{Me}代入后得到 $c_{\mathrm{Me}}^2=k_{\mathrm{D}}t$ ，k_{D} 为扩散控速的反应速率常数；沉积金属浓度的平方与时间成正比，即金属离子通过边界层的扩散为控速环节。

通过上述推导得到界面化学反应控速-界面化学反应与扩散混合控速-扩散控速的“三段控速”动力学模型的数学表达式。具体的描述是：

反应前期为形核孕育期，反应速率与溶液中金属离子的活度有关；得到溶液中沉积金属浓度与时间成正比，为零级反应，即：$c_{\mathrm{Me}}=k_{\mathrm{c}}t$ ，化学反应控速。c_{Me}为金属沉积浓度，k_{c}为化学反应速率常数，t为反应时间。

反应中期为形核期，形核频率与溶液中金属离子活度密切相关或与间隙原子的迁移有关，因此可以得到 $\lg c_{\mathrm{Me}}=k_{\mathrm{M}}t$ ，或当沉积膜存在应力时，$c_{\mathrm{Me}}^4=k_{\mathrm{M}}t$，或在一般情况下，界面化学反应与扩散混合控速时，其表达式为 $mc_{\mathrm{Me}}^2+nc_{\mathrm{Me}}=k_{\mathrm{M}}t$ 。此处 k_{M}为混合控速的表观速率常数。

反应后期由于溶液中金属离子的浓度下降，金属离子的扩散成为控速环节；沉积金属浓度的平方与时间成正比，为一级反应，即：$c_{\mathrm{Me}}^2=k_{\mathrm{D}}t$ ，为扩散控速。此处 k_{D} 为扩散过程速率常数。

在反应各阶段，温度越高，则直线斜率越大，即反应进行得越快。

根据阿累尼乌斯（Arrhenius）公式 $k_{\mathrm{a}}=A\mathrm{e}^{E_{\mathrm{a}}/RT}$，$k_{\mathrm{a}}$ 为速率常数，A 为指前因子，R 为气体常数，E_{a} 为表观活化能，T 为反应温度。对各阶段用 $\ln k_{\mathrm{a}}$ 对 $1/T$ 做图，求得金属沉积反应三个阶段的每条直线斜率，由此可计算获得三段各自反应的表观活化能。

3.3.2　“扩大-缩小自催化沉积”动力学模型及其数学表达式

基于假设被包覆基材为球形颗粒，提出“扩大-缩小自催化沉积”动力学模型，如图 3-2 所示。

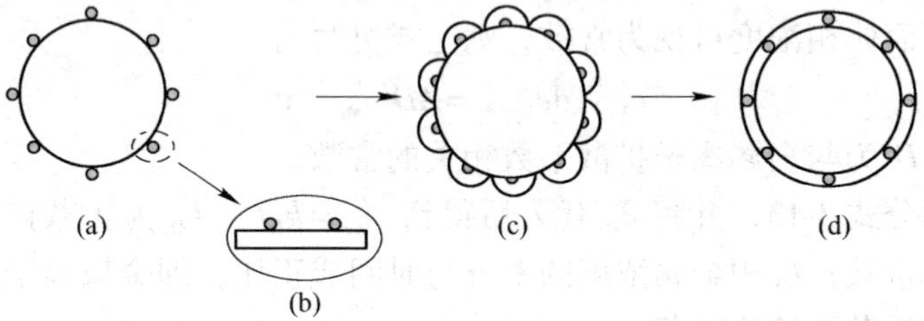

图 3-2　“扩大-缩小自催化沉积”动力学模型

假设在被包覆的球形颗粒表面均匀地吸附了 Pd 粒子，如图 3-2a 所示；由于 Pd 粒子远远小于被包覆的颗粒，被包覆颗粒的表面相对 Pd 粒子而言可近似认为是一平面，如图 3-2b 所示；金属沉积形成了以 Pd 粒子活性中心为圆心的等径半球，如图 3-2c 所示；随金属沉积量增加，半球的表面积不断增加，当半球相切时，金属的反应界面达到最大，此时的反应速率也最大；当沉积继续进行时，金属的表面积开始减小，直至形成一层均匀的等厚镀层，如图 3-2d 所示。

“扩大-缩小自催化沉积”动力学模型的数学表达式推导如下：

根据反应机理和“扩大-缩小自催化沉积”球形模型（图 3-2），假设化学镀过程符合金属离子和活性氢两者吸附后发生界面化学反应，各步的速率方程：

（1）界面反应的动力学方程

$$-\frac{\mathrm{d}c_{\mathrm{Me_{ad}^{2+}}}}{\mathrm{d}t}=kc_{\mathrm{Me_{ad}^{2+}}}\,\mathrm{const_H}=\frac{\mathrm{d}c_{\mathrm{Me}}}{\mathrm{d}t} \tag{3-14}$$

式中，$c_{\mathrm{Me_{ad}^{2+}}}$ 为被包覆颗粒表面吸附 Me^{2+} 浓度；t 为时间；$\mathrm{const_H}$ 表示与被包覆颗粒表面吸附活性 H^* 浓度有关的常数；k 为反应速率常数；c_{Me} 为在被包覆颗粒表面沉积金属 Me 的折合浓度。

（2）Me^{2+} 在被包覆颗粒表面活性中心吸附，服从兰谬尔（Langmuir）方程。因在搅拌条件下进行化学镀，传质良好，液/固边界层很薄，故可认为镀液体相的 Me^{2+} 浓度与边界层表面的 Me^{2+} 浓度相同。

设总反应耗时为 t_0，当 $t<\dfrac{t_0}{2}$ 时，即沉积金属颗粒前沿尚未汇合时，随着金属沉积量的增加，金属核的表面积 S 也不断增大，应服从以下方程

$$S=2\pi\left(\frac{\dfrac{c_{Me}}{n\rho_{Me}}}{\dfrac{2}{3}\pi}\right)^{\frac{2}{3}} \tag{3-15}$$

式中，c_{Me} 为在被包覆颗粒表面金属的析出量的折合浓度；n 为单位体积镀液中被包覆颗粒表面的 Pd 核数目，在一定的反应条件下为一常数；ρ_{Me} 为金属 Me 的理论密度。

（3）当达到稳态时，对串联反应则有

$$\frac{dc_{Me}}{dt}=kA\,\mathrm{const}_H\left(\frac{\dfrac{c_{Me}}{n\rho_{Me}}}{\dfrac{2}{3}\pi}\right)^{\frac{2}{3}}\frac{Kc_{Me^{2+}}}{1+Kc_{Me^{2+}}} \tag{3-16}$$

式中，A 为吸附活性中心的面密度，为常数；K 为 Me^{2+} 的吸附-解吸平衡常数。

令表观速率常数 $k_b=kA\mathrm{const}_H\left(\dfrac{\dfrac{1}{n\rho_{Me}}}{\dfrac{2}{3}\pi}\right)^{\frac{2}{3}}$

根据物料平衡有：$c_{Me}=c_0-c_{Me^{2+}}$

式中，c_0 为化学镀液中 Me^{2+} 的原始配比浓度。于是有

$$\frac{dc_{Me}}{dt}=k_b\,(c_{Me})^{\frac{2}{3}}\frac{Kc_{Me^{2+}}}{1+Kc_{Me^{2+}}}=\frac{d(c_0-c_{Me})}{dt}=-\frac{dc_{Me^{2+}}}{dt} \tag{3-17}$$

分离变量积分，得到

$$\int dt=\int\frac{1}{k_b}(c_{Me})^{\frac{2}{3}}\frac{1+K(c_0-c_{Me})}{K(c_0-c_{Me})}dc_{Me}$$

或 $$\int dt=\int\frac{1}{k_b}(c_0-c_{Me^{2+}})^{\frac{2}{3}}\frac{1+Kc_{Me^{2+}}}{Kc_{Me^{2+}}}dc_{Me^{2+}}$$

在距沉积速率最大值附近，以 δ 为浓度变化小量，以 σ 为时间变化小量，近似有 $c_{Me}=\frac{c_0}{2}$，进行局域积分，得

$$\int_{\frac{t_0}{2}-\sigma}^{\frac{t_0}{2}} \mathrm{d}t = \int_{\frac{c_0}{2}-\delta}^{\frac{c_0}{2}} \frac{1}{k_b} c_{Me}^{-\frac{2}{3}} \left(\frac{1+Kc_{Me}}{Kc_{Me}}\right) \mathrm{d}c_{Me} \tag{3-18}$$

又可转化为 $\sigma=\frac{-3}{2k_bK}\left[\left(\frac{c_0}{2}\right)^{-\frac{2}{3}}-\left(\frac{c_0}{2}-\delta\right)^{-\frac{2}{3}}\right]+\frac{3}{k_b}\left[\left(\frac{c_0}{2}\right)^{\frac{1}{3}}-\left(\frac{c_0}{2}-\delta\right)^{\frac{1}{3}}\right]$

令 $t=\frac{t_0}{2}-\sigma$ ，$c_{Me}=\frac{c_0}{2}-\delta$，则

$$t=\frac{-3}{2k_bK}c_{Me}^{-\frac{2}{3}}+\frac{3}{k_b}c_{Me}^{\frac{1}{3}}+\frac{3}{2k_bK}\left(\frac{c_0}{2}\right)^{-\frac{2}{3}}-\frac{3}{k_b}\left(\frac{c_0}{2}\right)^{\frac{1}{3}}+\frac{t_0}{2} \tag{3-19}$$

也可以写为

$$t=P_1c_{Me}^{-\frac{2}{3}}+P_2c_{Me}^{\frac{1}{3}}+P_3 \tag{3-20}$$

式中，P_1、P_2、P_3 为相应常数；$P_1\propto\frac{1}{k_bK}$ ，$P_2\propto\frac{1}{k_b}$ ，$P_3=\frac{3}{2k_bK}\left(\frac{c_0}{2}\right)^{-\frac{2}{3}}-\frac{3}{k_b}\left(\frac{c_0}{2}\right)^{\frac{1}{3}}+\frac{t_0}{2}$ 。

对反应后期（$\frac{c_0}{2}<c_{Me}<\frac{c_0}{2}+\delta$，$\frac{t_0}{2}<t<\frac{t_0}{2}+\sigma$），可得到

$$t=t_0-\alpha\left[P_1\left(c_0-c_{Me}\right)^{-\frac{2}{3}}-P_2\left(c_0-c_{Me}\right)^{\frac{1}{3}}-P_3\right] \tag{3-21}$$

式中，α 为修正系数，$0\leqslant\alpha\leqslant1$。

由上述推导可得，在以最小包覆金属量 c_0 为起始浓度的镀覆过程中存在着极点$\left(\frac{c_0}{2},\frac{t_0}{2}\right)$，在该点沉积速率最大，并符合式 3-20 和式 3-21。

模拟金属沉积量随时间变化的规律，如图 3-3 所示。假设在浓度约为起始浓度一半，反应时间过半时，金属的沉积速率达到最大值。

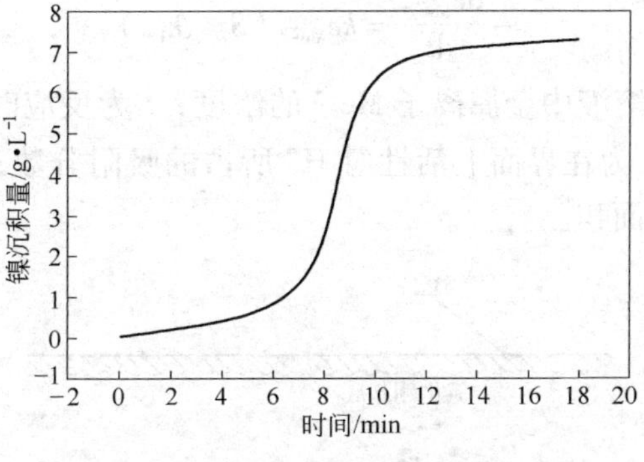

图 3-3 模拟镍沉积量随时间变化趋势

3.3.3 “半球面自催化沉积”动力学模型及其数学表达式

随着对沉积过程动力学研究的深入，在前两个动力学模型的基础上，由液/固界面活性中心吸附并发生沉积化学反应，提出“半球面自催化沉积”动力学模型，模型相对较为完整、合理，且具有一定的普适性。

反应初期，金属离子在液/固界面 Pd 的活性中心与吸附的活性氢发生化学反应，析出金属原子并孕育生核、长大，过程的反应速率很慢。当析出的金属在活性中心形成半球形的界面后，多数金属本身成为新的催化界面，过程的反应速率急剧增大。当各个半球形的界面彼此相切时，反应速率达到最大。而后随着过程的进行，反应界面开始减少，因而反应速率开始下降。据此，可以建立化学镀过程的反应动力学模型，如图 3-4 所示。

根据化学镀过程中活性氢吸附在活性中心，然后与溶液中的金属离子直接进行界面化学反应的机理，建立如图 3-4 所示的“半球面自催化沉积”动力学模型，依次推导出该模型的动力学的数学表达式。由于反应机理几乎对界面化学反应控速的化学镀过程是适用的，因而所得到的动力学表达式可能具有一定的普适性。

金属离子浓度的变化速率与活性氢吸附的分数及其界面面积有关，因此可写为

$$-\frac{dc_{Me^{2+}}}{dt}=kc_{Me^{2+}}(S_{H^*}\theta_{H^*}) \tag{3-22}$$

式中，$c_{Me^{2+}}$为溶液中金属离子 Me^{2+} 的浓度；t 为反应时间；k 为反应速率常数；θ_{H^*}为在界面上活性氢 H^* 所占的吸附分数；S_{H^*}为可吸附活性氢的界面面积。

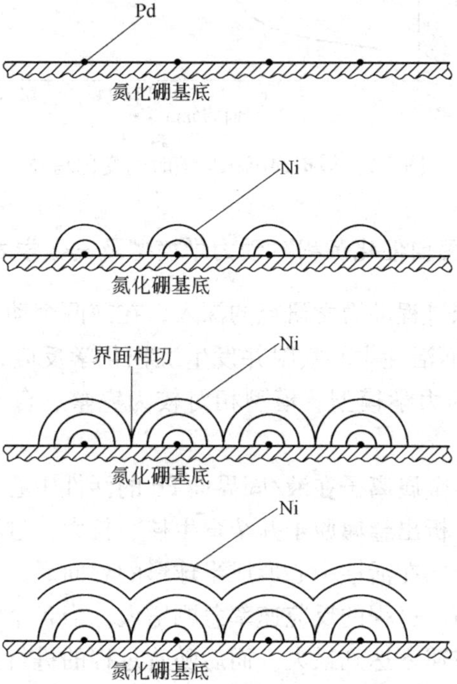

图 3-4　“半球面自催化沉积”动力学模型

析出金属原子的质量为

$$m_{Me}=n\rho_{Me}V=n\rho_{Me}\frac{2}{3}\pi r^3 \tag{3-23}$$

式中，V 为金属原子的球形体积；n 为活性中心的总数；ρ_{Me}为金属 Me 的密度。

或写为

$$m_{Me}=(c_0-c_{Me^{2+}})\cdot V_S \tag{3-24}$$

式中，V_S 为溶液的体积；c_0 为溶液中 Me^{2+}的初始浓度。

计算钯的原子半径

$$r_{Pd} = \left(\frac{m_{Pd}}{n \frac{2}{3} \pi \rho_{Pd}} \right)^{\frac{1}{3}} \tag{3-25}$$

式中，ρ_{Pd}为钯的密度。

计算金属原子的半径

$$r_{Me} = \left[\frac{(c_0 - c_{Me^{2+}})V_S}{n \frac{2}{3} \pi \rho_{Me}} + r_{Pd}^3 \right]^{\frac{1}{3}} \tag{3-26}$$

式中，r_{Me}为金属原子的半径。

于是可以计算可吸附活性氢的界面面积

$$S_{H*} = n2\pi \left[\frac{(c_0 - c_{Me^{2+}})V_S}{n \frac{2}{3} \pi \rho_{Me}} + r_{Pd}^3 \right]^{\frac{2}{3}} \tag{3-27}$$

将上述结果代入式 3-22 得到

$$-\frac{dc_{Me^{2+}}}{dt} = kc_{Me^{2+}}\theta_{H*} n2\pi \left[\frac{(c_0 - c_{Me^{2+}})V_S}{n \frac{2}{3} \pi \rho_{Me}} + r_{Pd}^3 \right]^{\frac{2}{3}} \tag{3-28}$$

由于存在如下的不等式

$$r_{Pd}^3 << \frac{(c_0 - c_{Me^{2+}})V_S}{n \frac{2}{3} \pi \rho_{Me}} \approx r_{Me}^3 \tag{3-29}$$

于是式 3-28 可写为

$$\begin{aligned} -\frac{dc_{Me^{2+}}}{dt} &= kc_{Me^{2+}}\theta_{H*} n2\pi \left[\frac{(c_0 - c_{Me^{2+}})V_S}{n \frac{2}{3} \pi \rho_{Me}} \right]^{\frac{2}{3}} \\ &= k_a c_{Me^{2+}} (c_0 - c_{Me^{2+}})^{\frac{2}{3}} \end{aligned} \tag{3-30}$$

该式为化学镀过程的微分表达式。

由此得到反应表观速率常数为

$$k_a = k\theta_{H*} n2\pi \left(\frac{V_S}{n \frac{2}{3} \pi \rho_{Me}} \right)^{\frac{2}{3}} \tag{3-31}$$

令 $X_d = \frac{c_0 - c_{Ni^{2+}}}{c_0}$，分离变量，积分得

$$\int dt = \frac{c_0^{-\frac{2}{3}}}{k_a}\int \frac{X_d^{-\frac{2}{3}}}{1 - X_d} dX_d \tag{3-32}$$

从而得到化学镀过程的积分表达式

$$t = \frac{c_0^{-\frac{2}{3}}}{k_a}\left\{ -\ln|1 - X_d^{\frac{1}{3}}| + \frac{1}{2}\ln(X_d^{\frac{2}{3}} + X_d^{\frac{1}{3}} + 1) + \sqrt{3}\arctan\left[\frac{\sqrt{3}}{3}(2X_d^{\frac{1}{3}} + 1)\right] + C \right\} \tag{3-33}$$

式中，C 为积分常数。代入边界条件 $t = 0$，$X_d = 0$，可以求得积分常数。于是上式可写为

$$t = \frac{c_0^{-\frac{2}{3}}}{k_a}\left\{ -\ln|1 - X_d^{\frac{1}{3}}| + \frac{1}{2}\ln(X_d^{\frac{2}{3}} + X_d^{\frac{1}{3}} + 1) + \sqrt{3}\arctan\left[\frac{\sqrt{3}}{3}(2X_d^{\frac{1}{3}} + 1)\right] - \frac{\sqrt{3}}{6}\pi \right\} \tag{3-34}$$

根据阿累尼乌斯公式，可以得到计算化学镀过程表观活化能 E_a 的公式

$$\ln k_a = \frac{-E_a}{RT} + \ln A \tag{3-35}$$

式中，A 为指前因子，常数。

如果已知化学镀实验的动力学数据，便可以用上述公式计算模拟过程的动力学曲线，计算过程的表观活化能。

综上所述，建立的三种化学镀物理模型，并依此推导的数学表达式，可以描述化学镀沉积金属的过程 。尤其是“半球面自催化沉积”动力学模型，具有普适性。在后面的实验设计和材料制备章节中，将它们应用于化学镀动力学分析中的沉积过程动力学模拟，计算模拟结果与实验结果吻合很好。

3.4　宏观反应动力学数据库系统

随着计算机科学的发展，20 世纪 90 年代一些国家先后建立了动力学数据库系统，较早建立智能动力学数据库系统的有：德国、俄罗

斯、美国等，我国北京科技大学基本上与国外同时起步的。动力学数据库系统是一个典型的知识型、图形化、智能化的计算机数据库系统。它由物理性质数据库（溶液的物理性质如密度、黏度、表面张力、导热系数、金属电阻率、电导率、溶液中离子的扩散系数等数据的查询和预报）、反应动力学参数库（存入经评估的化学反应动力学参数）及反应过程的动力学预测系统（可以根据反应的特征预测反应的进程、分析反应的机理、提取反应的相关动力学参数）三个主要部分组成。该系统部分内容可用于产业化化学镀工艺过程动力学的分析。

北京科技人学开发的智能化动力学数据库框图如图 3-5 所示。用户界面建立起系统和用户的联系，用人机对话进行操作，可以进行动

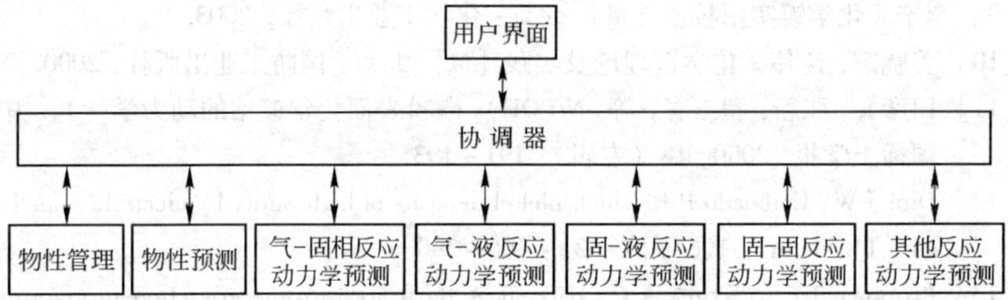

图 3-5 智能化动力学数据库框图

力学数据查询、检索、知识查询，以及动力学预测等。查询和预测的动力学结果可以用图形或表格的形式显示，或者以文件形式存盘，也可以打印输出的结果。协调器是联系各子系统的模块，保持各子系统的相对独立性，也便于系统的扩充。目前，该系统在化学镀上应用尚有一定的局限性，本书不做深入的讨论和分析。

参 考 文 献

[1] 李钒，赵晓峰，张登君，李报厚，罗世民. 六方 BN 微颗粒表面化学镀镍的动力学 [J]. 过程工程学报，2003，3 (3)：243 ~247.

[2] 李钒，张登君，李报厚，罗世民. 六方 BN 微颗粒表面化学镀镍及动力学模型 [J]. 金属学报，2004，40 (2)：173 ~178.

[3] 李钒，王习东，张梅，张登君．中空纤维镍基板电化学浸渍动力学分析［J］．稀有金属，2006，30（3）：376～379.

[4] 李文超，李钒，丁保华．单晶硅氧化动力学及其显微结构研究［J］．中国稀土学报，2002，20（专辑）：253～256.

[5] 李钒，王习东，张梅，张登君．氨配合体系联氨还原化学镀的物理化学分析［J］．中国稀土学报，2006，24（专辑）：396～400.

[6] Fan Li, Dengjun Zhang. Nickel coating on hexagonal boron nitride particles by chemical plating ［J］. Metallurgical and Materials Transactions B, 2007, 38B (April): 149～157.

[7] Fan Li, Dengjun Zhang, Sichen. Du A kinetic study of nickel coating on boron nitride micro-particles ［J］. International Journal of Materials Research (formally Zeitschrift fur Metallkunde), 2007, 98 (6): 526～534.

[8] 李文超．冶金与材料物理化学［M］．北京：冶金工业出版社，2001.

[9] 李宁．化学镀实用技术［M］．北京：化学工业出版社，2003.

[10] 姜晓霞，沈伟．化学镀理论及实践［M］．北京：国防工业出版社，2000.

[11] 田彦文，张新，翟玉春，等．$Ni(OH)_2$ 微粉表面化学镀钴的动力学［J］．中国稀土学报，2000，18（专辑）：191～193.

[12] Dini J W, Coronado P R. Thick nickel deposits of high purity by electroless method ［J］. Plating, 1967, 54 (3): 385～390.

[13] Егорова Л Г, Сахиев А С, Бассель А Б, и др. Химическое Никелировоние Дисперсного Алюминия ［J］. Защита Металлов, 1975, 11 (4): 505～506.

[14] Edwerd M R, Burkin A R. Kinetic research of nickel ion reduced by hydrazine. In: Burkin A R, edit. Leaching and Reduction in Hydrometallurgy ［J］. England: British Mining and Metallurgy Society, 1975, 142～154.

[15] 梁焕珍，孙京成，黄建忠，等．高均匀性薄层涂层复合粉末的研制—铜镍包钨粉末的制取［J］．化工冶金，1984，5（3）：18～24.

[16] 邵忠财，田彦文，翟玉春，等．ZrO_2 微粉表面化学镀镍动力学研究［J］．无机材料学报，1999，14（3）：397～402.

[17] Boudjahem A G, Monteverdi S, Mercy M, et al. Study of nickel catalysts supported on silica of low surface area and prepared by reduction of nickel acetate in aqueous hydrazine ［J］. Journal of Catalysis, 2004, 221: 325～334.

[18] 康新婷，葛渊，淡萍．化学镀制备钯复合膜成膜机理研究［J］．稀有金属材料与工程，2007，36（11）：1901～1904.

4 化学镀金属的实验设计与材料制备

第2章中较全面地讨论了化学镀过程中化学反应的热力学基础，并对一些应用实例做了分析，第3章介绍了化学镀过程的动力学模型的建立及过程动力学的分析方法，这些为化学镀过程提供了理论基础。本章利用物理化学的理论和方法设计化学镀实验，以利指导全面深入地进行化学镀制备新材料的实验研究，达到针对性强、节约、快捷出成果的目的。

随着高技术和国防工业的发展，因服役条件的要求，对一些特殊应用需要纯金属（或高纯合金）的沉积，以防有害杂质的带入和有害中间相的产生，影响材料的性能。用联氨（肼）为还原剂的化学镀体系可以得到纯的金属镀层，但目前在这种还原体系中，使用的配合剂如酒石酸钾钠、乙二胺四乙酸（EDTA）、乙醇酸等都存在一些不足，例如镀液不稳定，工艺可操作性差，特别是被还原的镍又要作为主要原料大量使用时，工业应用成本高等。由于这一系列原因，有人认为以联氨为还原剂的化学镀工艺“在工业中几乎没有应用前景”。因此，寻找适合工业化的化学镀纯金属镍的反应体系是非常重要的。本章的着眼点在于以联氨为还原剂，通过热力学分析和实验验证寻求新的配合体系，以期达到化学镀反应可控、经济、环境友好和有利工业化放大试验等目的。

（1）联氨还原体系沉积金属的发展。

联氨（肼）在强碱性溶液中，呈还原性，并且它的氧化产物可以脱离反应体系，不会对反应溶液带来杂质，是获得纯金属沉积的理想还原剂。

1932年帕埃尔（Paal）和弗里伊迪赖茨（Friederici）首先发现，水合联氨在有 Pd^{2+} 的存在下能够将 Ni^{2+} 还原生成镍粉。1963年勒维（Levy）发现，在碱性环境中联氨还原的镍盐溶液有较好的稳定性，并认为其还原速率与 Ni^{2+}、配合剂和联氨的浓度有关。1967 年沙罗夫（Sharov）和克里洛夫（Krylov）发表了在 Pd 核上生长镍颗粒的研究论文。

1979 年艾修贾（Ahuja）在第一届无电镀镍会议上宣读了“喷气涡轮发动机叶片的无电镀镍”的报告。报道了联氨还原自催化沉积镍在航空航天工业中的应用。

1986 年迪恩奈斯（Dennis）和什伊艾克赫（Sheikh）在其专著《镀镍和镀铬新技术》中提出，联氨还原自催化镀镍的反应机理为

$$N_2H_4 + 2Ni^{2+} + 4OH^- \longrightarrow 2Ni + N_2 + 4H_2O \qquad (4\text{-}1)$$

在催化剂作用下伴有副反应

$$2N_2H_4 \longrightarrow 2NH_3\uparrow + N_2\uparrow + H_2\uparrow \qquad (4\text{-}2)$$

1990 年斯蒂艾恩门兹（Steinmenz）等人发表联氨作为还原剂获得纯金属镍（99.9%（质量分数））和纯金属钯（99.9%（质量分数））的研究论文。进入 21 世纪，随着高新技术的发展和国防工业的需求，用联氨为还原剂的湿化学法制备纳米金属（合金）的研究越来越多，表 4-1 列出了一些作者制备纳米金属 Ni、Co 及 Fe 时采用的溶液条件。

此外，还有在非水（乳液）介质中用联氨还原剂制备超细镍粉、镍合金以及棒状纳米镍的报道，并且认为联氨还原金属盐是一个简单、经济、易扩大规模制备纯金属纳米颗粒的好方法。

然而联氨还原体系湿化学法沉积金属，如 Ni、Co、Fe 等，有关体系的热力学（包括电势-pH 图）在文献中尚未见到。

（2）联氨还原体系沉积金属镍的研究现状。

目前在研究联氨还原体系自催化沉积镀镍溶液的报道中，所采用的还原剂多为水合联氨；使用的主盐有醋酸镍、氯化镍和硫酸镍三种；所用的配合剂有酒石酸盐、EDTA（不同钠盐）以及柠檬酸盐并配乙醇酸或丙二酸盐；用氢氧化钠或氨水调节碱性镀液 pH 值。一些关于联氨还原体系沉积镍的镀液情况，列于表 4-2。

表 4-1 近年研究联氨为还原剂湿化学制备 Ni 及 Co 和 Fe 纳米金属的溶液条件概况

时间	作者	目的	还原剂	主盐	配合剂	pH 范围	使用温度/K
1999	Li Y. D. et al.	催化剂、光电子薄膜	水合联氨	$NiSO_4 \cdot 7H_2O$	表面活性剂 SDS	10～12（Na_2CO_3 调节）	358～368
2002	Zhang H. T. et al.		水合联氨	$NiCl_2 \cdot 6H_2O$			333～523（高压釜）
2003	Yu Kenning et al.	电子工业，电池材料	水合联氨	$NiSO_4 \cdot 6H_2O$		10.2～12.6	333～383，通常 353～368
	Synkri et al.	磁性材料、催化剂、导电剂	甲基联氨 MH	$Ni(AC)_2 \cdot 4H_2O$；$Co(AC)_2 \cdot 4H_2O$			
	Gui Zhou et al.	催化剂、磁性材料、电池电极	水合联氨	$Ni(AC)_2$；$Co(AC)_2$；$CuSO_4$		3.5mol/dm^3 盐酸调节；10.5～12（氨水调节）	293～373
	Wu Szu-Han et al.	磁性材料、催化剂	水合联氨	$NiCl_2$		10.5（用 NaOH 调节）	333
2004	Yang Chengli et al.	超顺磁材料	水合联氨	$FeC_2 \cdot 4H_2O$；$NiSO_4 \cdot 6H_2O$	表面活性剂 SDS	11～12（Na_2CO_3 调节）	348
	Li Jiangong et al.	磁性材料	水合联氨	$NiCl_2$		14（NaOH 调节）	318
	Kim Kwang Ho et al.	陶瓷电容内电极	水合联氨	$NiCl_2 \cdot 6H_2O$	醇-水溶液	12（NaOH 调节）	313；333；353
	Kim Kwang Ho et al.	电极材料	水合联氨	$NiCl_2 \cdot 6H_2O$	丙醇-水溶液	12（NaOH 调节）	333
	Boudjahem A. et al.	催化剂	水合联氨	$Ni(AC)_2 \cdot 4H_2O$		10～12	353
2005	Kim Kwang Ho et al.	陶瓷电容内电极	水合联氨	$NiCl_2 \cdot 6H_2O$	乙醇-水溶液	12（NaOH 调节）	333；343；353
	Goh C. F. et al.	导电剂	水合联氨	$NiSO_4 \cdot 6H_2O$		11	363～368
	Ni Xiaomin et al.	磁性材料催化剂	水合联氨	$FeCl_3$		氢氧化钠	383（高压釜）

表 4-2 联氨为还原剂化学镀镍的镀液简介

时间	作者	目的	还原剂	主盐	配合剂	pH 范围	使用温度/K
1967	Dini 等	半导体表面镀镍	水合联氨	醋酸镍	EDTA、乙醇酸	10.5～11.0（氢氧化钠调节）	358～363
1975	Eropoвa 等	粉体 Ni/Al	氯化联氨	氯化镍	柠檬酸钠	约 10（氨水调节）	293
1975	Edwerd 等	不锈钢圆盘镀镍	水合联氨	氯化镍	酒石酸钠，丙二酸钠	10.6～11.1（氢氧化钠调节）	360.9 349.5～362.5
1984	梁焕珍等	粉体铜镍包钨	水合联氨	硫酸镍，硫酸铜	酒石酸钾钠，氨	11～12（氢氧化钠调节）	353，333～363
1990	Steinmetz 等	复杂部件镀覆纯金属薄层	水合联氨	镍氢氧化物 钯氢氧化物 铂氢氧化物	乙二胺＋稳定剂	> 13 9～11 > 13	353～363 333～353 363
1997	柴立元等	共沉积纳米 Ni/Cu	水合联氨	硫酸镍 硫酸铜	酒石酸铵	氢氧化钠约 50g/L	358
1999	张冠东等	Ni/MH 和镍包覆陶瓷粉体	水合联氨或硫酸联氨	硫酸镍	酒石酸钾钠	11～12（氢氧化钠约 5g/L）	353～358
1999	邵忠财等	Ni/ZrO_2	水合联氨	硫酸镍	EDTA（二钠盐）和酒石酸钠	12.8～13.4（氢氧化钠调节）	361～369
2000	Wen G 等	Ni/ZrO_2，热阻层，催化剂	水合联氨	醋酸镍	EDTA	8～11.5（氢氧化钠调节）	343～368
2004	Yang Chengli 等	超顺磁 Ni / Fe	水合联氨	氯化亚铁 硫酸镍	NH_4OH	11～12（氢氧化钠调节）	343
2004	Boudjahem 等	Ni/SiO_2 催化剂	水合联氨	醋酸镍		10～12	298～353

由表4-2可以看出，联氨为还原剂的化学镀镍，主盐多采用硫酸镍，配合剂以酒石酸盐居多，用氢氧化钠调节镀液pH值在10左右，温度为348K上下（除Егорова等293K外）。最近发现，有在多孔不锈钢表面联氨还原化学镀钯，采用氢氧化铵调节镀液pH值的报道。这些为后面的化学镀实验设计提供了有益的借鉴。

4.1　氨配合化学镀镍、钴体系的物理化学设计

已报道的化学镀纯镍、钴的配合剂主要为钾钠等强碱弱酸盐，如酒石酸钾钠、酒石酸钠、柠檬酸钠、EDTA（四钠盐）、EDTA（二钠盐）并配以乙醇酸或内二酸钠。这些配合剂的价格相对较高，使化学镀镍、钴的方法大规模应用于工业化生产遇到困难。探索配合物稳定性好又廉价的配合剂，降低镀液的成本以利于大规模工业生产是本实验设计的目标之一。分析国内外文献发现，使用酒石酸铵的镀液，调整镀液pH值所用的氢氧化钠浓度约50g/L。而用酒石酸钾钠的镀液，调整溶液pH值至11～12，仅需用氢氧化钠浓度约5g/L。在碱性介质中，氨水（离解常数1.7×10^{-6}）比酒石酸（1.53×10^{-5}）稳定，消耗的氢氧化钠与酒石酸铵反应生成氨，其反应式为

$$(NH_4)_2C_4H_4O_6 + 2OH^- \longrightarrow 2NH_3\cdot H_2O + C_4H_4O_6^{2-} \quad (4\text{-}3)$$

鉴于此，考虑建立氨配合化学镀镍、钴的体系的可行性。

4.1.1　氨配合体系化学镀镍的热力学分析

氨配合体系化学镀镍的热力学分析，一是借助绘制热力学参数状态图，尤其是298K下的电势-pH图用得较多；二是在考虑水的解离常数、pH值随温度的变化，不同配位数的配位离子、反应物和产物的活度等因素，计算实际条件下的联氨还原沉积反应自由能。只有上述两个方面结合，才能对氨配合化学镀镍体系进行较全面的热力学分析。

根据计算和文献数据绘制在室温、碱性条件下，一些还原剂和Ni离子与不同配合剂的电势-pH图（图4-1），图中虚线为以联氨、次磷酸盐、甲醛和活性氢作为还原剂的电势-pH线。由图可以看出，室温298K碱性条件下，联氨可以还原$Ni(NH_3)_n^{2+}$配合

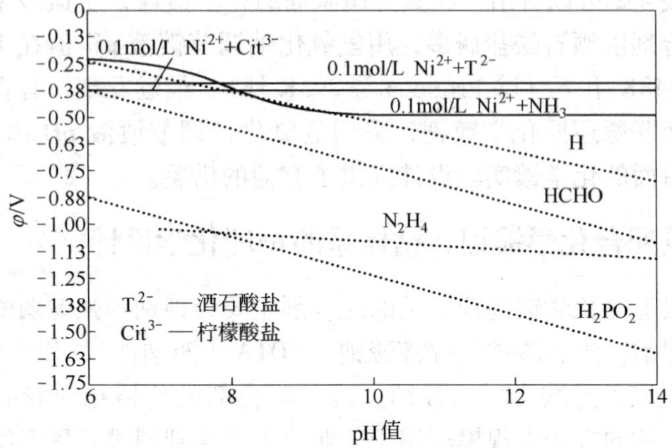

图 4-1 碱性条件下不同配合离子和还原剂的电势-pH 图（298K）

离子。

通常化学镀镍的温度远高于室温，仅依图 4-1 的判断不够充分。设计镀液反应体系时，需要计算不同温度、离子配位数、反应物和产物的活度、不同配合剂等实际条件下的联氨还原沉积金属反应自由能的变化规律。下面具体计算在通常化学镀条件下，联氨为还原剂沉积金属，镀覆反应的自由能变化与各因素的关系。

根据第 2 章对联氨还原氨配合体系化学镀镍的热力学分析知，Ni 离子与配合剂氨生成配合离子

$$Ni^{2+} + nNH_3 \longrightarrow Ni(NH_3)_n^{2+} \qquad (n = 1 \sim 6)$$

联氨还原 $Ni(NH_3)_n^{2+}$ 配合离子的总反应为

$$2Ni(NH_3)_n^{2+} + N_2H_4 + 4OH^- \longrightarrow N_2 + 4H_2O + 2Ni + 2nNH_3 \tag{4-4}$$

根据化学反应等温方程式 $\Delta_r G = \Delta_r G^\ominus + RT\ln Q$，计算总反应 4-4 在实际条件下的反应自由能 $\Delta_r G_{(4\text{-}4)}$ 随温度、离子配位数、镍离子浓度和还原剂浓度等的变化规律。

$$\Delta_r G_{(4\text{-}4)} = \Delta_r G^\ominus_{(4\text{-}4)} + 2.303RT\lg \frac{p_{NH_3}^{2n} p_{N_2} a_{H_2O}^4 a_{Ni}^2}{a_{N_2H_4} a_{OH^-}^4 a_{Ni(NH_3)_n^{2+}}^2 (p^\ominus)^{2n+1}} \text{kJ/mol}$$

$$RT\lg Q = 2.303RT\lg \frac{p_{NH_3}^{2n} p_{N_2} a_{H_2O}^4 a_{Ni}^2}{a_{N_2H_4} a_{OH^-}^4 a_{Ni(NH_3)_n^{2+}}^2 (p^\ominus)^{2n+1}} \text{kJ/mol}$$

取化学镀一般工作温度 $T = 343 \sim 353K$，$pH = 8.0 \sim 10.0$，认为溶液为稀溶液，溶液中反应物和产物的活度近似等于其浓度，即 $a_{N_2H_4} \approx [N_2H_4] = 0.2 \sim 1.0mol/L$；$a_{[Ni(NH_3)_n]^{2+}} \approx [Ni(NH_3)_n^{2+}] = 0.1mol/L$。已知室温下氨水的饱和蒸汽压为1.59kPa，由此估算氨和氮的分压，$p_{NH_3} = 1.59 \times 10^{-3}MPa$；$p_{N_2} = \frac{1}{2} p_{NH_3} = 7.95 \times 10^{-4}MPa$，考虑表2-6给出的反应温度水的离子积常数和相应pH值下的 $[OH^-]$ 值，分别计算出 $pH = 8$ 和 $pH = 10$，温度为343K和353K，联氨还原 $Ni(NH_3)_n^{2+}$ 配合离子总反应的 $RT\ln Q$ 与配位数 n 的关系。

当 $T = 343K$，$pH = 8$ 时

$$\begin{aligned} RT\lg Q &= 2.303RT\lg \frac{p_{NH_3}^{2n} p_{N_2} a_{H_2O}^4 a_{Ni}^2}{a_{N_2H_4} a_{OH^-}^4 a_{Ni(NH_3)_n^{2+}}^2 (p^\ominus)^{2n+1}} \\ &= 2.303RT\left(\lg \frac{p_{NH_3}^{2n} p_{N_2} a_{Ni}^2}{a_{N_2H_4} a_{Ni(NH_3)_n^{2+}}^2 (p^\ominus)^{2n+1}} + \lg \frac{a_{H_2O}^4}{a_{OH^-}^4}\right) \\ &= 6.57(-5.6n + 18.1) \text{ kJ/mol} \end{aligned}$$

同理得到其他温度和pH值下的 $RT\ln Q$ 与配位数 n 的关系：

$T = 343K$，$pH = 10$ 时，$RT\ln Q = 6.57(-5.6n + 10.1)$ kJ/mol；

$T = 353K$，$pH = 8$ 时，$RT\ln Q = 6.76(-5.6n + 17.3)$ kJ/mol；

$T = 353K$，$pH = 10$ 时，$RT\ln Q = 6.76(-5.6n + 9.3)$ kJ/mol；

分别取第2章表2-7中，两种数据来源得到的联氨还原不同配位数 $Ni(NH_3)_n^{2+}$ 总反应的标准自由能 $\Delta_r G_{(4-4)}^\ominus$，结合上面的关系式，分别计算此四类实际条件下，联氨还原各配位数的 $Ni(NH_3)_n^{2+}$ 总反应自由能 $\Delta_r G_{(4-4)}$。计算结果分别列入表4-3～表4-8。其中表4-3和表4-4为在343K，$[N_2H_4] = 0.2mol/L$ 或 $[N_2H_4] = 1.0\ mol/L$，pH值分别为8和10条件下，联氨还原各配位数 $Ni(NH_3)_n^{2+}$ 总反应自由能 $\Delta_r G_{(4-4)}$；表4-5和表4-6为在353K，$[N_2H_4] = 0.2mol/L$ 或 $[N_2H_4] = 1.0mol/L$ pH值分别为8和10条件下，联氨还原各配位数 $Ni(NH_3)_n^{2+}$ 总反应自由能 $\Delta_r G_{(4-4)}$；表4-7和表4-8分别列出在343～353K，$pH = 8 \sim$

10，$[N_2H_4]=0.2\sim1.0$mol/L 条件下，依据傅崇说书中 φ°_{table} 数据表值和其给出的公式计算的 φ°_{calc} 值，计算的联氨还原各配位数 $Ni(NH_3)_n^{2+}$ 总反应自由能 $\Delta_rG_{(4\text{-}4)}$ 值。

表 4-3　联氨还原各配位数 $Ni(NH_3)_n^{2+}$ 总反应自由能 $\Delta_rG_{(4\text{-}4)}$

（343K，pH = 8，$[N_2H_4]=0.2$ 或 1.0mol/L）

n	$\Delta_rG_{(4\text{-}4)}=\Delta_rG^{\circ}_{(4\text{-}4)}+RT\ln Q$/kJ·mol^{-1}	
	Δ_rG_{table}	Δ_rG_{calc}
1	−240.57（−234.66）	−248.87（−242.96）
2	−251.89（−245.97）	−263.28（−257.36）
3	−269.65（−263.08）	−283.43（−276.86）
4	−291.89（−285.98）	−307.64（−301.73）
5	−320.69（−314.28）	−336.94（−331.03）
6	−356.60（−350.68）	−373.43（−367.51）

注：括弧内为实验条件 $[N_2H_4]=0.2$mol/L，其他相同。

表 4-4　联氨还原各配位数 $Ni(NH_3)_n^{2+}$ 总反应自由能 $\Delta_rG_{(4\text{-}4)}$

（343K，pH = 10，$[N_2H_4]=0.2$ 或 1.0mol/L）

n	$\Delta_rG_{(4\text{-}4)}=\Delta_rG^{\circ}_{(4\text{-}4)}+RT\ln Q$/kJ·mol^{-1}	
	Δ_rG_{table}	Δ_rG_{calc}
1	−293.13（−287.22）	−301.43（−295.52）
2	−304.45（−298.53）	−315.34（−309.92）
3	−321.55（−315.64）	−335.33（−329.42）
4	−344.45（−338.54）	−360.20（−354.29）
5	−372.75（−366.84）	−389.50（−383.59）
6	−409.16（−403.24）	−425.99（−420.70）

注：括弧内为实验条件 $[N_2H_4]=0.2$mol/L，其他相同。

根据表 4-3 和表 4-4 的数据，做联氨还原 $Ni(NH_3)_n^{2+}$ 配合离子总反应自由能 Δ_rG 随配位数 n 的变化图，分别如图 4-2 和图 4-3 所示。图中■和●点为由 $\Delta_rG^{\circ}_{table}$ 计算的总反应自由能 Δ_rG_{table}，▲和▼点为由 $\Delta_rG^{\circ}_{calc}$ 计算的总反应自由能 Δ_rG_{calc}，■和▲点为 $[N_2H_4]=1$mol/L；●和▼点为 $[N_2H_4]=0.2$mol/L，其他条件相同。

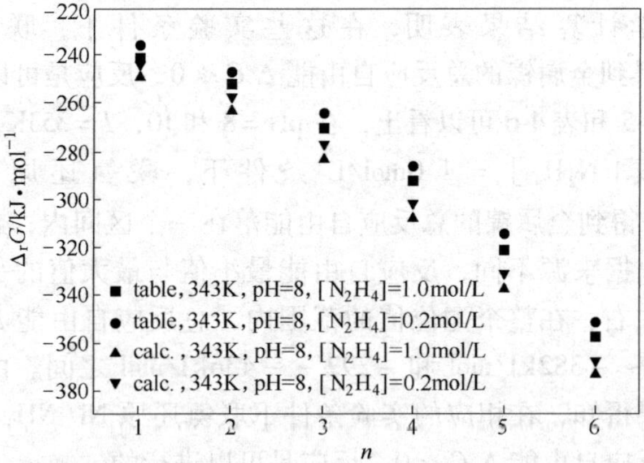

图 4-2 联氨还原 $Ni(NH_3)_n^{2+}$ 配合离子反应自由能 $\Delta_r G$ 随配位数 n 的变化

(T = 343K, pH = 8, [N_2H_4] = 0.2 ~ 1.0mol/L)

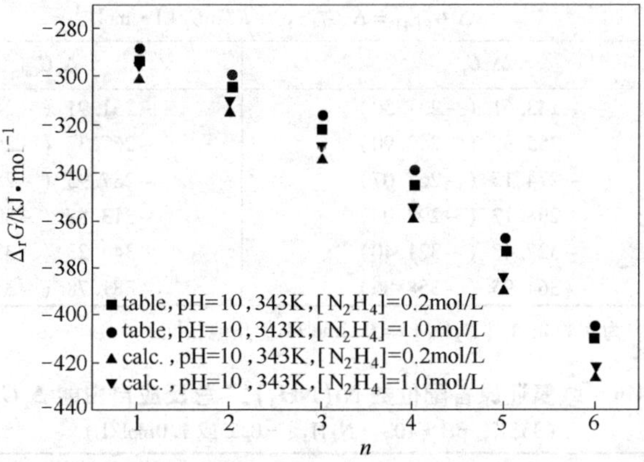

图 4-3 联氨还原 $Ni(NH_3)_n^{2+}$ 配合离子反应自由能 $\Delta_r G$ 随配位数 n 的变化

(T = 343K, pH = 10, [N_2H_4] = 0.2 ~ 1.0mol/L)

由表 4-3 和图 4-2 可以看出：在 pH = 8，T = 343K，[N_2H_4] = 0.2mol/L 或 [N_2H_4] = 1.0mol/L 条件下，联氨还原各配位数 $Ni(NH_3)_n^{2+}$ 得到金属镍的反应自由能落在 −235 ~ −373kJ/mol 之间。由表 4-4 和图 4-3 可以看出，在 pH = 10，T = 343K，[N_2H_4] = 0.2mol/L 或 [N_2H_4] = 1.0mol/L 条件下，联氨还原各配位数 $Ni(NH_3)_n^{2+}$ 得到金属镍的总反应自由能落在 −287 ~ −426kJ/mol 之

间。热力学计算结果表明，在这些实验条件下，联氨还原 $Ni(NH_3)_n^{2+}$ 得到金属镍的总反应自由能 $\Delta_r G \ll 0$，反应是可以进行的。

由表4-5和表4-6可以看出，在 pH = 8 和 10，T = 353K，[N_2H_4] = 0.2mol/L 或 [N_2H_4] = 1.0mol/L 条件下，联氨还原各配位数 $Ni(NH_3)_n^{2+}$ 得到金属镍的总反应自由能落在一个区间内，在同一个配位值下，数据来源不同，反应自由能最小值与最大值的平均差值为12kJ/mol 左右；在整个配位值的范围内，总反应自由能 $\Delta_r G$ 值分别落在 −238 ~ −382kJ/mol 和 −292 ~ −436kJ/mol 之间。由这些热力学计算结果得知，在相应的实验条件下联氨还原 $Ni(NH_3)_n^{2+}$ 得到金属镍的总反应自由能 $\Delta_r G \ll 0$，反应是可以进行的。

表 4-5　联氨还原各配位数 $Ni(NH_3)_n^{2+}$ 总反应自由能 $\Delta_r G_{(4\text{-}4)}$

（343K，pH = 8，[N_2H_4] = 0.2 或 1.0mol/L）

n	$\Delta_r G_{(4\text{-}4)} = \Delta_r G^{\ominus}_{(4-4)} + RT\ln Q$/kJ · mol^{-1}	
	$\Delta_r G_{table}$	$\Delta_r G_{calc}$
1	−243.61 (−237.50)	−251.91 (−245.82)
2	−255.98 (−249.90)	−267.37 (−261.29)
3	−274.15 (−268.07)	−287.93 (−281.85)
4	−298.12 (−292.03)	−313.87 (−307.78)
5	−327.48 (−321.40)	−344.23 (−338.15)
6	−364.95 (−358.86)	−381.78 (−375.69)

注：括弧内为实验条件 [N_2H_4] = 0.2mol/L，其他相同。

表 4-6　联氨还原各配位数 $Ni(NH_3)_n^{2+}$ 总反应自由能 $\Delta_r G_{(4\text{-}4)}$

（353K，pH = 10，[N_2H_4] = 0.2 或 1.0mol/L）

n	$\Delta_r G_{(4\text{-}4)} = \Delta_r G^{\ominus}_{(4-4)} + RT\ln Q$/kJ · mol^{-1}	
	$\Delta_r G_{table}$	$\Delta_r G_{calc}$
1	−297.69 (−291.60)	−305.99 (−299.90)
2	−310.06 (−303.98)	−321.45 (−315.37)
3	−328.23 (−322.15)	−342.01 (−335.93)
4	−352.20 (−346.11)	−367.95 (−361.86)
5	−381.56 (−375.48)	−398.31 (−392.23)
6	−419.03 (−412.94)	−435.86 (−429.77)

注：括弧内为实验条件[N_2H_4] = 0.2mol/L，其他相同。

由上述各表中括弧内数据可以看出，在相同的条件下，将

$[N_2H_4]=1.0$mol/L 变为 0.2mol/L，反应 4-4 的自由能值差别很少，即联氨的浓度对总反应自由能的影响较小。

为更清晰比较在实际条件下，联氨还原各配位数 $Ni(NH_3)_n^{2+}$ 得到金属镍的总反应自由能变化的总趋势，将上述计算结果按 $\varphi^{\ominus}$ 数据来源（文献表 $\varphi^{\ominus}_{table}$ 和公式计算 $\varphi^{\ominus}_{calc}$）汇总于表 4-7 和表 4-8。依据表 4-7 的数据做联氨还原 $Ni(NH_3)_n^{2+}$ 配合离子总反应自由能 $\Delta_r G$ 随配位数 n 的变化图（图 4-4）。

表 4-7　由 $\varphi^{\ominus}_{table}$ 数据表值计算的各配位数总反应自由能 $\Delta_r G_{(4\text{-}4)}$

（343～353K，pH＝8～10，$[N_2H_4]=0.2\sim1.0$mol/L）

n	(343K) $\Delta_r G$/kJ·mol^{-1}				(353K) $\Delta_r G$/kJ·mol^{-1}			
	pH＝8		pH＝10		pH＝8		pH＝10	
	$[N_2H_4]=1$	$[N_2H_4]=0.2$	$[N_2H_4]=1$	$[N_2H_4]=0.2$	$[N_2H_4]=1$	$[N_2H_4]=0.2$	$[N_2H_4]=1$	$[N_2H_4]=0.2$
1	−240.57	−234.66	−293.13	−287.22	−243.61	−237.50	−297.67	−291.60
2	−251.89	−245.97	−304.45	−298.53	−255.98	−249.90	−310.06	−303.98
3	−269.65	−263.08	−321.55	−315.64	−274.15	−268.07	−328.23	−322.15
4	−291.89	−285.98	−344.45	−338.54	−298.12	−292.03	−352.20	−346.11
5	−320.69	−314.28	−372.75	−366.84	−327.48	−321.40	−381.56	−375.48
6	−356.60	−350.68	−409.16	−403.24	−364.95	−358.86	−419.03	−412.94

表 4-8　由 $\varphi^{\ominus}_{calc}$ 值计算的各配位数总反应自由能 $\Delta_r G_{(4\text{-}4)}$

（343～353K，pH＝8～10，$[N_2H_4]=0.2\sim1.0$mol/L）

n	(343K) $\Delta_r G$/kJ·mol^{-1}				(353K) $\Delta_r G$/kJ·mol^{-1}			
	pH＝8		pH＝10		pH＝8		pH＝10	
	$[N_2H_4]=1$	$[N_2H_4]=0.2$	$[N_2H_4]=1$	$[N_2H_4]=0.2$	$[N_2H_4]=1$	$[N_2H_4]=0.2$	$[N_2H_4]=1$	$[N_2H_4]=0.2$
1	−248.87	−242.96	−301.43	−295.52	−251.91	−245.82	−305.99	−299.90
2	−263.28	−257.36	−315.34	−309.92	−267.37	−261.29	−321.45	−315.37
3	−283.43	−276.86	−335.33	−329.42	−287.93	−281.85	−342.01	−335.93
4	−307.64	−301.73	−360.20	−354.29	−313.87	−307.78	−367.95	−361.86
5	−336.94	−331.03	−389.50	−383.59	−344.23	−338.15	−398.31	−392.23
6	−373.43	−367.51	−425.99	−420.70	−381.78	−375.69	−435.86	−429.77

综合上述计算结果可以看出：考虑不同镍氨的配位数，不同温度下水的离子积常数、pH 值的不同和反应物、产物的活度值等，联氨还原氨配合镍离子 $Ni(NH_3)_n^{2+}$ 得到金属镍的总反应自由能值也不相同；但当固定一些条件后，总反应自由能 $\Delta_r G_{(4\text{-}4)}$ 的值落在一个相对稳定的区间之内，并可以得到如下结论：

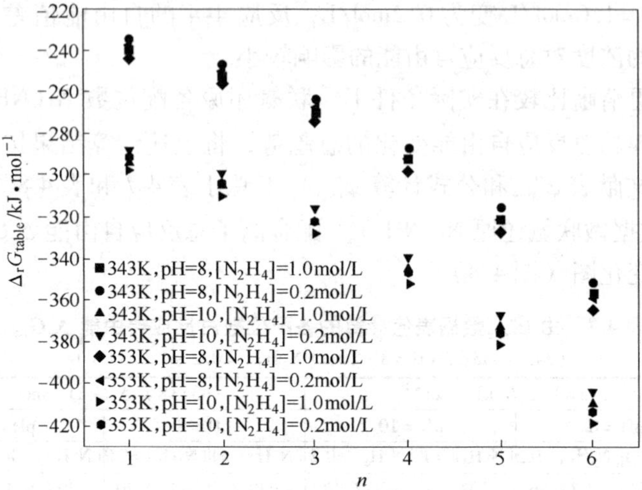

图 4-4　由 φ°_{calc} 值计算的联氨还原 $Ni(NH_3)_n^{2+}$ 配合离子反应自由能 $\Delta_r G$ 随配位数 n 的变化

（343 ~ 353K，pH = 8 ~ 10，$[N_2H_4]$ = 0.2 ~ 1.0mol/L）

（1）在一般化学镀工作温度范围 343 ~ 353K，pH = 8 ~ 10，$[Ni(NH_3)_n^{2+}]$ = 0.1mol/L 条件下，联氨还原氨配合镍离子的总反应自由能 $\Delta_r G \ll 0$，配位数 n = 1 ~ 6 联氨还原总反应都可以进行。

（2）还原剂联氨的用量从 0.2mol/L 变到 1mol/L，对总反应自由能 $\Delta_r G$ 的影响较小。

（3）pH 值增加对总反应自由能 $\Delta_r G$ 影响较大。控制镀覆过程中 pH 值变化对还原总反应的影响，镀液配方中应加缓冲剂。缓冲剂的选择应考虑，既能缓冲镀覆过程中 pH 值的变化，又能提供一定的氨。

（4）采用不同来源的数据计算实际条件下总反应自由能 $\Delta_r G$ 的数值略有差异，但它们与氨配位数 n 的关系变化趋势完全一致。

（5）氨配位数对总反应自由能 $\Delta_r G$ 的影响基本呈线性关系。配位数 n = 1 时，总反应自由能最高；配位数 n = 6 时，总反应自由能最低。由此，镀液中应有足够量的氨，以满足形成高配位离子的需要，有利于镀液的稳定，也有利氨配合离子的还原。但要注意还原剂的加入要缓，防止金属析出过快，以利控制镀层质量。

4.1.2 联氨还原酒石酸根配合镍离子 $Ni(T^{2-})$ 的反应热力学分析

用酒石酸盐为配合剂（通常用（T^{2-}）表示酒石酸根（$C_4H_4O_6$）$^{2-}$），计算联氨还原酒石酸根配合镍离子的反应自由能。根据第2章对联氨还原酒石酸根配合镍离子化学镀镍的热力学讨论可知，其总反应为

$$2Ni(T^{2-}) + N_2H_4 + 4OH^- \longrightarrow 2Ni + 2T^{2-} + N_2 + 4H_2O \quad (4\text{-}5)$$

$$\Delta_r G^{\ominus}_{(4\text{-}5)} = -316.52\text{kJ/mol}$$

实际条件下的总反应自由能 $\Delta_r G_{(4\text{-}5)}$（kJ/mol）

$$\Delta_r G_{(4\text{-}5)} = \Delta_r G^{\ominus}_{(4\text{-}5)} + RT\ln Q$$

式中，$RT\ln Q = 8.314 \times 2.303 T\lg \dfrac{p_{N_2} a^2_{T^{2-}} a^4_{H_2O} a^2_{Ni}}{a_{N_2H_4} a^4_{OH^-} a^2_{Ni(T^{2-})} p^{\ominus}}$ kJ/mol。

已知总反应的 $\Delta_r G^{\ominus}_{(4\text{-}5)}$，计算 $RT\ln Q$，两者相加就能得到实际条件下联氨还原酒石酸根配合镍离子 $Ni(T^{2-})$ 的总反应自由能 $\Delta_r G_{(4\text{-}5)}$。取通常化学镀的工作温度 343～353K，溶液 pH = 8～10，近似认为镀液为稀溶液，用浓度代替活度，即：$a_{N_2H_4} \approx [N_2H_4] = 0.2 \sim 1.0$mol/L；$a_{[Ni(T^{2-})]} \approx [Ni(T^{2-})] = 0.1$mol/L；$a_{(T^{2-})} \approx [T^{2-}] = 0.15$mol/L，以及第2章中得到的 $p_{N_2} = 7.95 \times 10^{-4}$MPa 及相应温度下的 $[OH^-]$，计算 $\Delta_r G_{(4\text{-}5)}$ 的结果示于表4-9。

表4-9 联氨还原酒石酸根配合镍离子的反应自由能 $\Delta_r G_{(4\text{-}5)}$

T/K	pH值	$\Delta_r G_{(4\text{-}5)}$/kJ·mol^{-1}
343	8	$-190.56([N_2H_4]=1$mol/L$)$，$-185.96([N_2H_4]=0.2$mol/L$)$
	10	$-243.12([N_2H_4]=1$mol/L$)$，$-238.52([N_2H_4]=0.2$mol/L$)$
353	8	$-192.33([N_2H_4]=1$mol/L$)$，$-187.59([N_2H_4]=0.2$mol/L$)$
	10	$-246.37([N_2H_4]=1$mol/L$)$，$-214.67([N_2H_4]=0.2$mol/L$)$

由表4-9可知，在一般化学镀条件下，联氨还原酒石酸根配合镍离子 $Ni(T^{2-})$ 的反应自由能在 $-186 \sim -246$kJ/mol 之间，$\Delta_r G \ll 0$。热力学分析结果表明：在一般化学镀条件下，联氨还原酒石酸根配合镍离子 $Ni(T^{2-})$ 的反应是可以进行的。

4.1.3 联氨还原柠檬酸根配合镍离子 $[Ni(Cit^{3-})]^-$ 的反应热力学分析

用柠檬酸盐为配合剂（通常用(Cit^{3-})表示柠檬酸根($C_6H_5O_7$)$^{3-}$），

镍离子与柠檬酸根离子形成$[Ni(Cit^{3-})]^-$配合离子，由第2章的热力学分析知，联氨还原柠檬酸根配合镍离子$[Ni(Cit^{3-})]^-$的总反应为

$$2Ni(Cit^{3-})^- + N_2H_4 + 4OH^- \longrightarrow 2Ni + 2Cit^{3-} + N_2 + 4H_2O \quad (4\text{-}6)$$

$$\Delta_r G^\ominus_{(4\text{-}6)} = -304.94\text{kJ/mol}$$

实际条件下的总反应自由能$\Delta_r G_{(4\text{-}6)}$（kJ/mol）

$$\Delta_r G_{(4\text{-}6)} = \Delta_r G^\ominus_{(4\text{-}6)} + RT\ln Q$$

式中，$RT\ln Q = 8.314 \times 2.303 T\lg \dfrac{p_{N_2} a^2_{Cit^{3-}} a^4_{H_2O} a^2_{Ni}}{a_{N_2H_4} a^4_{OH^-} a^2_{[Ni(Cit^{3-})]^-} p^\ominus}$kJ/mol。

同样可以计算实际条件下总反应自由能$\Delta_r G_{(4\text{-}6)}$。计算$RT\ln Q$时，取通常化学镀的工作温度343～353K，pH＝8～10，镀液近似为稀溶液，用浓度代替活度，$a_{[Ni(Cit^{3-})]^-} \approx [Ni(Cit^{3-})^-] = 0.1$mol/L，$a_{N_2H_4} \approx [N_2H_4] = 0.2 \sim 1$mol/L，$[Cit^{3-}] = 0.15$mol/L，以及第2章中得到的$p_{N_2} = 7.95 \times 10^{-4}$MPa及相应温度下的$[OH^-]$，计算总反应的自由能$\Delta_r G_{(4\text{-}6)}$。计算结果示于表4-10。

表4-10 联氨还原柠檬酸根配合镍离子的反应自由能$\Delta_r G_{(4\text{-}6)}$

T/K	pH值	$\Delta_r G_{(4\text{-}6)}$/kJ·mol^{-1}
343	8	−178.98（$[N_2H_4]$＝1mol/L），−174.38（$[N_2H_4]$＝0.2mol/L）
	10	−231.54（$[N_2H_4]$＝1mol/L），−226.94（$[N_2H_4]$＝0.2mol/L）
353	8	−180.75（$[N_2H_4]$＝1mol/L），−176.01（$[N_2H_4]$＝0.2mol/L）
	10	−234.79（$[N_2H_4]$＝1mol/L），−230.09（$[N_2H_4]$＝0.2mol/L）

由表4-10可知，在一般化学镀条件下，联氨还原柠檬酸根配合镍离子$[Ni(Cit^{3-})]^-$的反应自由能在−174～−235kJ/mol之间，$\Delta_r G \ll 0$。热力学分析结果表明：在一般化学镀条件下，联氨还原柠檬酸根配合镍离子$[Ni(Cit^{3-})]^-$的反应是可以进行的。

由上述热力学计算和分析可以看出：(1) 在碱性环境中，镍-氨配合离子$Ni(NH_3)_n^{2+}$的稳定性高于镍-酒石酸根配合离子$Ni(T^{2-})$和镍-柠檬酸根配合离子$[Ni(Cit^{3-})]^-$的稳定性；若用氨作配合剂，使镀液中存在大量的高配位$Ni(NH_3)_n^{2+}$，该离子亦可通过联氨逐级还原反应参与化学沉积，镀覆过程易控制；(2) 为控制镀覆过程要用缓冲剂。所采用的缓冲剂，应既能在镀覆过程中提供起配位作用的氨，又能缓

冲 pH 值的变化。借鉴文献报道的水热氢还原制备包覆型钴、镍材料，采用 NH_4^+-SO_4^{2-}-H_2O 缓冲体系，调节溶液 pH 值，氨-硫酸铵可缓冲 pH 值的范围很宽。因此，实验设计时拟采用硫酸铵作为缓冲剂。

4.1.4 联氨还原氨配合钴离子反应的热力学分析

若将氨为配合剂，联氨为还原剂的化学镀新体系，用于制备钴包覆无机颗粒，首先要分析该体系沉积钴热力学是否可行。但联氨还原氨配合钴离子 $Co(NH_3)_n^{2+}$ $(n=1\sim6)$ 的反应自由能，尚未有文献报道可借鉴。又由于钴与镍一样都可与氨生成不同配位数的氨配合钴离子，因此可参照联氨还原氨配合镍离子的方法，并考虑各主要因素的影响，计算实际条件下联氨还原氨配合钴离子沉积钴的反应自由能。

已知

$$Co^{2+} + 2e^- \longrightarrow Co, \varphi^\circ = -0.28V(-0.267V) \tag{4-7}$$

$$Co^{2+} + nNH_3 \longrightarrow Co(NH_3)_n^{2+} \tag{4-8}$$

两式相减得

$$Co(NH_3)_n^{2+} + 2e^- \longrightarrow Co + nNH_3 \tag{4-9}$$

$$N_2 + 4H_2O + 4e^- \longrightarrow N_2H_4 + 4OH^-, \varphi^\circ = -1.16V$$

得到总反应

$$2Co(NH_3)_n^{2+} + N_2H_4 + 4OH^- \longrightarrow N_2 + 4H_2O + 2Co + 2nNH_3 \tag{4-10}$$

$$\varphi_{(4\text{-}10)} = \varphi^\circ_{(4\text{-}10)} - \frac{2.303RT}{4F}\lg\frac{p_{NH_3}^{2n} p_{N_2} a_{H_2O}^4 a_{Co}^2}{a_{N_2H_4} a_{OH^-}^4 a_{Co(NH_3)_n^{2+}}^2 (p^\circ)^{2n+1}}$$

式中，p° 为标准大气压；a_i 为组元的活度。

由文献中给出的钴与氨生成不同配位数的氨配合钴离子 $Co(NH_3)_n^{2+}$ 的稳定常数 β_n 及相应的标准电极电势 φ°_{table} 和由文献中数据得到的 φ°_{calc}，计算出总反应的标准反应自由能 $\Delta_r G^\circ_{(4\text{-}10)}$（表 4-11），并依此计算实际反应条件：pH = 8.0 ~ 10.0，$T = 333 \sim 353K$，镀液近似为稀溶液，用浓度代替活度，$[Co^{2+}] = 0.1mol/L$，$[N_2H_4] = 1.0mol/L$，总反应 4-10 的反应自由能 $\Delta_r G_{(4\text{-}10)}$。计算结果根据数据来源分别示于表 4-12 和图 4-5，表 4-13 和图 4-6。这两个图直观展现了实际条件下反应自由能 $\Delta_r G_{(4\text{-}10)}$ 随配位数的变化关系。

表 4-11 298K Co(Ⅱ)的配合物稳定常数 β_n 和联氨还原 $Co(NH_3)_n^{2+}$ 的标准反应自由能 $\Delta_r G^{\ominus}_{(4\text{-}10)}$

配位数 n	0	1	2	3	4	5	6
稳定常数 β		$\lg\beta_1$	$\lg\beta_2$	$\lg\beta_3$	$\lg\beta_4$	$\lg\beta_5$	$\lg\beta_6$
Co		2.11	3.74	4.79	5.55	5.73	5.11
$\varphi^{\ominus}_{table}$/V	−0.267	−0.329	−0.378	−0.409	−0.431	−0.436	−0.418
$\varphi^{\ominus}_{calc}$/V	−0.28	−0.342	−0.391	−0.422	−0.444	−0.450	−0.431
$\varphi^{\ominus}_{(4\text{-}10),table}$/V		0.831	0.782	0.751	0.729	0.724	0.742
$\varphi^{\ominus}_{(4\text{-}10),calc}$/V		0.818	0.769	0.738	0.716	0.710	0.729
$\Delta_r G^{\ominus}_{(4\text{-}10),tablec}$/kJ·mol^{-1}		−320.77	−301.85	−289.89	−281.39	−279.46	−286.41
$\Delta_r G^{\ominus}_{(4\text{-}10),calc}$/kJ·mol^{-1}		−315.75	−296.83	−284.87	−276.38	−274.06	−281.39

表 4-12 实际条件下（$\varphi^{\ominus}_{(4\text{-}7)}=-0.267$V，$T=333$、353K，pH＝8、10）联氨还原 $Co(NH_3)_n^{2+}$ 的总反应自由能 $\Delta_r G_{(4\text{-}10)}$

n	333K		353K	
	pH＝8	pH＝10	pH＝8	pH＝10
	$\Delta_r G_{(4\text{-}10)}$/kJ·mol^{-1}	$\Delta_r G_{(4\text{-}10)}$/kJ·mol^{-1}	$\Delta_r G_{(4\text{-}10)}$/kJ·mol^{-1}	$\Delta_r G_{(4\text{-}10)}$/kJ·mol^{-1}
1	−234.64	−285.68	−241.68	−295.76
2	−251.45	−302.49	−260.43	−314.69
3	−275.22	−326.26	−286.51	−340.59
4	−302.44	−353.48	−315.87	−369.95
5	−336.24	−387.28	−351.79	−403.87
6	−378.92	−429.96	−396.60	−450.68

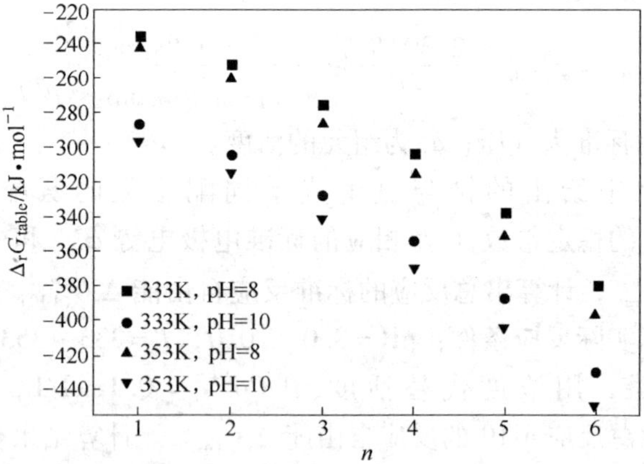

图 4-5 联氨还原 $Co(NH_3)_n^{2+}$ 的总反应自由能 $\Delta_r G_{(4\text{-}10)}$ 随配位数的变化（$\varphi^{\ominus}_{(4\text{-}7)}=-0.267$V，$T=333$、353K，pH＝8、10）

表 4-13 实际条件下（$\varphi^{\ominus}_{(4\text{-}7)}=-0.28V$，$T=333$、353K，pH = 8、10）联氨还原 $Co(NH_3)_n^{2+}$ 的总反应自由能 $\Delta_r G_{(4\text{-}10)}$

n	333K		353K	
	pH = 8	pH = 10	pH = 8	pH = 10
	$\Delta_r G_{(4\text{-}10)}$/kJ·mol^{-1}	$\Delta_r G_{(4\text{-}10)}$/kJ·mol^{-1}	$\Delta_r G_{(4\text{-}10)}$/kJ·mol^{-1}	$\Delta_r G_{(4\text{-}10)}$/kJ·mol^{-1}
1	-229.62	-280.66	-236.66	-290.74
2	-246.43	-297.47	-255.41	-309.67
3	-270.20	-321.24	-281.49	-335.57
4	-297.43	-348.47	-310.86	-364.94
5	-330.84	-381.88	-346.39	-400.47
6	-373.90	-424.94	-391.58	-445.66

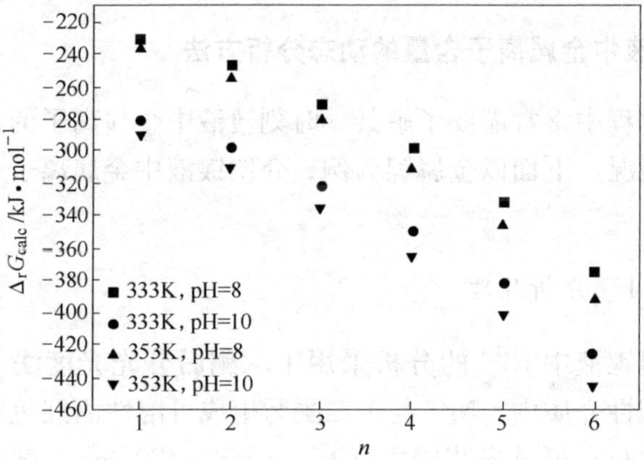

图 4-6 联氨还原 $Co(NH_3)_n^{2+}$ 的总反应自由能 $\Delta_r G_{(4\text{-}10)}$ 随配位数的变化（$\varphi^{\ominus}_{(4\text{-}7)}=-0.28V$，$T=333$、353K，pH = 8、10）

根据上述热力学计算得到：（1）随配位数 n 的变化，联氨还原氨配合钴离子 $Co(NH_3)_n^{2+}$ 的总反应自由能 $\Delta_r G_{(4\text{-}10)}$ 也变化，$n=6$ 时 $\Delta_r G_{(4\text{-}10)}$ 负值最大；$n=1$ 时 $\Delta_r G_{(4\text{-}10)}$ 负值最小，且随配位数的增加，$\Delta_r G_{(4\text{-}10)}$ 负值增加。形成高配位数的氨配合钴离子 $Co(NH_3)_n^{2+}$ 有利于联氨的还原，也有利于镀液的稳定；（2）不同数据来源计算的 $n=1$ 与 $n=6$ 时，总反应自由能 $\Delta_r G_{(4\text{-}10)}$ 差别不大。按数据表给出的 $\varphi^{\ominus}_{table}$ 计算实际条件下总反应自由能 $\Delta_r G_{(4\text{-}10)}$ 为 -235 ~ -451kJ/mol。按计算的 $\varphi^{\ominus}_{calc}$ 计算实际条件下总反应自由能 $\Delta_r G_{(4\text{-}10)}$ 为 -230 ~ -446kJ/mol；（3）不同数据来源热力学计算实际条件下总反应 4-10 的自由能

$\Delta_r G_{(4\text{-}10)} << 0$。这表明在碱性环境中，联氨还原氨配合钴离子 $Co(NH_3)_n^{2+}$（$n=1 \sim 6$）的反应可以进行，即热力学计算表明，用联氨为还原剂氨为配合剂的碱性镀液来实现化学镀纯金属钴，是可行的。

基于以上分析和考虑，可以设计出化学镀镍、钴的新体系是：以联氨为还原剂、氨为配合剂、硫酸铵为缓冲剂。对提出的新体系还需得到实验的验证，并深入研究各影响因素的作用以及沉积金属的规律，不断完善对新体系的认识，扩大它的应用范围，最终能运用到制备包覆材料的实际工艺过程中。

4.2　氨配合化学镀镍体系与传统化学镀液体系的比较

4.2.1　镀液中金属离子含量的动态分析方法

研究过程中常常需要了解某一时刻镀液中金属离子的含量，掌握金属沉积情况。下面以金属镍为例，介绍镀液中金属离子含量的动态分析方法。

4.2.1.1　分析原理

化学镀镍液中 Ni^{2+} 的分析采用丁二酮肟分光光度法。在有氧化剂存在的碱性介质中，Ni^{2+} 与丁二酮肟生成可溶性酒红色配合物，其最大吸收波长在可见光范围内（$\lambda_{max}=460 \sim 470nm$）。显色溶液可稳定存放 24h。由于化学镀镍液中几乎不含其他金属离子杂质，所以在分析过程中无需掩蔽其他金属离子对分析的干扰。

4.2.1.2　试剂的配制

丁二酮肟溶液 10g/L 配制：称取 1g 丁二酮肟溶于 100mL 的 50g/L 氢氧化钠溶液中，过滤后使用。

酒石酸钾钠溶液 500g/L；氢氧化钠溶液 50g/L；过硫酸铵溶液 50g/L。

镍标准溶液 A 1mg/mL，称取 1.0000g 金属镍（99.95%，光谱纯），加 20mL 硝酸（3+2），加热溶解完全并蒸发至稠状。加入 10mL 硫酸（1+1），加热蒸发至冒三氧化硫白烟。冷却，用水吹洗表面皿及杯壁，再加热蒸至冒三氧化硫白烟。冷却，加入水100mL，加热使盐类溶解，冷却至室温，移入1L容量瓶中，用去离子水定容。

镍标准溶液B 10μg/mL，吸取10mL镍标准溶液A于1L容量瓶中，用去离子水定容。

4.2.1.3 工作曲线绘制

分别吸取镍标准溶液B 0、3、6、9、12、15、18、21、24、27、30mL于100mL容量瓶中，各含镍0、30、60、90、120、150、180、210、240、270、300μg。用水稀释至30～40mL，顺序依次加入10mL的500g/L酒石酸钾钠溶液，10mL的50g/L氢氧化钠溶液，10mL的50g/L过硫酸铵溶液，10mL的10g/L丁二酮肟溶液，静置15min。用去离子水定容。用1cm玻璃比色皿，在特定波长处测量其吸光度。

测试使用分光光度计，最大吸收波长在460nm。绘制的工作曲线如图4-7所示。

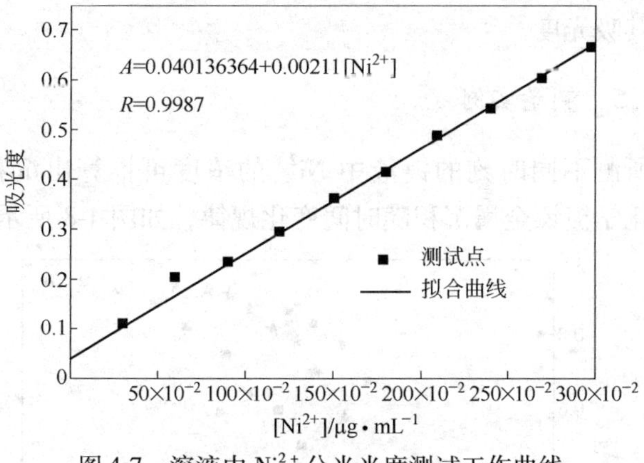

图4-7 溶液中Ni^{2+}分光光度测试工作曲线

4.2.1.4 化学镀镍液随时间取样分析镍含量

A 化学镀镍液随时间取样及预处理

用5mL刻度移液管（吸量管）吸取反应某特定时刻的化学镀镍液。排除镀液中的固体颗粒，保留1mL上清液。将该上清液移入已加入1mL硫酸（1+1）的100mL容量瓶，用去离子水稀释至30～

40mL，静置 30 ~ 40min 等待分析。

根据已有的分析经验，若上清液中带有少量固体颗粒，对最终吸光度测试影响不大，低于分光光度计仪器误差。若取样不酸化稀释，显色过程会产生沉淀，造成分析错误。

B 分光光度测试

严格按照取样时间顺序依次标号分析。将低序号样品依次定容，并吸取 1mL 已定容试样至 100mL 容量瓶，用水稀释至 30 ~ 40mL，依次加入 10mL 的 500g/L 酒石酸钾钠溶液，10mL 的 50g/L 氢氧化钠溶液，10mL 的 50g/L 过硫酸铵溶液，10mL 的 10g/L 丁二酮肟溶液，静置 15min。用去离子水定容。用 1cm 玻璃比色皿，在 460nm 波长处测量其吸光度。

当发现二次稀释后所测吸光度每 100mL 含 Ni^{2+} 低于 30μg 时，下一个样品不经二次稀释，直接在取样容量瓶中依次加入上述各溶液，然后静置 15min。用去离子水定容。用 1cm 玻璃比色皿，在 460nm 波长处测量其吸光度。

4.2.1.5 测量实例

根据所测不同时刻的镀液中 Ni^{2+} 的浓度可推算出沉积金属量，从而得到化学镀镍金属沉积随时间变化规律，如图 4-8 所示。

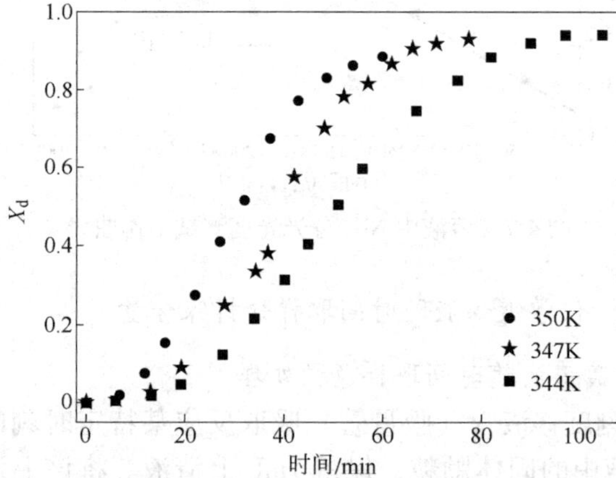

图 4-8 不同温度下化学镀镍金属沉积随时间变化规律

4.2.2 氨配合化学镀镍体系镀液与传统镀液的稳定性比较

4.2.2.1 测试方法

A 镀镍液的热稳定性测试

取测试的化学镀镍液 50mL，盛于 100mL 的试管中，浸入水浴加热器中，且试管内液面低于水浴液面 2cm。升温速率分别为 2.5K/min 和 1K/5min，全程搅拌镀液，记录镀液中发生变化的最低温度。

B 镀镍液的工业稳定性测试

取实验用化学镀镍液 50mL，盛于 100mL 的试管中，浸入已经恒温在（333 ±1）K 的水浴中（试管内溶液面低于恒温水浴面 2cm）。0.5h 后，在搅拌情况下，用移液管量取浓度为 100×10^{-6}g/L 的氯化钯溶液 1mL 置于试管中。记录自注入氯化钯溶液起至该化学镀液产生浑浊（即产生沉淀）的时间（以秒计）。

将氨配合体系镀镍溶液体系与文献提供的目前常用的硫酸镍-水合联氨-酒石酸钾钠-氢氧化钠镀镍溶液体系（0.1mol/L $NiSO_4$，0.15mol/L 酒石酸钾钠，0.25mol/L 氢氧化钠及适量的联氨）进行一系列对比实验。

4.2.2.2 稳定性对比

将实验所用的氨配合体系的一系列镀镍溶液与上述酒石酸盐配合体系的镀镍溶液进行稳定性对比实验，结果示于表 4-14。

表 4-14 不同镀液的稳定性比较

体 系	热稳定性测试结果/K	工业稳定性测试结果/s	$X_{联氨}/X_{Ni}$
酒石酸盐体系	348①，343②，（有游离镍析出）	714（有游离镍析出）	2
氨体系	至沸点 366～368③（溶液清亮）	≥1551③（溶液变浑浊）	1.5

① 2.5K/min 速率升温；② 1K/5min 速率升温；③ 一系列样品，为一范围。

由表 4-14 可以看出：（1）酒石酸盐体系具有明显的自形核趋势，在 343K 条件下，可自发还原生成金属镍核。而以氨为配合剂的体系，达到溶液沸点，而其性质仍不发生改变。由于实验所用镀镍液体系中添加剂（$(NH_4)_2SO_4$）与氨水用量不同，因而沸点也略有变化，分别落在 366 ~ 368K 范围内。（2）酒石酸盐体系经 714s，即产生游离金属镍颗粒；而氨为配合剂的体系在 1551s 后，仅产生絮状浑浊。

联氨作为还原剂时，需要溶液提供大量的氢氧根离子。在酒石酸盐为配合剂的反应体系中，氢氧根来源为氢氧化钠。由于氢氧化钠为强电解质，在溶液中全部离解为钠离子和氢氧根离子，因此在反应初期溶液具有很高的 pH 值。pH 值越高，其氧化还原反应的电势差就越大，反应趋势也越大。而在氨配合体系中存在如下平衡：

$$Ni(NH_3)_n^{2+} + nH_2O \rightleftharpoons Ni^{2+} + nNH_3 \cdot H_2O \rightleftharpoons Ni^{2+} + nNH_4^{+} + nOH^{-}$$

在整个还原反应过程中，体系 pH 值保持在 8 ~ 10 之间。所以，根据图 4-1 电势-pH 图，酒石酸根配合镍离子比氨配合镍离子更易被联氨还原。由于电势-pH 图在绘制过程中没有考虑镍氨离子的配位状态和水的解离常数等，因此其显示的结果与热力学计算的结果有差异。

实验还发现，还原同样化学计量的镍离子，氨体系的还原剂用量仅是酒石酸盐体系的 75%。其原因是：在活性金属镍表面催化下，低温可发生镍离子的还原反应，在酒石酸盐配合体系反应前期产生大量的金属镍核，反应后期，随氢氧根消耗，一部分新生镍成为联氨自分解反应的催化活性表面，副反应速率相对提高；而在氨配合体系中，由于氢氧根浓度变化不大，联氨在镍表面催化自分解的概率降低了。

4.2.2.3　镀覆颗粒的物相和结构的对比（以镍包覆氮化硼为例）

A　镀覆镍包覆氮化硼复合颗粒的物相结构分析对比

对由酒石酸盐为配合剂的镀液体系和氨为配合剂的镀液体系制备的 Ni/BN 复合颗粒，进行 X 射线衍射（XRD）分析，结果如图 4-9 所示。

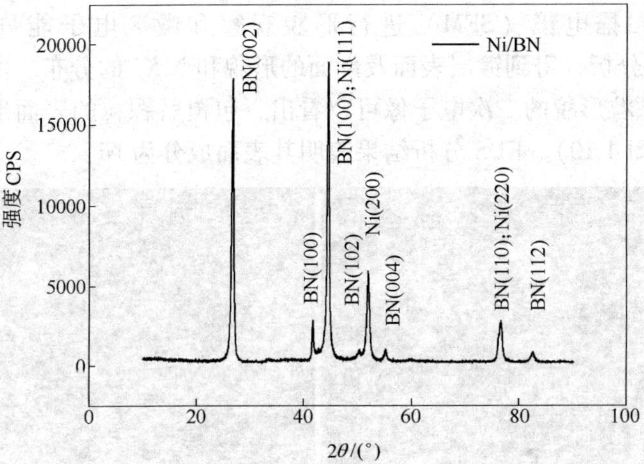

(a)

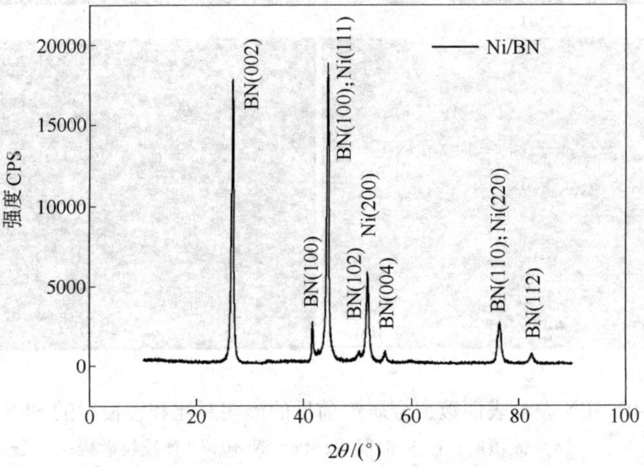

(b)

图 4-9 不同化学镀镍体系得到 Ni/BN 复合粉末的 XRD 分析
（a）酒石酸钾钠配合体系；（b）氨配合体系

由图 4-9 可以看出，无论采用何种配合剂的化学镀镍体系，得到的复合颗粒均是由六方氮化硼和面心立方的金属镍构成。

B 镀层的扫描电镜形貌与电子能量散射谱分析

将镀覆前的 BN 颗粒及镀覆后的 Ni 包覆 BN 颗粒包埋在环氧树脂中，经磨抛制成 Ni 包覆 BN 颗粒的剖面试样，用带有电子能量散射谱仪的扫描电镜（SEM）进行形貌观察和微区电子能量散射谱（EDS）分析，得到镀层表面及剖面的形貌和 NiK_α 的分布。由包覆前后 BN 颗粒形貌的二次电子像可以看出，包覆后颗粒的表面形态发生改变（图 4-10）。EDS 分析结果表明其表面成分为 Ni。

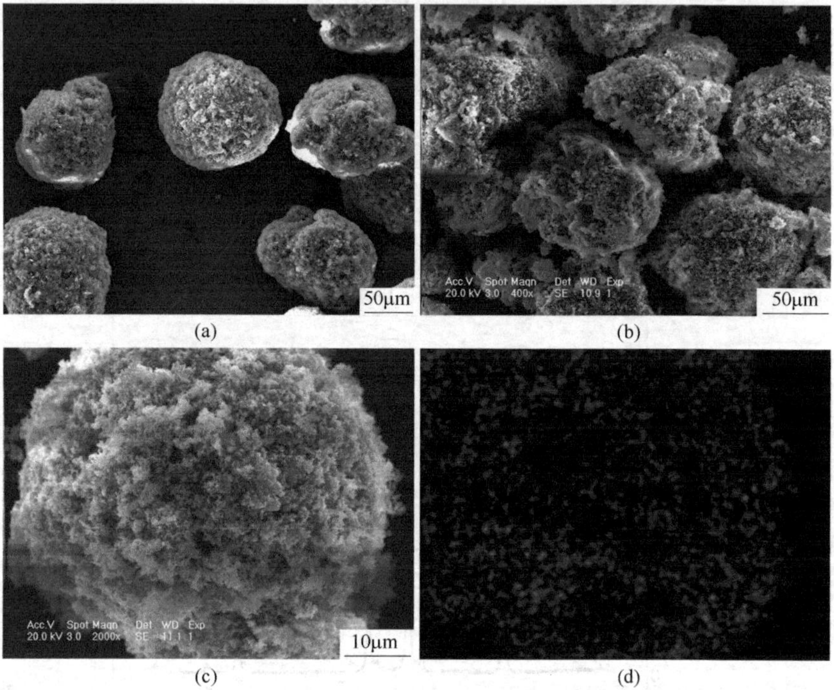

图 4-10　BN 颗粒表面镀覆金属镍前后的形貌对比和镀覆后的 EDS 分析
（a）镀覆前；（b）镀覆后；（c）Ni 包覆 BN 颗粒形貌；
（d）图(c) 区域的 NiK_α 面分布

从包覆后的 BN 颗粒的剖面二次电子像（图 4-11a）和背散射电子像（图 4-11b）可以看出：颗粒的周边衬度较白，中间区域衬度较深，且呈凹陷形貌。表明两部位有组成差异。由于金属镍耐磨性高于六方 BN 陶瓷，制备 SEM 剖面样品过程中，包覆颗粒中的 BN 磨蚀较多。由此可以看出，BN 颗粒外部均匀包覆了一层金属镍，包覆的颗粒在环氧树脂中分散较好，多为近球形。在剖面观察中任选一颗粒，沿贯穿颗粒的路径进行 NiK_α 线分析，如图 4-11c 所示。图中 NiK_α 线在颗粒边缘衬度较白处出现峰形，表明颗粒周边富集镍元素。综合 SEM 对包覆后的 BN 颗粒观察和分析结果，BN 颗粒完全被金属镍包覆。

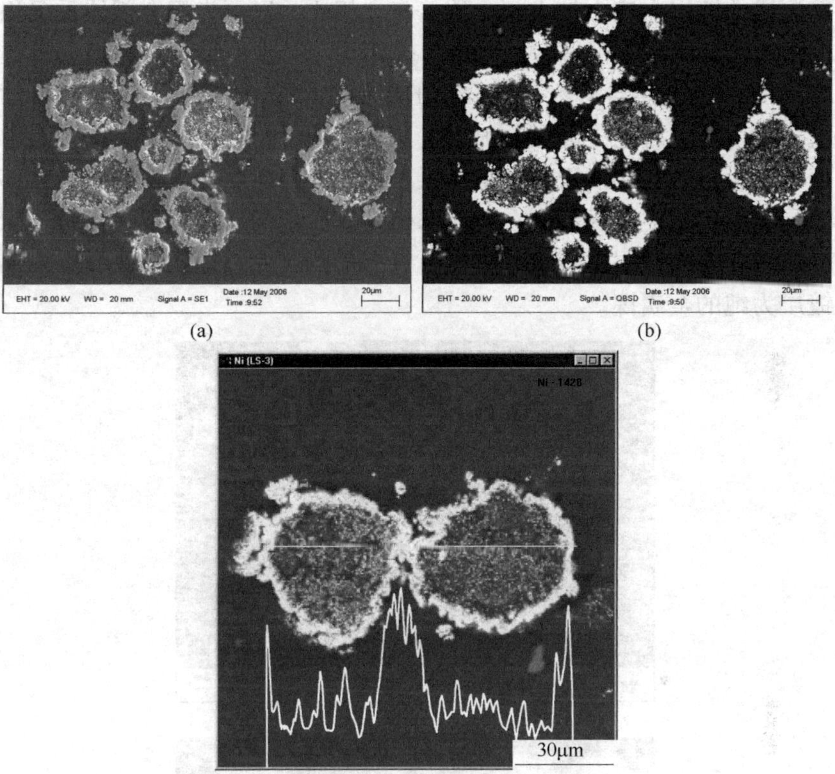

(a)　(b)

(c)

图 4-11　Ni/BN 颗粒的剖面形貌及 NiK_{α} 线扫描分析

（a）Ni/BN 颗粒的二次电子像；（b）Ni/BN 颗粒的背散射电子像；（c）NiK_{α} 线扫描分析

分别对以酒石酸钾钠和氨为配合剂的化学镀镍体系沉积的表面镀层进行 SEM 观察，发现酒石酸钾钠为配合剂体系沉积的镍镀层颗粒为片状，颗粒较大，并在镀层表面的局部区域有微裂纹，如图 4-12a 所示。根据前面分析可知，这是由于下面两个因素相互作用的结果：一是由于酒石酸钾钠配合体系，反应前期在 BN 颗粒表面大量形核并长大。而 BN 颗粒的表面凹凸不平，在凸出部分形核的金属镍颗粒与镀液的接触面积大，而生长较快；凹处的晶核生长速度相对较慢，生长过程中晶粒间相互挤压产生应力。二是凹处晶粒生长过程中气体产物的排出通道受阻，产生较大的附加内应力。这与文献报道的用该体系生成的镀层内应力较大相一致。与之相比，以氨为配合剂体系沉积的镍镀层，由较小的镍颗粒构成，分布均匀，没有微裂纹，镀层较致密（图 4-12b）。对从两种配合剂的镀液中获得的镀层用同样大小的电子束束斑进行电子能量散射谱（EDS）分析，结果示于表 4-15。由表可以看出，在用酒石酸钾钠体系获得的镀镍层中，虽探测到绝大部分是金属镍，但也探测到在裂纹部位处有少量的活化剂钯。而对氨配合体系获得的镀层进行多处测试，没有探测到钯，图 4-12b 所示的镍镀层为纯的金属镍。

(a)

(b)

图 4-12 不同配合剂体系化学镀镍层的 SEM 显微像

（a）酒石酸钾钠配合体系；（b）氨配合体系

表 4-15 两种配合剂体系获得镍镀层表面的 EDS 分析结果

酒石酸钾钠配合剂体系				氨配合剂体系			
元素	$x(i)$	物质	$w(i)$	元素	$x(i)$	物质	$w(i)$
Ni	0.994	Ni	0.988	Ni	1.000	Ni	1.000
Pd	0.006	Pd	0.012	Pd	0.000	Pd	0.000
总计	1.000	总计	1.000	总计	1.000	总计	1.000

综上所述，在热力学分析的基础上，研究建立的以氨为配合剂的联氨还原新化学镀镍镀液体系，经制备 Ni/BN 微颗粒的实验验证，结果表明可以实现化学镀金属镍，而且与常用的酒石酸钾钠镀液体系相比，氨为配合剂的化学镀体系具有镀液稳定、镀镍层致密、价格低廉、无污染等优点，工业应用前景广阔。

4.3 化学镀法制备可磨耗封严材料

近年来，为满足各种涡轮发动机诸多部件的低、中高温可磨耗封严涂层对材料的要求，镍包覆石墨、镍包覆硅藻土、镍包覆氟化钙等复合粉体的制备，备受材料研究者的关注。可磨耗封严材料中，用于低温部位（小于 773K）常采用镍包覆石墨、铝包覆石墨、铝硅包覆树脂、铝硅包覆氮化硼、铝硅包覆石墨等粉体材料；中温部位（773～1073K）多采用镍包覆硅藻土、镍包覆二氧化硅、镍包覆滑石粉、NiCr 包覆石墨、NiCrAl 包覆膨润土等粉体材料；高温部位（高于 1123K）常采用 NiCrAl 包覆硅藻土、NiCrAl 包覆煤泡石、NiCrAl 包覆空心 ZrO_2 球等粉体材料。由于六方氮化硼高温的热稳定性和化学稳定性能良好（$<1173K$），又具有良好的润滑性能。有报道国外在极小型涡轮发动机中温部件的封严系统中，采用了 AlNi 包覆 BN 复合粉末和热喷涂涂层技术。可以达到最佳的封严效果，提高发动机的热效率和推力。

作为发动机封严系统用材料，对硬度、杂质含量等要求很苛刻，故对化学镀 Ni 的工艺要求也高，必须获得纯金属 Ni 镀层。值得注意的是，在实施金属 Ni 包覆 BN 颗粒的过程中，虽 BN 不溶于冷水，在水溶液体系中比较稳定，但当水温高于 373K 时，会发生水解生成硼酸和氨，且反应速度较快。其反应如下

$$BN(s)+3H_2O(l)\longrightarrow H_3BO_3(l)+NH_3(g) \quad (4\text{-}11)$$

$$\Delta_r G_{(4\text{-}11)} = -131.7-0.06T \text{ kJ/mol}$$

由此可见，直接采用水热氢还原化学沉积方法制备纯金属 Ni 包覆 BN 颗粒材料，在反应条件下，BN 颗粒会发生水解。由于一般化学镀工作温度远低于373K，可以考虑先行用化学镀方法实现在 BN 颗粒表面镀覆金属 Ni，制备出合格的前驱体，防止 BN 颗粒发生水解，并采用合理的流程，获得用于发动机封严装置的金属 Ni 包覆 BN 的粉体材料。

4.3.1 化学镀纯金属镍包覆氮化硼颗粒的小型实验

采用以往化学镀技术，绝大多数获得的沉积物不是纯金属。如传统的以次磷酸盐或硼烷衍生物为还原剂的化学镀镍体系，反应沉积的镀镍层中，均含有一定量的 P 或 B，经长期高温使用会产生 Ni_3P 和 Ni_3B 等中间相，且 B 元素还易引起晶间强化。这些中间相对金属陶瓷复合涂层的自润滑和可磨耗性有害。对高温环境、有延性的镀层，电极材料和航空航天工业及其他高新技术领域，镀层金属纯度要求超过99%，必须采用其他的还原体系进行化学镀，避免不利杂质的带入和有害中间相的产生。鉴于实验验证，氨为配合剂、联氨为还原剂的化学镀镍新体系的结果，可以实现纯金属 Ni 的包覆层。为此，选择用联氨还原氨配合化学镀新体系进行纯金属 Ni 包覆 BN 微颗粒的实验研究。

4.3.1.1 化学镀镍实验方法的建立

实验用原材料为：分析纯 $NiSO_4 \cdot 6H_2O$；$N_2H_4 \cdot H_2O$（50%）；$NH_3 \cdot H_2O$（≥25%）；$PdCl_2$；$(NH_4)_2SO_4$（添加剂）以及粒径为47～147μm 的六方 BN 颗粒和去离子水。

实验设备：图 4-13 为实验装置示意图。玻璃反应容器放置在恒温水浴中，恒温水浴加热器的控制温度范围为（298～368）K ±1K。整个实验过程采用电磁搅拌。

为了解氮化硼颗粒表面性质，将约 2g/L 的原始氮化硼颗粒分散悬浮在水溶液中，在 Zeta 电位仪上测量其表面 Zeta 电位，并与表面

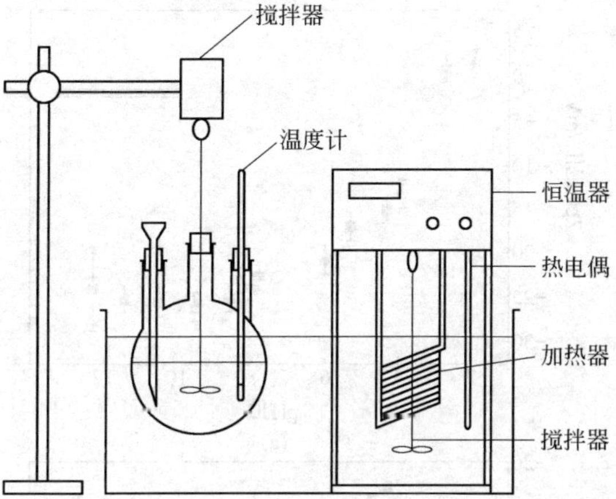

图 4-13 实验装置示意图

经十二烷基硫酸钠（SDS）表面活性剂处理对比。图 4-14a 为溶液 pH 值从 2 到 12 时，BN 颗粒的表面电位变化情况。图 4-14b 为溶液 pH 值从 7 到 12，原始氮化硼颗粒与颗粒经 SDS 表面活性剂处理后表面电位对比。由图可以看出，六方氮化硼颗粒的等电点在 pH = 2.76。在碱性环境下氮化硼颗粒表面带负电荷，有利于 Ni^{2+} 的表面沉积反应。而 SDS 在氮化硼表面的吸附可以更进一步降低 Zeta 电位。

实验用的六方 BN 颗粒先经表面亲水化处理，并浸润在氯化钯溶液中，使其表面活化，然后自然风干备用。

镀覆实验的具体步骤是：先将 $NiSO_4 \cdot 6H_2O$ 和 $(NH_4)_2SO_4$ 溶解于水中，配制成 0.1mol/L $NiSO_4$ 溶液，加入 1/3 总反应量的 $N_2H_4 \cdot H_2O$，搅拌并在恒温水浴中加热达到设定温度 343 ~ 353K，加入 $NH_3 \cdot H_2O$ 调溶液 pH 值到 8.0 ~ 10.0。待温度稳定后，加入一定量的已经活化的氮化硼颗粒，并随反应进程不断补加 $N_2H_4 \cdot H_2O$ 至最终反应计量。根据预实验结果，氮化硼颗粒的加入量为溶液中金属镍离子与基体的质量比为 1∶3；可完全包覆 BN 表面。反应结束后，重力沉淀法固液分离，固体物经多次水洗后烘干，即得到镍包覆氮化硼颗粒。

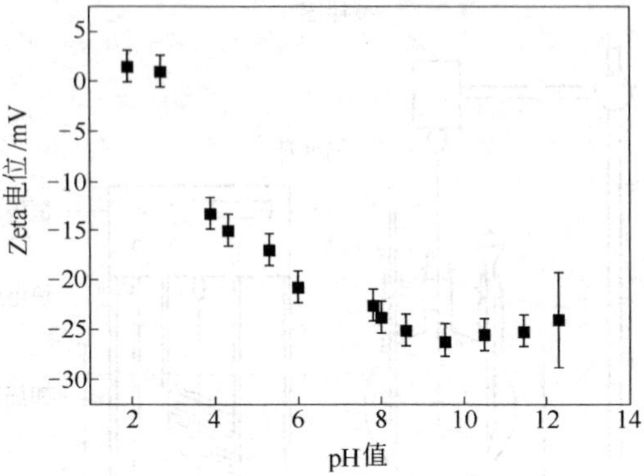

(a)

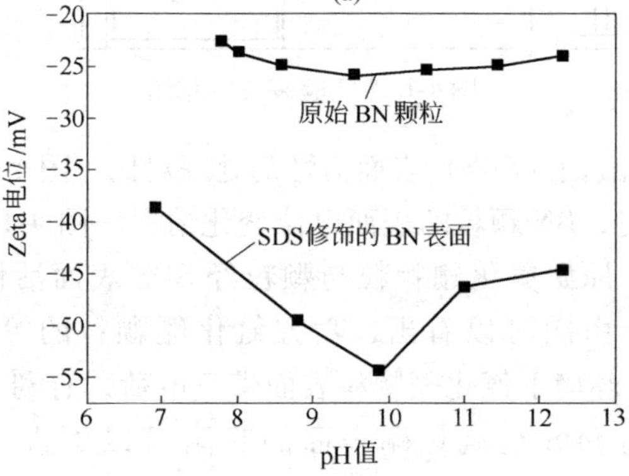

(b)

图 4-14 BN 颗粒的 Zeta 电位

4.3.1.2 BN 化学镀镍的小型实验及其影响因素分析

BN 颗粒先经过表面活化处理，只有活化过的颗粒才能镀覆镍。实验发现，只有当金属镍离子与 BN 的质量比大于等于 1∶3 时，镍镀层才能完全包覆 BN 颗粒。溶液中 Ni^{2+} 的利用率、颗粒是否完全被包覆以及是否生成游离金属镍是衡量微颗粒化学镀的重要指标。这些指标与沉积速率直接相关，沉积速率过慢容易造成还原不完全，镀液中 Ni^{2+} 的利用率低，并有大量游离金属镍生成；沉积速率过快，会造成镀层疏松，易产生部分脱落，也会产生游离金属镍。只有在沉积速率恰当时，才能得到最佳的镀覆效果，即：镀液中镍离子完全还原，金属镀层致密且完整，以及无游离金属镍的出现等。在金属镍离子与BN的质量比一定的前提下，沉积速率与镀覆过程完成时间成反比。

A 温度对镍沉积速率的影响

研究发现：在镀液的温度低于343K时，化学镀镍反应不启动；而高于353K，镍沉积速率过快，镍沉积层疏松，搅拌过程出现许多游离的金属镍颗粒，镀覆效果差（图4-15a）。在(347±2)K范围镀覆反应速率适中，镀层致密（图4-15b）。

图4-15 不同温度下六方BN颗粒表面镀镍SEM形貌

(a) 356K，13min反应结束；(b) 346K，23min反应结束

B 主盐的种类及浓度对镍沉积速率的影响

根据文献报道，以硫酸镍为主盐的化学镀镍过程沉积的金属镍颗粒较细，孔隙率低并具有较高的电导率。实验发现，$NiSO_4 \cdot 6H_2O$浓度控制在27～55g/L的范围内时，金属镍的沉积速率较大。

C 还原剂联氨对镍还原反应结束时间的影响

研究发现，当联氨与镍离子的物质的量比大于2时，根据对其尾液中金属镍离子的丁二酮肟分光光度分析，剩余镍离子含量很低，可认为还原完全。联氨量的增加对还原反应结束时间影响不大。

D 氨水加入量对镍还原反应结束时间的影响

氨作为镍离子的配合剂，是以氨水的形式加入到反应体系。在其他影响因素固定的条件下，即溶液中镍离子浓度为0.15mol/L，联氨与镍离子的物质的量比为2，添加剂$(NH_4)_2SO_4$为10g/L，表面活性剂SDS（十二烷基硫酸钠）饱和溶液为3.75mL/L，反应温度为(345 ± 1) K。氨水加入量对反应结束时间的影响示于表4-16和图4-16。氨水量过少（低于85mL/L）或过高（高于110mL/L）反应的结束时间加长。这是因氨水在镀液中除了起配合剂的作用外，还是体系反应所需氢氧根的供体。联氨的还原过程需要氢氧根参与，氨水加入过少，体系中氢氧根浓度较低，反应慢。而氨水加入量过多，氨与金属镍离子易生成更多的高配位数的配合离子$Ni(NH_3)_n^{2+}$（其中配位数$n=6$），使分步解离过程加长，整体反应变慢。

表4-16 氨水浓度对镍还原反应时间的影响

序号	氨水/mL·L^{-1}	温度/K	SDS#/mL·L^{-1}	反应时间/min
1	85	345	3.75	33
2	90	345	3.75	30
3	100	345	3.75	30
4	110	345	3.75	34

注：SDS#为饱和溶液3.75mL/L。

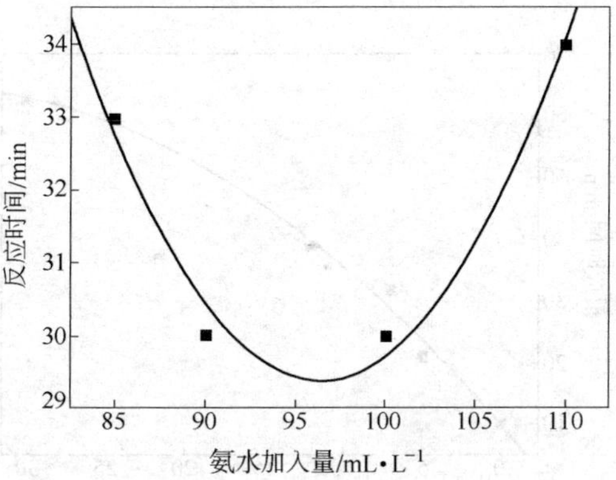

图 4-16　氨水的加入量对反应结束时间的影响

E　硫酸铵的加入量对反应结束时间的影响

表 4-17 和图 4-17 给出添加剂 $(NH_4)_2SO_4$ 的加入量的变化对反应结束时间的影响。由图可看出随 $(NH_4)_2SO_4$ 的加入量的增加，反应时间延长。但实验发现：$(NH_4)_2SO_4$ 的加入量低于 3g/L 时，由于氨水的作用，溶液中的镍离子大量沉淀产生氢氧化镍，反应很快结束，并生成大量游离金属镍颗粒；而 $(NH_4)_2SO_4$ 的加入量过高时，如高于 30g/L 时，体系的反应很慢，甚至反应不完全，有大量的镍离子残存在尾液中。

表 4-17　硫酸铵的加入量对反应结束时间的影响

序号	$(NH_4)_2SO_4$ 的加入量/g·L^{-1}	温度/K	SDS$^{\#}$/mL·L^{-1}	反应时间/min
1	0	345	3.75	10
2	3.5	345	3.75	20
3	5	345	3.75	23
4	7	345	3.75	30
5	12	345	3.75	40
6	30	345	3.75	60

注：SDS$^{\#}$为饱和溶液 3.75mL/L。

实验中还发现，阴离子型表面活性剂 SDS（十二烷基硫酸钠）对反应有促进作用。可能是由于反应中阳离子向被镀覆表面迁移，由 Zeta 电位测试（图 4-14）知 SDS 能改变被镀覆物表面的电荷分布，促进离子迁移，加快镍沉积速率。

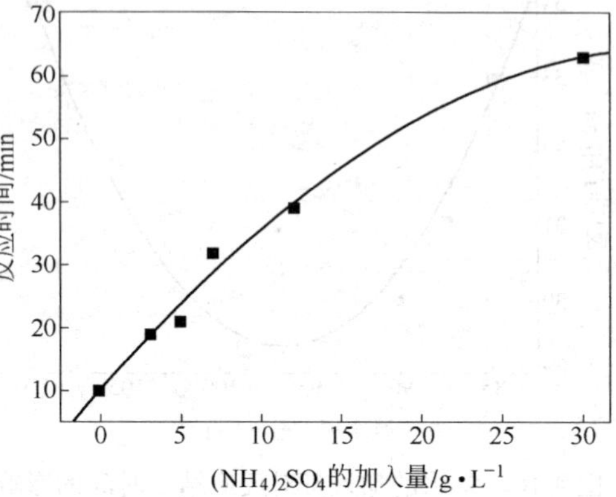

图 4-17 $(NH_4)_2SO_4$ 的加入量对反应结束时间的影响

（反应条件：(345 ±1)K，$[Ni^{2+}]$ = 0.15mol/L，SDS 饱和溶液 3.75mL/L）

4.3.1.3 镍包覆氮化硼颗粒的动力学实验与模拟

为控制金属沉积过程和镀层质量，需掌握体系中金属镍沉积包覆氮化硼过程的规律。然而，联氨还原氨配合化学镀镍体系的动力学研究尚未见他人报道。本节从实验和理论分析两方面，研究以联氨为还原剂、氨为配合剂在平均粒径为 104μm 的 BN 颗粒表面化学镀镍的动力学，帮助认识体系中金属镍沉积包覆氮化硼颗粒过程的规律，为进一步扩展联氨还原氨为配合剂的化学镀体系的应用打下基础。

具体实验过程，是将化学镀镍液按配比配制，在恒温水浴中加热到所需温度，搅拌镀液温度平衡 5min 以上。将经活化处理的 BN 颗粒按一定比例加入到已恒温的镀液中，每间隔一定时间取少量试样。滤掉所携带的 BN 颗粒，并用稀硫酸调节 pH 值，使反应终止。将处理后的溶液样品稀释，利用镍离子的丁二酮肟显色，定容，采用分光光度法测定镀液中 Ni^{2+} 的浓度。最后根据物质守恒原理，计算出取样时刻金属镍的单位沉积量。沉积分数定义为 $X_d = \frac{c_0 - c_{Ni^{2+}}}{c_0}$。依据测量数据，画出各实验条件下沉积金属镍随时间的变化曲线

（沉积镍的动力学曲线），用于研究实验条件对镍沉积速率的影响。

图4-18显示347K下不同搅拌速率对镍沉积速率的影响。由图可以看出，当搅拌速度大于700r/min后，镍沉积速率已不受搅拌速度的影响。图4-19中画有由实验得到的不同温度沉积镍的动力学曲线。图4-20中画有由实验得到的不同温度的加表面活性剂SDS沉积镍的动力学曲线。

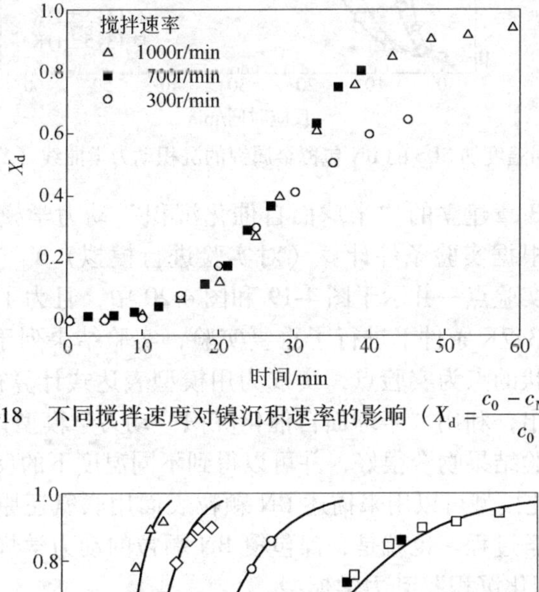

图4-18　不同搅拌速度对镍沉积速率的影响（$X_d = \frac{c_0 - c_{Ni^{2+}}}{c_0}$）

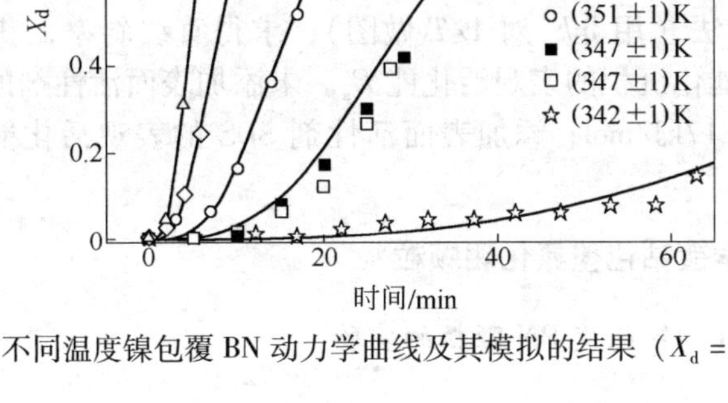

图4-19　不同温度镍包覆BN动力学曲线及其模拟的结果（$X_d = \frac{c_0 - c_{Ni^{2+}}}{c_0}$）

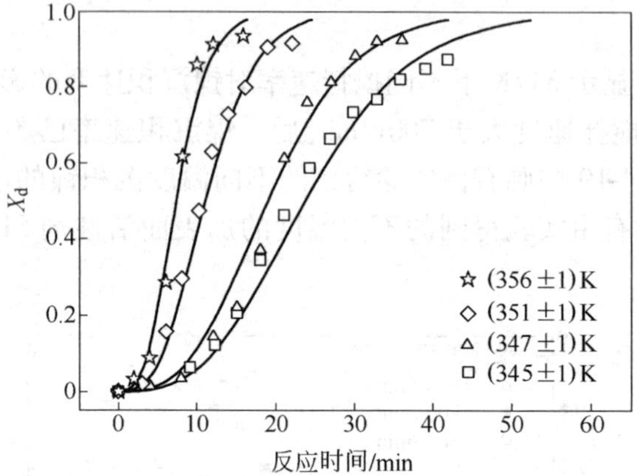

图 4-20 不同温度加 SDS 的 BN 包覆金属镍的沉积动力学曲线（$X_d = \frac{c_0 - c_{Ni^{2+}}}{c_0}$）

运用第 3 章建立的“半球面自催化沉积”动力学模型推导的数学表达式，根据实验条件计算（对实验进行模拟）X_d 与时间关系，计算结果和实验点一并示于图 4-19 和图 4-20 中，且为了验证实验的重现性，在 347K 条件下进行了重复实验，实验结果列于图 4-19 中。图中不同形状的点为实验点，实线为用模型表达式计算得到的曲线。由图可以看出，利用“半球面自催化沉积”动力学模型计算（模拟）的结果与实验结果吻合很好，并可以得到不同温度下的反应速率常数 k_a，表明了此模型可以用来描述 BN 颗粒表面用联氨还原氨配合化学镀镍的动力学过程。也就是，镍包覆 BN 颗粒的动力学规律完全符合“半球面自催化沉积”动力学模型。

此外，由模型表达式和实验条件，根据阿累尼乌斯（Arrhenius）公式用图解法（用 $\ln k_a$ 对 $1/T$ 做图），求得直线斜率，获得镍包覆 BN 颗粒自催化沉积的表观活化能 E_a。未添加表面活性剂的表观活化能 $E_{a(BN)} = 217\text{kJ/mol}$；添加表面活性剂 SDS 的表观活化能 $E_{a(SDS)} = 117\text{kJ/mol}$。

4.3.2 化学镀钴包覆氮化硼颗粒

4.3.2.1 钴包覆 BN 颗粒的实验

本章 4.1 节的热力学计算结果表明：在一般化学镀条件下，联氨还原氨配合钴离子的反应可以进行。为此设计联氨还原氨配合钴离子实现钴包覆氮化硼颗粒的实验，进一步验证氨为配合剂的联氨还原化学镀体系的适用性。

实验用原材料为：分析纯 $CoSO_4 \cdot 6H_2O$；$N_2H_4 \cdot H_2O$（50%）；$NH_3 \cdot H_2O$（≥25%）；$PdCl_2$；$(NH_4)_2SO_4$ 以及 2～200μm 六方 BN 颗粒和去离子水。

实验所用设备如图 4-13 所示。整个实验过程采用恒温水浴和电磁搅拌。恒温水浴加热器控温范围为（298～368）K±1K。

具体实验步骤是：将经表面亲水化处理的六方 BN 颗粒浸润在氯化钯溶液中，使其表面活化。然后在恒温水浴中，将加有 $(NH_4)_2SO_4$ 和三分之一用量的还原剂联氨及新鲜的 0.1mol/L $CoSO_4$ 混合溶液加热至 343～353K 之间的一个设定温度，并用氨水调节 pH＝8.0～10.0。按一定比例加入活化后的六方 BN 颗粒，使还原产生的金属钴与 BN 基体质量比为 1∶3（估计钴完全包覆 BN 表面）。在反应过程中再加入剩余的还原剂联氨。反应结束后，固液分离，固体物经多次洗涤后烘干。

4.3.2.2　包覆后颗粒形貌与物相的分析

镀覆后的颗粒用 X 射线衍射仪进行物相分析，扫描电镜（SEM）观察形貌和 EDS 分析。由 XRD 分析结果（图 4-21）可知，镀覆得到的 Co/BN 复合颗粒主要由两相构成，其中一个相为六方 BN 基体，另一相为六方金属钴；另外由于原料不纯还有少量的 BN 杂相。

对比包覆前后 BN 颗粒形貌的二次电子像可以看出，包覆后颗粒的表面形态发生了改变，粗糙度下降，表面变得光滑（图 4-22a 和图 4-22b）。包覆后的颗粒剖面 EDS 随机路径的 CoK_α 线扫描分析结果表明（图 4-22c 和图 4-22d），颗粒边缘富集钴元素，说明 BN 颗粒被金属钴完全包覆。实验结果进一步证明，采用联氨还原氨配合的化学镀体系，可以实现金属钴包覆 BN 颗粒。

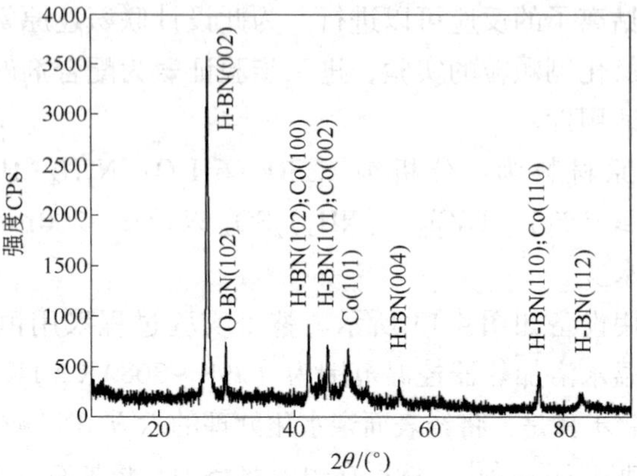

图 4-21　Co/BN 复合颗粒的 XRD 分析

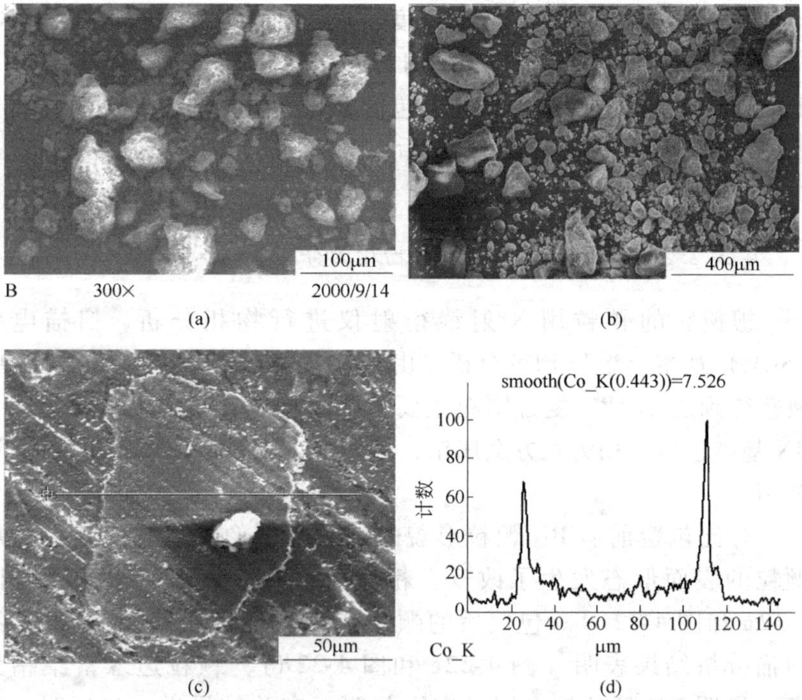

图 4-22　Co/BN 颗粒的 SEM 形貌及 EDS 分析

（a）包覆前形貌；（b）包覆后形貌；（c）Co 的 K_α 线扫描分析路径；

（d）Co 的 K_α 线分布

4.3.3 化学镀镍包覆球形二氧化硅颗粒

镍包覆球形 SiO_2 颗粒除了可作为可磨耗封严材料外，因其导热系数低，还可在航空航天技术以及其他高温隔热场合的隔热涂层中，作为阻断热通道的耐火隔热原材料。因此，探索制备镍包覆球形 SiO_2 颗粒也有着重要的实际意义。

4.3.3.1 镍包覆球形二氧化硅颗粒的实验

实验用原材料为：分析纯 $NiSO_4 \cdot 6H_2O$；$N_2H_4 \cdot H_2O$（50%）；$NH_3 \cdot H_2O$（≥25%）；$PdCl_2$；$(NH_4)_2SO_4$ 及粒径约 100μm 球形 SiO_2 颗粒和去离子水。

采用联氨还原氨配合化学镀镍体系的镀液，制备镍包覆球形 SiO_2 颗粒的实验条件为：$T = 335.5 \sim 365.5K$，$[Ni^{2+}] = 0.15mol/L$，$pH = 8 \sim 10$，$[N_2H_4] \approx 0.3mol/L$。对包覆后的球形 SiO_2 颗粒进行 SEM 观测和 EDS 分析，结果分别示于图 4-23 和图 4-24。由图可以看出，球形 SiO_2 颗粒表面已包覆上一层完整的金属镍层。

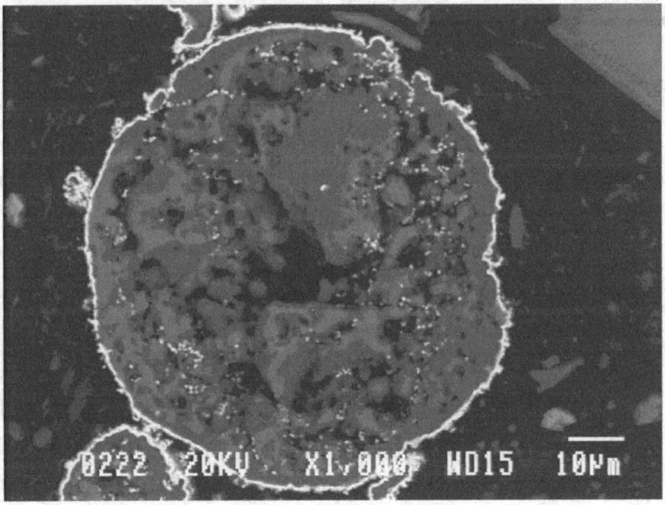

图 4-23 金属镍包覆球形 SiO_2 颗粒的 SEM 形貌

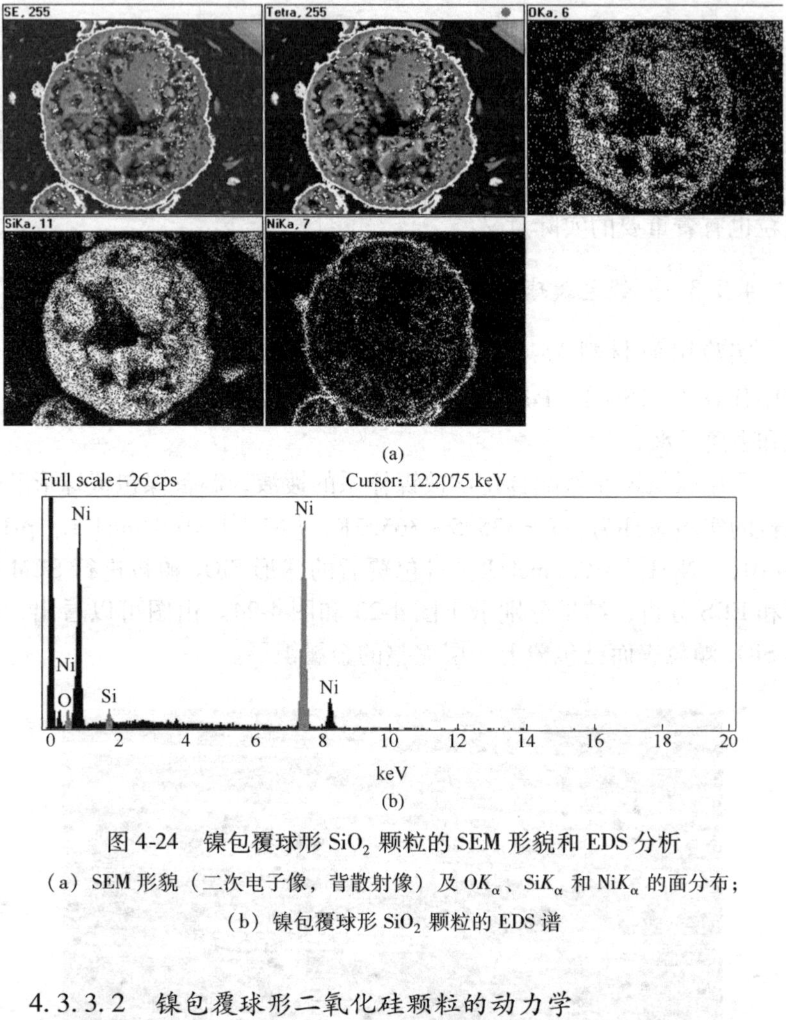

图 4-24　镍包覆球形 SiO_2 颗粒的 SEM 形貌和 EDS 分析

（a）SEM 形貌（二次电子像，背散射像）及 OK_α、SiK_α 和 NiK_α 的面分布；

（b）镍包覆球形 SiO_2 颗粒的 EDS 谱

4.3.3.2　镍包覆球形二氧化硅颗粒的动力学

以氨为配合剂的联氨还原化学镀镍包覆球形 SiO_2 颗粒的动力学未见报道。探索以联氨为还原剂、氨为配合剂对平均粒度约为 100μm 的 SiO_2 颗粒化学镀镍的动力学，对掌握和控制镀覆过程和镀层质量有重要意义。为此进行 SiO_2 颗粒化学镀镍的动力学实验。

具体实验过程是，将镀液按配比配制，在恒温水浴中加热至设定温度，搅拌镀液且温度平衡 5min 以上。将活化后的 SiO_2 颗粒加入到已恒温的镀液中，并开始计时，每间隔一定时间取少量溶液样品。用重力沉降法去掉溶液样中携带的 SiO_2 颗粒，取上清溶液样品，并调节 pH 值终止反应。将处理后的溶液样品稀释，利用镍离子的丁二酮肟显色、定容，采用分光光度法测定镀液中 Ni^{2+} 的浓度。最后根据物质守恒原理，计算出某时刻金属镍的单位沉积量。然后画出不同实验条件下的金属镍-单位沉积量与时间的关系图。实验研究 340.5K 下，搅拌速率对 SiO_2 颗粒表面沉积镍速率的影响，结果如图 4-25 所示。由图可以看出当搅拌速度大于 700r/min 后，镍沉积速率已不受搅拌速度的影响。

用"半球面自催化沉积"动力学模型的数学表达式，对不同温度下的镍包覆球形 SiO_2 颗粒的动力学实验结果进行模拟，图 4-26 一并展示了实验点（不同形状的点）和模拟结果（用实线表示）。由图可以看出，模拟的动力学曲线与实验结果吻合很好，且实验的重现性也很好（见图 4-26 360.5K 下的实验结果）。由此可以得出，镍包覆球形 SiO_2 颗粒的动力学规律符合第 3 章中提出的"半球面自催化沉积"动力学模型，能用此模型推导的数学表达式来描述。利用图解法计算镍包覆球形 SiO_2 颗粒的表观活化能为 $E_{a(SiO_2)} = 87kJ/mol$。

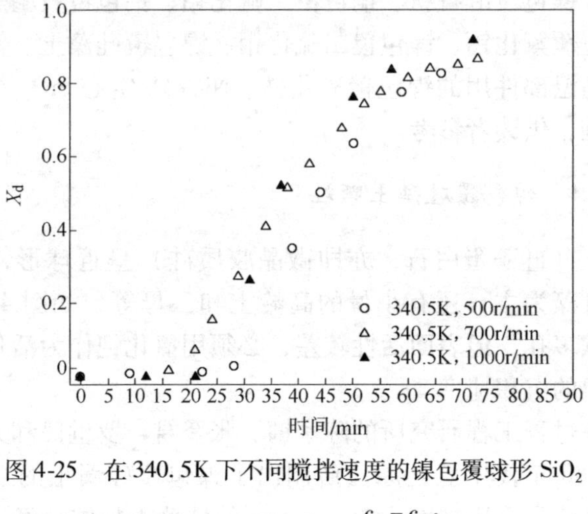

图 4-25 在 340.5K 下不同搅拌速度的镍包覆球形 SiO_2 颗粒动力学曲线（$X_d = \frac{c_0 - c_{Ni2+}}{c_0}$）

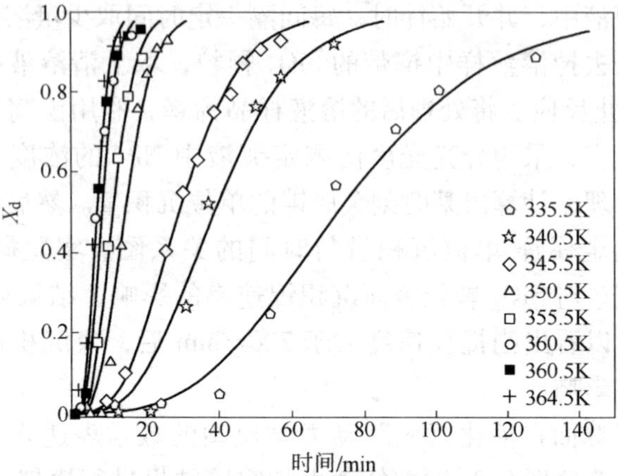

图 4-26 不同温度下的镍包覆球形 SiO_2 颗粒动力学曲线

及其模拟结果（$X_d = \frac{c_0 - c_{Ni2+}}{c_0}$）

4.3.4 化学镀金属包覆其他颗粒

以往用化学镀或氢还原制备的封严涂层材料有：低温部件用的镍包覆石墨、镍包覆滑石粉、铜包覆二硫化钼、铝包覆石墨等；中温部件用的镍包覆氟化钙、镍包覆二硫化钼、镍包覆硅藻土、镍包覆二氧化硅等；高温部件用的镍包覆氧化锆、NiCrAl/空心 SiO_2 等。这里介绍几个实例，供读者参考。

4.3.4.1 镍包覆硅藻土颗粒

硅藻土（硅藻蛋白石，亦即微晶胶质硅）呈近球形，一般以小环藻和直链藻为主，还有小量的高岭土和云母等，如图 4-27a 所示。硅藻土松软多孔，但表面活性较差，必须用氯化钯作为活化剂，以期增加金属镍的沉积速率。

中科院过程工程研究所的陈家镛、张登君、罗世民和梁焕珍等人在 20 世纪 80 年代用氢还原法研制出了镍包覆硅藻土的复合粉体材料。具体做法是采用粒度为 25 ~ 35μm 的硅藻土粉体，经过煅烧和表面活化处理，再与硫酸镍、硫酸铵、氨水和水一起置于反应器中，通

氢还原。其反应为

$$Ni(NH_3)_x^{2+} + SO_4{}^{2-} + H_2 = Ni + (NH_4)_2SO_4 + (x-2)NH_3 \quad (x \geqslant 2)$$

对影响反应速率的因素研究结果表明：硫酸铵浓度越高，反应速度越慢；温度越高，反应速度越快；氢分压增加，反应速度增加。

原始硅藻土和氢还原化学沉积镍包覆硅藻土颗粒的剖面形貌，如图 4-27a ~ 图 4-27c 所示，图 4-27d 为镍包覆硅藻颗粒的表面形貌。

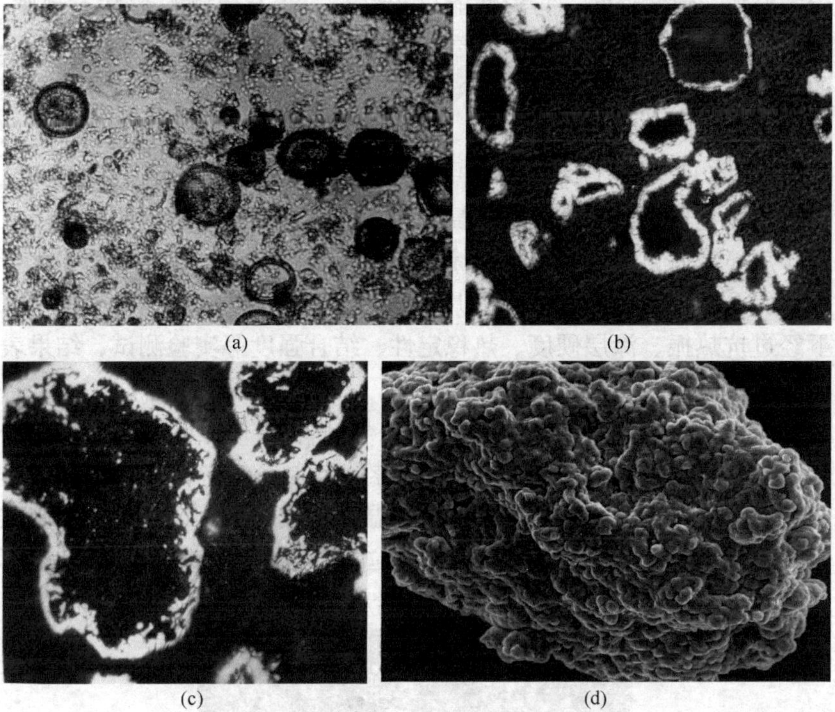

图 4-27 氢还原镍包覆硅藻土形貌

（a）原始硅藻土（×400）；（b）镍包覆硅藻土剖面形貌（×400）；（c）镍包覆硅藻土剖面形貌（×1500）；（d）镍包覆硅藻土颗粒表面形貌（×3000）

此制备工艺经过优化后进行放大试验，并对获得的镍包覆硅藻土粉体颗粒的性能和显微结构进行了测试和观测。结果表明，粉体包覆完整、分散性和流动性好，符合热喷涂技术的要求。该材料已应用在发动机可磨耗封严涂层上。

4.3.4.2　镍包覆石墨

镍包覆石墨复合粉体是很好的封严材料，热喷涂过程中金属镍保护了石墨，防止其氧化。涂层与基体的结合强度，接近单纯镍与基体的结合水平。而在复合粉体材料中石墨具有优良的润滑性、热稳定性和可塑性。石墨有天然石墨和人造石墨。天然石墨（为鳞状）的涂层较为松软，硬度较低，润滑性能也较好。人造石墨颗粒形状不规则，涂层的硬度相对较高。考虑涂层强度的需求，选择粒度为 149 ~ 50μm 的人造石墨粉体材料为芯核。众所周知，石墨密度小，在溶液中浸润性差；因此，要获得完整的包覆层，首先需用茜素或蒽醌对石墨表面进行活化处理，使其均匀分散在镀液中，在镀覆过程中还要进行适当地搅拌。

用镍包覆石墨及其他粉体复合在钛合金和高温不锈钢两种基体上进行热喷涂后，镍与合金形成涂层的金属多孔网络，起黏结和强化作用，而石墨则起填充和润滑作用，形成良好的可磨耗材料。在 773K 下经过抗热振、涂层硬度、热稳定性、结合强度等实验测试，结果表明能满足可磨耗封严材料的要求。

氢还原制备镍/石墨复合粉体方法与制备镍/硅藻土复合粉体方法相同，镀覆过程的化学反应和影响因素也与制备镍包覆硅藻土的基本相同。研究表明，过程中应注意控制温度、氢分压、镍氨比、镍硫酸铵比等参数。包覆后，镍/石墨粉体颗粒的松装比、流动性等均需满足军工涂层的要求。氢还原制备镍/石墨复合粉体的显微形貌如图 4-28 所示。

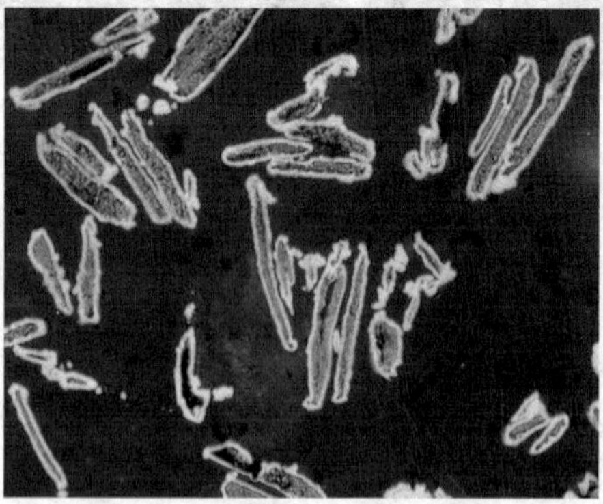

图 4-28　氢还原镍包覆石墨的剖面形貌（×1000）

采用化学镀方法也可制备镍包覆石墨材料。实验采用联氨还原氨配合化学镀镍体系的镀液，所用原材料为：分析纯 $NiSO_4 \cdot 6H_2O$；$N_2H_4 \cdot H_2O$（50%）；$NH_3 \cdot H_2O$（≥25%）；$PdCl_2$；$(NH_4)_2SO_4$；经过适当处理后的石墨颗粒，颗粒的平均长径比约4∶1。镀覆过程与前述相同，条件为：$T = 336 \sim 366K$，$[Ni^{2+}] = 0.15mol/L$（注意控制镍离子浓度使之不产生游离的金属镍颗粒），$pH = 8 \sim 10$，$[N_2H_4] \approx 0.3mol/L$。图 4-29 和图 4-30 为获得的镍包覆石墨“纤维”的形貌，其中图 4-30 是经磁场处理后得到定向排列的形貌。由图 4-28 ~ 图 4-30

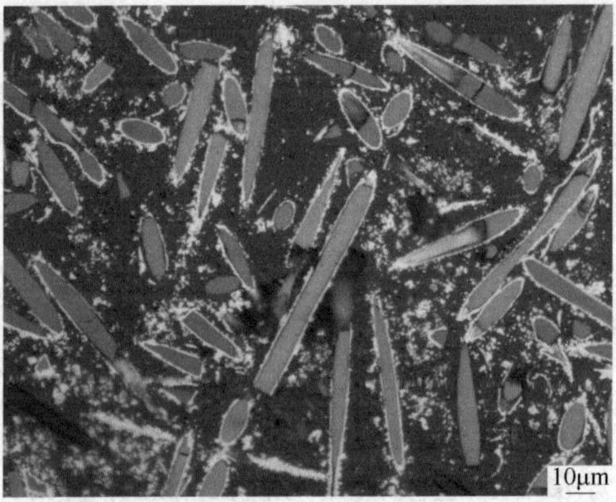

图 4-29 化学镀镍包覆石墨“纤维”的形貌

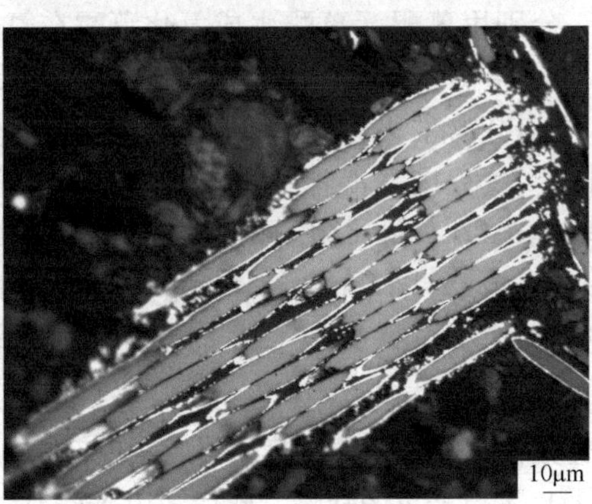

图 4-30 化学镀镍包覆有序排列的石墨“纤维”的形貌

可以看出：两种包覆的复合粉体的形貌大体相似，只是氢还原获得的包覆层相对较厚，也比较致密。

使用镍包覆石墨的复合粉体热喷涂层的过程中发现：镍包覆石墨的复合粉体喷涂层的结合强度高，碳含量高；且粉体中镍的含量越大，喷涂层中碳含量也越高。此外，火焰喷涂层中的碳含量高于等离子喷涂层中的碳含量。

4.3.4.3 镍包覆氟化钙

镍包覆氟化钙可以用化学镀，也可以用氢还原沉积方法制备，也有先用化学镀再用氢还原沉积来实现的。通常化学包覆所用的氟化钙粉体是经过造粒处理的。

（1）采用联氨还原氨配合化学镀体系的镍包覆氟化钙实验所用原材料为：分析纯 $NiSO_4 \cdot 6H_2O$；$N_2H_4 \cdot H_2O$（50%）；$NH_3 \cdot H_2O$（≥25%）；$PdCl_2$；$(NH_4)_2SO_4$ 及粒径约 100μm 近球形氟化钙颗粒和去离子水。配制好的镀液在适宜的实验条件下，可制备镍包覆氟化钙颗粒。

（2）氢还原沉积镍包覆氟化钙颗粒用的原料为：$NiSO_4 \cdot 6H_2O$、$(NH_4)_2SO_4$、$NH_3 \cdot H_2O$、$PdCl_2$、$C_{14}H_8O_2$、CaF_2、氢等。氟化钙经造粒等前处理后，分别用蒽醌（蒽醌生成氢化蒽醌在氟化钙核心的表面形成镍还原的活性中心，但包覆不够完整；当蒽醌加入量过大时，又给固、液相分离带来困难）和 $PdCl_2$ 活化，然后置于反应器中，控制温度、氢分压、搅拌速度和镍离子浓度，实现完整包覆层，没有游离镍颗粒生成。SEM 观测氢还原和化学镀镍包覆氟化钙颗粒的形貌，图 4-31 给出镍包覆氟化钙颗粒的形貌。由图可以看出，近球形多孔氟化钙颗粒上金属镍包覆得基本均匀，比较完整。

使用镍包覆氟化钙复合粉体热喷涂层后发现，镍包覆氟化钙复合粉体涂层在 1323K 下有严重的缺陷。此后多用 NiCrAl/空心 SiO_2 涂层取代。

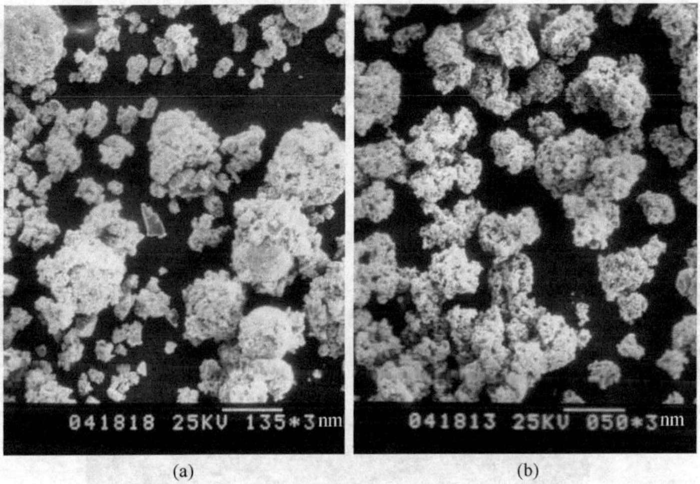

图4-31 氢还原镍包覆氟化钙颗粒的形貌
（a）低倍形貌；（b）高倍形貌

4.3.4.4 镍包覆铝颗粒粉体

镍包覆铝颗粒可用作涂层的底层，又称过渡层。在制备涂层过程中镍和铝产生强烈的化学反应，放热并生成金属间化合物 $Ni_{\zeta}Al_{\xi}$。因而使过渡层与金属基体形成牢固的结合（称冶金结合或自结合）；镍铝金属间化合物的膨胀系数等物理性能介于金属基体与金属陶瓷之间，物理性能匹配，使涂层致密，具有良好的物理化学性能。

中科院过程工程研究所陈家镛和陈丙瑜等曾用氢还原法制备镍包覆铝颗粒。具体做法是，选择一定粒度的铝粉和硫酸镍、氢氧化铵、硫酸铵及活性剂茜素或蒽醌，一并置于反应器内，升温、搅拌，并通入一定分压的氢还原。当加入蒽醌及其衍生物使铝核表面活化时，铝核表面生成镍还原的活性中心，随着蒽醌加入量的增加，镍的还原反应速度加快；反应结束后，固、液相分离，将所得到的镍包覆铝粉体颗粒水洗、煮沸、烘干，以及粒度分级。在优化的条件下制备的镍包覆铝粉体，包覆完整，且分散性和流动性好。镍包覆铝粉体的显微形貌如图4-32所示，由图可以看出：两种活化剂对包覆结果影响不大，但硫酸铵的浓度直接影响包覆的完整性。

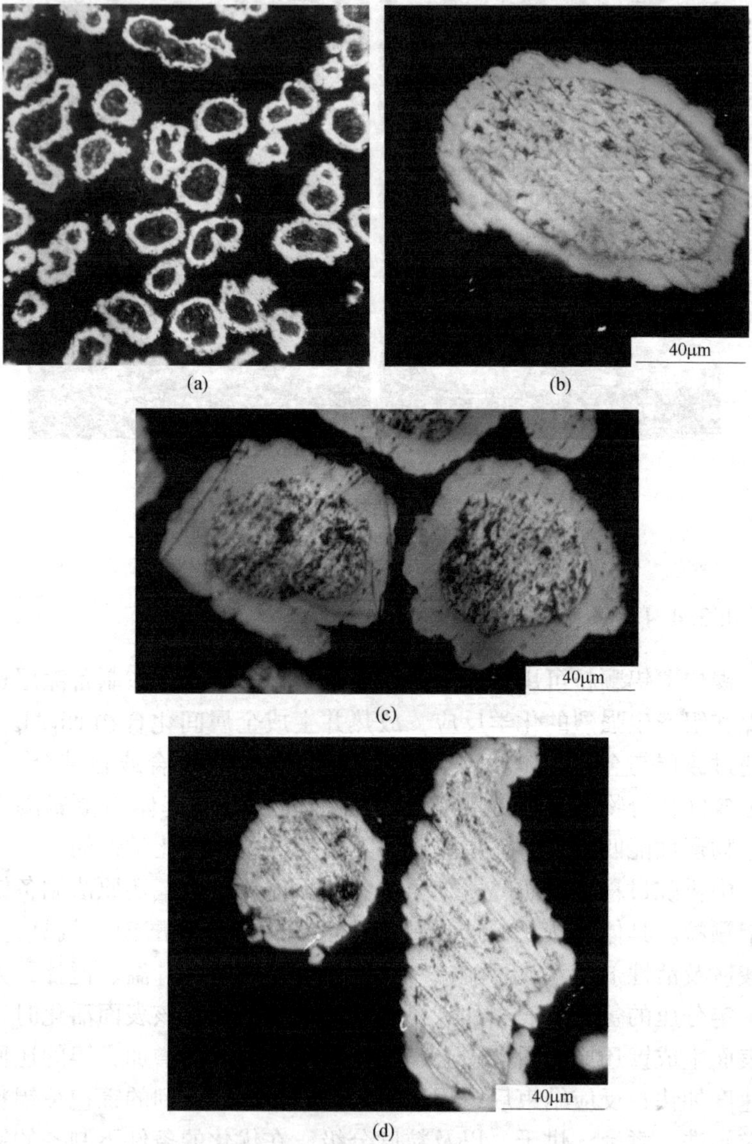

图 4-32　氢还原镍包覆铝的形貌

(a) 低倍形貌，经茜素活化处理；(b) 经蒽醌活化处理；(c) 高硫酸铵浓度 (400g/L)；(d) 低硫酸铵浓度 (120g/L)

综上所述，不管用化学镀还是用氢还原制备的镍包覆无机或金属粉体涂层材料，它们的工艺参数需要优化。在优化的工艺参数条件下获得的粉体，经喷涂实验表明，涂层使用性能均能满足军工和高技术的需求。化学镀包覆与氢还原沉积相比，沉积速度快，成本低，环境友好，但颗粒的包覆层相对较薄、不够紧密。

4.4　化学镀法制备化学电池材料

随着空间技术、移动通信、航空航天等领域的快速发展以及现代人们对能源危机、环境保护的关心，高能电池的研究、开发已引起了人们的广泛关注。各个国家及一些有实力的跨国集团都在大力研究开发高能电池。近年来，国内外对 MH_X-Ni 电池、锂离子电池、燃料电池（固体氧化物燃料电池 SOFC、质子膜燃料电池 PEMFC、直接醇燃料电池 DMFC）的研究发展迅速，在军工、国防、高科技等领域得到广泛的应用，并逐步实现产业化。

化学镀在 MH_X-Ni 电池中的应用，主要是制备中空纤维镍用作立体网络状结构的基板材料，它是二次 MH_X-Ni 电池镍正极的关键材料。

锂离子电池负极大都是石墨等炭素材料，但该类材料理论容量低，进一步提高容量已经很困难了，因此国内外研制高容量负极材料十分活跃。主要是利用一些金属（如硅、锡、铜等）与锂合金化，制备高容量的锂电池负极材料。但有的金属（如硅）负极在循环过程中体积膨胀和收缩率大，有的金属（如锡）在与锂合金化生成金属间化合物时体积膨胀，故在嵌锂和脱锂循环过程中，由于过大的体积膨胀而造成活性颗粒、导电剂和集流体三者分离，失去接触，并因产生内应力而引起活性材料开裂、粉化，从而引起容量损失或失效。有的研究者提出多孔铜集流体构筑三维复合电极，如：先将锡填充到多孔铜的空隙中，再将炭黑、黏结剂填充电极表面微孔，经过高温热处理生成铜锡金属间化合物，有效降低了内应力对电极结构的破坏作用，制备出电化学循环性能好的锡基三维复合负极；此外，还有在铜箔表面化学沉积多孔铜，再将高容量的活性材料填入孔洞中，制备三维复合阴极。目前还有研究利用化学镀方法对石墨电极材料表面改性处理，以期获得纳米粒子组成的电极材料，提高充放电速率，改善其电化学性能和安全性，增加比容量、提高稳定性。

SOFC 根据使用温度可分为高温（800～1000℃）、中温（600～800℃）和低温（400～600℃）三类，可直接使用碳氢燃料，是一种高效能源转换装置。但阳极抗碳沉积是影响电池性能和寿命的关键问题之一。

据目前报道，化学镀主要用于燃料电池中电极负载催化剂材料，如负载贵金属、贵金属与其他金属的合金等。DMFC 与其他类型燃料电池相比具有很多独特的优势。然而，Pt 催化剂价格昂贵，表面又易被 CO 覆盖而中毒，阻碍了其商业化应用。针对 DMFC 目前常用的 Pt/C 阴极催化剂价格高，使用温度若提高到中温 100℃以上，铂的热稳定性和抗腐蚀性能明显下降，于是出现部分替代 Pt 的 Pt-Bi、Pt-Ni 等催化剂的研究，以减少铂用量，提高催化活性，有效地抑制甲醇氧化。

总之，化学电池是国内外研究的热点之一，发展迅速。目前化学镀在化学电池中的应用，主要是修饰电极材料和在电极表面负载催化剂等。

4.4.1 镍氢电池材料——球形氢氧化镍表面化学镀钴修饰的正极材料

4.4.1.1 化学镀镍在镍氢电池中的应用背景

近年来 MH_X-Ni 充电电池发展迅速，高技术领域对高比容量电池需求量逐年递增，因此研制新型电极材料提高电池的性能具有重要的理论与实际意义。

立体网络状结构的纤维镍以及中空纤维镍基板具有导电性好、基体质量小，且赋有弹性的优点是密封二次 MH_X-Ni 电池内部镍正极的关键材料。由其制成的基板电极，具有高比容、高充放电效率，且电极稳定性好。20 世纪 80 年代以来，美国、法国、德国、日本等国先后开始纤维镍电极的研究工作，我国中科院过程工程研究所张登君提出了采用水热法制备中空镍纤维的方法。而中空纤维镍基板、电极的制备研究与应用始于 90 年代。电极是由基板充填活性物质制成。研制多孔镍基板，如发泡镍基板、轻型含纤维镍基板等是提高镍氢电池性能的关键问题之一。目前常规使用的镍纤维毡电极及泡沫镍电极因没有集流骨架，造成内阻大，致使高倍率放电时放电电压降低。纯金属镍粉烧结的电极，因孔率低致使活性物质载量低。相比而言，中空纤维镍电极富于弹性，为放电过程中活性物质体积收缩产生的应力释放提供了有利条件，且活性物质载量高。因此，国内开展了用烧结法制备中空纤维镍基板和电极的工艺研究。

中空纤维镍基板制备工艺是，将镍粉与中空镍纤维以及助剂和造孔剂等制成浆料，去除其中的气体，然后在穿孔镀镍薄钢带上刮浆、干燥，再在1300K左右氨裂解气气氛下烧结20～30min获得多孔镍基板（图4-33）。由SEM观测可以看出，在多孔镍基板中随着中空镍纤维添加量的增加，中空镍纤维彼此穿插逐步形成网络结构，镍颗粒连接网络结构的间隙。由图4-33可以看出，100%中空纤维镍基板的网络结构优于50%中空纤维镍基板的。实验表明用中空镍纤维制备的电极具有良好的电化学性能，由此可见，中空镍纤维在镍基化学电池中的应用具有良好的前景，研究中空镍纤维制备的新方法具有重要的理论和实际意义。

氢氧化镍 $Ni(OH)_2$ 作为正极活性物质被广泛用于Cd-Ni、MH_X-Ni等碱性二次电池中。近年来随着泡沫镍和纤维镍基体的广泛应用，通过球形氢氧化镍涂膏法制备高性能氢氧化镍 $Ni(OH)_2$ 电极越来越普遍。由于氢氧化镍是一种P型半导体，氢氧化镍 $Ni(OH)_2$ 粒子之间以及氢氧化镍 $Ni(OH)_2$ 粒子与集流体之间存在较大接触电阻，致使活性物质在充放电过程不能充分反应，影响活性物质利用率和所制备电极的放电容量。在氢氧化镍 $Ni(OH)_2$ 中掺杂 Co^{2+}、Zn^{2+}、Cd^{2+}，能改善其导电性、提高 $Ni(OH)_2/NiOOH$ 析氧电位和镍电极电化学性能。国内曾有球形氢氧化镍 $Ni(OH)_2$ 表面镀钴的不同镀覆工艺的报道。但对不同镀覆工艺产物的物相组成，微观形貌观测及1C大电流放电性能测量等方面的报道很少。本节将联氨还原氨配合化学镀体系，用于球形氢氧化镍表面化学镀钴修饰，并研究产物的相组成、结构、形态与电化学性能的关系。

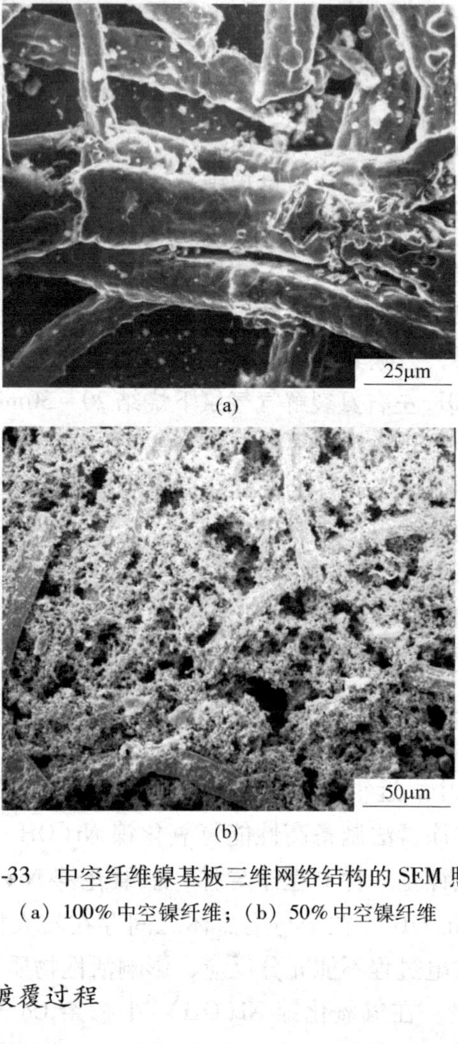

图 4-33　中空纤维镍基板三维网络结构的 SEM 照片

（a）100% 中空镍纤维；（b）50% 中空镍纤维

4.4.1.2　镀覆过程

将球形氢氧化镍 $Ni(OH)_2$ 表面敏化、活化处理后，低于 333K 烘干，采用表 4-18 中的配方和工艺条件进行化学镀钴。首先将硫酸钴和硫酸铵配制成溶液，加入还原剂联氨，并搅拌升温至设定值，再加入氨水和氢氧化钠使溶液澄清后，立刻加入表面已活化的氢氧化镍 $Ni(OH)_2$ 基体（钴与氢氧化镍的质量比为 6∶100），并开始计时，直至溶液变为无色且无气泡释放时记录反应耗时。镀覆结束后，固液分离，固体物经多次水洗后，低于333K烘干，即得到金属钴包覆的球形氢氧化镍。

表4-18 球形氢氧化镍 $Ni(OH)_2$ 表面化学镀钴的工艺条件

成分	七水合硫酸钴 /$g \cdot L^{-1}$	硫酸铵 /$g \cdot L^{-1}$	$N_2H_4 \cdot H_2O$① /$mL \cdot L^{-1}$	NaOH /$g \cdot L^{-1}$	氨水 /$mL \cdot L^{-1}$	pH值	温度 /K	搅拌速度 /$r \cdot min^{-1}$	沉积时间 /min	沉积钴量 /%
条件	25	7	40	10	80	12	340	250	15	6

①$N_2H_4 \cdot H_2O$ 为分析纯含量为50%；氨水为分析纯含量为不小于25%。

XRD分析镀覆后的氢氧化镍 $Ni(OH)_2$ 球，结果表明球面上镀覆的是纯的六方金属钴（表4-19）。

表4-19 XRD衍射分析结果

JCPDS Ni $(OH)_2$ 01-1047①			JCPDS Co 05-0727①			原料 $Ni(OH)_2$		镀钴后	
hkl	d_{hkl} /nm	I/I_0	*hkl*	d_{hkl} /nm	I/I_0	d_{hkl} /nm	I/I_0	d_{hkl} /nm	I/I_0
001	0.467	0.67				0.463	1.00	0.463	1.00
100	0.270	1.00				0.270	0.62	0.269	0.53
101	0.233	0.67				0.234	0.73	0.233	0.50
			100	0.216	0.20			0.216	0.07
			002	0.202	0.60			0.203	0.06
			101	0.191	1.00			0.191	0.08
102	0.175	0.07				0.177	0.22	0.176	0.15
110	0.156	0.53				0.156	0.52	0.156	0.42
111	0.148	0.33	102	0.148	0.01	0.148	0.28	0.148	0.20
200	0.135	0.07				0.135	0.12	0.135	0.08
201	0.130	0.07				0.130	0.14	0.130	0.08

注：d_{hkl} 实测误差为0.005nm。

①JCPDS卡片号。

镀覆钴前后的氢氧化镍 $Ni(OH)_2$ 颗粒的SEM形貌，如图4-34所示。其中A-1和A-2为镀覆前的氢氧化镍颗粒（A样）的不同放大倍数的SEM形貌，从中可以看出其颗粒球度较好，表面光滑，但粒度不均；而D-1和D-2为镀覆后的氧化镍颗粒（D样）的不同放大倍数的SEM形貌。从D-1图中可以看到在球形颗粒之间有一些无规则的颗粒，从D-2图中可以发现许多颗粒表面上有镀覆微粒，其中一些镀

图 4-34　镀钴前后球形氢氧化镍的 SEM 形貌

覆微粒异常长大，因反应体系的高速搅拌而脱落。

对图 4-34 中相应区域进行 EDS 分析，结果示于表 4-20。由此可以看出镀覆前的氢氧化镍（A 样）中含 1.5% 的钴离子掺杂，这与文献报道的最佳掺杂量一致。样品 D 的成分与宏观配比出现偏离，这是由于沉积的金属钴颗粒分布不均和选区分析随机性所致。

表 4-20　EDS 分析结果

样　品	工　艺	选择区	X_{mass}	
			Ni	Co
镀覆前 A 样	未镀覆	A-2	0.985	0.015
镀覆后 D 样	联氨还原氨配合体系	D-2	0.835	0.165

4.4.1.3　氢氧化镍电极制备及其电化学容量

分别将未经表面镀钴和经表面镀钴的氢氧化镍 $Ni(OH)_2$ 按一定比例加入导电剂、添加剂等，并混合均匀，然后加入聚四氟乙烯

(PTFE) 乳液和其他复配黏结剂溶液混合调膏。将膏状物用刮刀涂入泡沫镍基体中，经干燥、压片、再干燥后、剪裁制成尺寸为2cm×2cm的试验电极作为研究电极，将两片大容量Cd电极作为对电极。在氢氧化钾电解液（6mol/L KOH+30g/L LiOH）中，以0.2C倍率充电至理论容量的150%，再以0.2C倍率放电至两电极电位差为1.0V，反复多次活化电极。再以1C倍率充电到理论容量的150%，再以1C放电至1.0V，测定该电极的1C容量。测试结果示于表4-21。由于氢氧化镍 $Ni(OH)_2$ 表面镀覆钴，改善了氢氧化镍 $Ni(OH)_2$ 的导电性，提高了电极析氧电位，促进了电极的深度放电。1C倍率属大电流放电，1C放电容量测试反映出电极活性物质的利用率。

表4-21 1C放电容量测试结果

样品	工 艺	1C放电容量/mA·h	被测电极含氢氧化镍量/g	氢氧化镍相对利用率①/%
A	未镀钴	94.71	0.462	100
D	新体系镀钴	100.30	0.441	110.9

①设A号样品相对利用率为100%。

由表4-21可以看出，镀覆钴的样品1C活性物质利用率有所提高。氢氧化镍 $Ni(OH)_2$ 为半导体，其电极内部电阻大，致使氢氧化镍 $Ni(OH)_2$ 不能充分放电，影响其放电深度。而金属钴以及在电极反应中生成钴的氧化物和氢氧化物均为导体，降低电极的内阻，从而改善了电极的导电性能，提高 $Ni(OH)_2/NiOOH$ 析氧电位。因此，在氢氧化镍 $Ni(OH)_2$ 表面钴分布越细密、越均匀，对改善电极性能的效果越好。本研究镀钴的实验条件尚未经优化筛选，样品D镀覆钴颗粒有些粗大并有部分脱落，且钴颗粒分布不均，但其活性物质利用率仍提高了近11%（表4-21）。若用经优化的镀覆钴工艺条件，镀覆在球形氧化镍的金属钴颗粒将会细小且分布均匀，更有利于改善电极性能和活性物质的利用率。

4.4.2 燃料电池电极材料负载催化剂

4.4.2.1 次磷酸盐和硼氢化钠等还原热力学计算

次磷酸盐（硼氢化物）是化学镀金属工艺中常使用的还原剂。

由于镀覆过程中除发生金属沉积反应外，还有一些副反应发生，使获得的金属镀层含有磷（硼）。因对还原剂的副反应产生磷（硼）的机理有不同看法，这里只讨论还原剂还原溶液中金属离子得到金属沉积反应的热力学，没有涉及磷（硼）的还原。下面仍以镀覆金属镍为例。

A 以次磷酸盐为还原剂化学镀镍的热力学分析

在酸性化学镀溶液中

$$Ni^{2+} + 2e^- \longrightarrow Ni,\ \varphi^\ominus = -0.23V$$

$$H_2PO_3^- + 2H^+ + 2e^- \longrightarrow H_2PO_2^- + H_2O,\ \varphi^\ominus = -0.50V$$

发生的氧化还原反应

$$Ni^{2+} + H_2PO_2^- + H_2O \longrightarrow Ni + H_2PO_3^- + 2H^+$$

$$\Delta_r G^\ominus = -52.11kJ/mol$$

在碱性化学镀溶液中

$$HPO_3^{2-} + 2H_2O + 2e^- \longrightarrow H_2PO_2^- + 3OH^-,\ \varphi^\ominus = -1.57V$$

发生的氧化还原反应

$$Ni^{2+} + H_2PO_2^- + 3OH^- \longrightarrow Ni + HPO_3^{2-} + 2H_2O$$

$$\Delta_r G^\ominus = -258.62kJ/mol$$

加入配合剂柠檬酸盐后，形成柠檬酸根配合镍离子，其还原电势发生负移

$$[Ni(Cit)^{3-}]^- + 2e^- \longrightarrow Ni + Cit^{3-},\ \varphi^\ominus = -0.37V$$

在碱性溶液中

$$HPO_3^{2-} + 2H_2O + 2e^- \longrightarrow H_2PO_2^- + 3OH^-,\ \varphi^\ominus = -1.57V$$

发生的氧化还原反应

$$[Ni(Cit)^{3-}]^- + H_2PO_2^{2-} + 3OH^- \longrightarrow Ni + Cit^{3-} + HPO_3^{2-} + 2H_2O$$

$$\Delta_r G^\ominus = -213.60kJ/mol$$

由此可见，在水溶液中用次磷酸盐作还原剂还原镍离子和柠檬酸根配合镍离子的反应的标准自由能都为负值，沉积镍的反应可以自发进行。

加入氰化物配合剂，镍离子能与之形成氰配合镍离子$[Ni(CN)_4]^{2-}$

$$[Ni(CN)_4]^{2-} + 2e^- \longrightarrow Ni + 4CN^-,\ \varphi^\ominus = -0.90V$$

在酸性溶液中

$$H_2PO_3^- + 2H^+ + 2e^- \longrightarrow H_2PO_2^- + H_2O, \varphi^\circ = -0.50V$$

发生的氧化还原反应

$$[Ni(CN)_4]^{2-} + H_2PO_2^- + H_2O \longrightarrow Ni + 4CN^- + H_2PO_3^- + 2H^+$$

$$\Delta_r G^\circ = +77.20kJ/mol$$

计算结果 $\Delta_r G^\circ > 0$，反应不能自发进行，也就是次磷酸盐不能还原氰配合镍离子得到金属镍的沉积。

B 以硼氢化物为还原剂在碱性溶液中化学镀镍的热力学分析

硼氢化钠为常用的还原剂之一，硼氢根离子 BH_4^- 还原性强。在强碱性溶液中

$$BO_2^- + 6H_2O + 8e^- \longrightarrow BH_4^- + 8OH^-, \varphi^\circ = -1.24V$$

$$Ni^{2+} + 2e^- \longrightarrow Ni, \varphi^\circ = -0.23V$$

发生的氧化还原反应

$$4Ni^+ + BH_4^- + 8OH^- \longrightarrow 4Ni + BO_2^- + 6H_2O$$

$$4Ni^+ + 2BH_4^- + 6OH^- \longrightarrow 2Ni_2B + 6H_2O + H_2$$

$$\Delta_r G^\circ = -194.93kJ/mol$$

副反应 $BH_4^- + 2H_2O \longrightarrow BO_2^- + 4H_2$

计算结果表明：在碱性溶液中，硼氢根离子还原镍离子的反应标准自由能为负值，反应可以自发进行。而且用硼氢化钠为还原剂化学镀镍，不能得到纯的金属镍沉积层。

C 化学镀贵金属的热力学分析

贵金属离子的电势较高，因此大多数还原剂均可使用（表 4-22 ~ 表 4-24）。此外，还要加入稳定剂、配合剂或加速剂等。

表 4-22 贵金属的标准电极电势

序 号	电极反应	标准电极电势/V
1	$Au^+ + e^- \longrightarrow Au$	$\varphi^\circ = 1.69$
2	$Au^{3+} + 3e^- \longrightarrow Au$	$\varphi^\circ = 1.40$
3	$Ag^+ + e^- \longrightarrow Ag$	$\varphi^\circ = 0.80$
4	$Ag^{2+} + e^- \longrightarrow Ag^+$	$\varphi^\circ = 1.98$
5	$Pt^{2+} + 2e^- \longrightarrow Pt$	$\varphi^\circ = 1.20$
6	$Pd^{2+} + 2e^- \longrightarrow Pd$	$\varphi^\circ = 0.987$

表 4-23 在碱性溶液中几种还原剂的标准电极电势

序 号	电极反应	标准电极电势/V
1	$HPO_3^{2-} + 2H_2O + 2e^- \longrightarrow H_2PO_2^- + 3OH^-$	$\varphi^\ominus = -1.57$
2	$HCOO^- + 2H_2O + 2e^- \longrightarrow HCHO + 3OH^-$	$\varphi^\ominus = -1.14$
3	$N_2 + 4H_2O + 4e^- \longrightarrow N_2H_4 + 4OH^-$	$\varphi^\ominus = -1.16$
4	$BO_2^- + 6H_2O + 8e^- \longrightarrow BH_4^- + 8OH^-$	$\varphi^\ominus = -1.24$

表 4-24 在酸性溶液中几种还原剂的标准电极电势

序 号	电极反应	标准电极电势/V
1	$H_2PO_3^- + 2H^+ + 2e^- \longrightarrow H_2PO_2^- + H_2O$	$\varphi^\ominus = -0.50$
2	$HCOOH + 2H^+ + 2e^- \longrightarrow HCHO + H_2O$	$\varphi^\ominus = -0.056$
3	$N_2 + 5H^+ + 4e^- \longrightarrow N_2H_5^+$	$\varphi^\ominus = -0.23$

化学镀反应进行的必要条件是，镀液中还原剂的还原电势要比金属离子还原电势低，才能保证还原剂将金属离子还原为金属。从表 4-22 ~ 表 4-24 标准电极电势值可以看出：不管在酸性还是在碱性溶液中还原剂的还原电势比贵金属离子的还原电势更负，贵金属化学镀沉积反应才可以自发进行。还原剂的氧化电势与贵金属离子还原电势的差值越大，贵金属沉积的可能性就越大，沉积速率也就越快。

现以次磷酸盐、亚磷酸盐作还原剂，乙二胺（EN）作配合剂，化学镀钯为例进行热力学分析。该体系的镀液具有一定的稳定性，并可自催化沉积钯。进行化学镀钯热力学分析时，首先要考虑 Pd^{2+} 与 EN、Cl^-、OH^- 生成配合体常数，及 H_2EN^{2+}、$H_3PO_2^-$、H_3PO_3、H_3PO_4 的分解常数，以及 Pd^{2+}/Pd、$H_2PO_2^-/HPO_3^{2-}$、HPO_3^{2-}/HPO_4^{3-} 的电化学平衡问题。用 FACT 计算机程序绘制 298K Pd^{2+}-EN-Cl^- 系与 $H_2PO_2^-$-HPO_3^{2-}-PO_4^{3-} 体系的电势-pH 图，如图 4-35 所示。由图 4-35 可以看出：在 pH 值为 6 ~ 12 范围内，钯以 $[PdEN_2]^{2+}$ 配合体的形式存在，即用次磷酸盐和亚磷酸盐作还原剂化学镀钯是可行的。同理可以分析，以联氨、甲醛、三甲胺等其他还原剂化学镀钯的热力学。以联氨为还原剂化学镀钯的沉积速度比用次（亚）磷酸盐的快，且可以得到纯的钯沉积层。但由于钯的催化活性，会使联氨发生分解，镀液的稳定性相对较差。

化学镀贵金属的反应自由能计算方法同前，不再赘述。

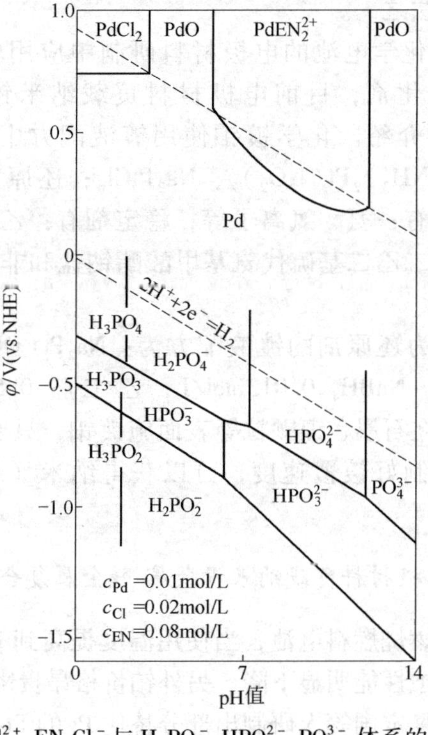

图 4-35 Pd^{2+}-EN-Cl^- 与 $H_2PO_2^-$-HPO_3^{2-}-PO_4^{3-} 体系的电势-pH 图

4.4.2.2 电极材料负载纳米贵金属催化剂

对化学镀贵金属的沉积过程看法不一，对其沉积机理也各说不一，如非自催化、自催化、置换、基体催化等，一般的化学镀是专指自催化过程；其实不同过程、不同条件、不同阶段，机理应该有差异，但总体的沉积过程可以包括：置换、催化和基体自催化过程。化学镀贵金属及其合金主要用于电子工业，石油、化工工业的异质和均质催化和清洁能源化学电池电极材料制备。随着电子工业和高新技术的发展，化学镀铂、钯、钌、铑、锇、铱等贵金属及其合金相继研究成功。从耐腐蚀和接触电阻方面考虑铂族金属可以作为金的替代品，尤其在电子组件的表面处理方面。汽车尾气净化器中的催化剂多是铂族金属，用化学镀在耐热不锈钢载体上获得均匀镀层，是制备铂催化剂非常适宜的方法之一。

化学镀铂在化学电池的电极材料研制中应用较多，近年来发展较快。作为催化剂，目前电极材料负载纳米铂的研究相对较多，现做简单的介绍。化学镀铂使用镀液配方中常用的主盐有：$Na_2Pt(OH)_6$、$(NH_3)_2Pt(NO_2)_2$、Na_2PtCl_6；还原剂有：联氨、硼氢化物；配合剂有：氨、氯离子等；稳定剂有：乙二胺、喹啉、磺酸盐、羟基胺、二乙二基硫代氨基甲酸酯钠盐和非离子型表面活性剂等。

以硼氢化物为还原剂的镀液配方为：$Na_2Pt(OH)_6$ 0.005mol/L；NaOH 1.0mol/L；$NaBH_4$ 0.013mol/L；乙二胺 0.5mol/L；绕丹宁 0.007mol/L。能在石墨、镍颗粒等表面施镀铂，只要镀液组成恰当、装载比合适，控制好镀覆速度，可以获得纳米（或非晶）铂颗粒沉积。

4.4.2.3 电极材料负载纳米贵金属-贱金属复合催化剂

对醇类直接燃烧燃料电池，当使用温度提高到100℃以上，铂的热稳定性和抗腐蚀性能明显下降。另外铂价格昂贵影响燃料电池的大规模商业应用。夏定国等人研制出部分替代 Pt 的 Pt-Bi 及其金属间化合物等的催化剂，减少铂用量，并提高催化活性和抗中毒性能。最近作者又采用化学镀的方法在不同载体上负载纳米 Pt-Ni 双金属催化剂，采用的技术路线如图 4-36 所示。

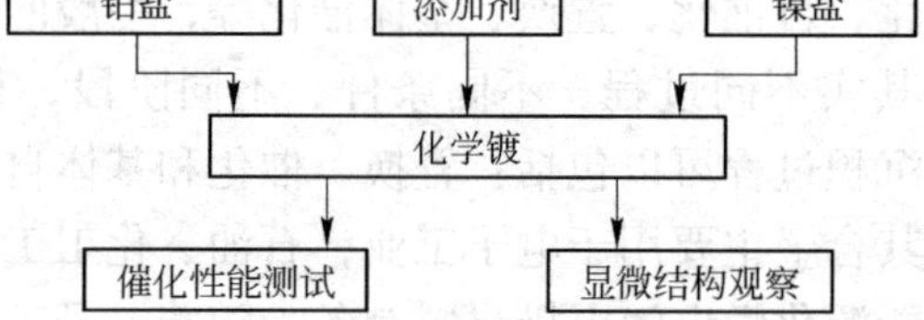

图 4-36 化学镀包覆双金属技术路线框图

4.4.2.4 碳纳米管负载催化剂

碳纳米管负载铂还原剂可以是联氨，也可以是硼氢化物。联氨负载金属铂的工艺可分为碱浴和酸浴两种，联氨化学镀铂的碱浴配方是：$Na_2Pt(OH)_6$ 为 10g/L，NaOH 为 5g/L，联氨为 1g/L 和乙二胺为 10g/L。工艺步骤是搅拌镀液并在恒温水浴中加热达到设定温度 313～333K，加入 $NH_3 \cdot H_2O$ 调溶液 pH 值为 10。待温度稳定后，加入一定量的已经活化的碳纳米管，并随反应进程不断补加 $N_2H_4 \cdot H_2O$ 至最终反应计量。控制碳纳米管的加入量为溶液中金属铂离子与基体的质量比，以达到碳纳米管表面适量沉积铂。反应结束后，固液分离，固体物经多次去离子水洗后烘干，即得到纳米铂沉积的碳纳米管。

另外也可以用葡萄糖水溶液作为碳源，以具有纳米级孔道的阳极氧化铝（AAO）为模板，在 130～180℃ 水热条件下（或该温度回流条件下），处理 24h，然后用 NaOH、KOH 溶液洗脱 AAO 模板，得到纳米碳管束（图 4-37）。此种方法制备的碳纳米管束表面具有还原活性。将此种碳管浸入 H_3PtCl_6 溶液中，其表面就可以负载上纳米铂颗粒，如图 4-38 所示。

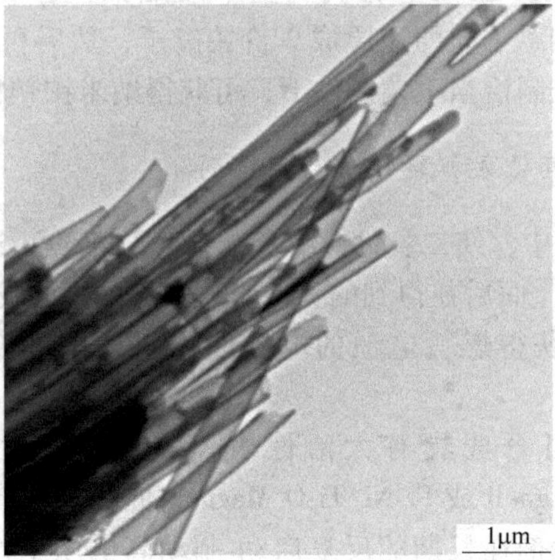

图 4-37 模板法制备的碳纳米管束的 TEM 形貌

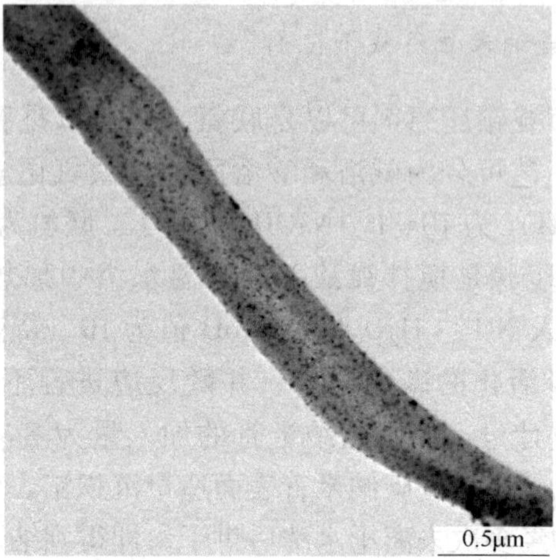

图 4-38 碳纳米管负载的纳米铂颗粒的 TEM 形貌

酸浴的配方是：Na_2PtCl_6 的 HCl 溶液，加入 1% 盐酸联氨和磺酸类及非离子型表面活性剂，在 pH = 7 ~ 9 和 333 ~ 369K 下沉积铂。主盐也可以是二亚硝基二氨铂，其还原反应为

$$2(NH_3)_2Pt(NO_2)_2 + N_2H_4 \cdot H_2O \longrightarrow 2Pt + 5N_2 + 9H_2O$$

硼氢化物作还原剂的配方是：主盐为 Na_2PtCl_6，乙二胺为配合剂，绕丹宁（或二乙二基硫代氨基甲酸酯钠盐）作稳定剂。加入 BH_4^- 后，4 价铂离子立即还原成 2 价铂离子，然后再还原成金属铂。用此还原剂在控制恰当工艺条件下，可获得纳米铂颗粒沉积层。

4.4.2.5 其他无机纤维负载催化剂

在还原气流中，使二氧化钛纳米纤维（图 4-39）还原成为导电的 Ti-O Magneli 相，而后在得到的 Magneli 相表面上负载金属 Pt(Pd) 或双金属 Pt-Ni，获得燃料电池的电极催化剂，其制备工艺框图如图 4-40 所示。

这种方法可合成具有大活性表面、高催化性能、抗腐蚀的 Pt(Pd)/Ti-O Magneli 或 Pt-Ni/Ti-O Magneli 催化剂。有望解决燃料电池碳质载体催化剂在长期的反复启动-制动高电压工作条件下发生腐蚀，致使铂催化剂功能衰退影响电池寿命的问题。

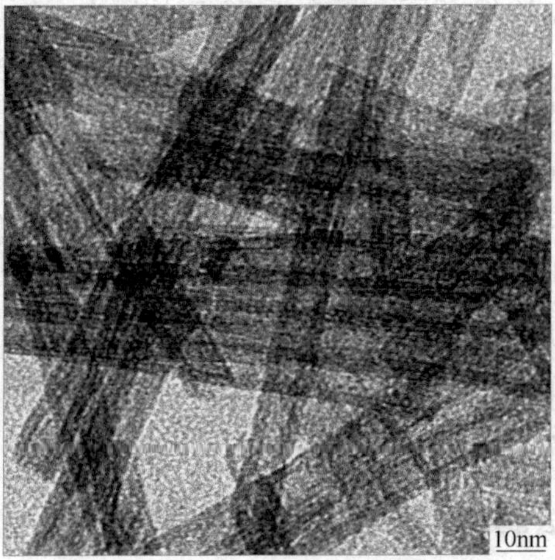

图 4-39 二氧化钛纤维的 TEM 形貌

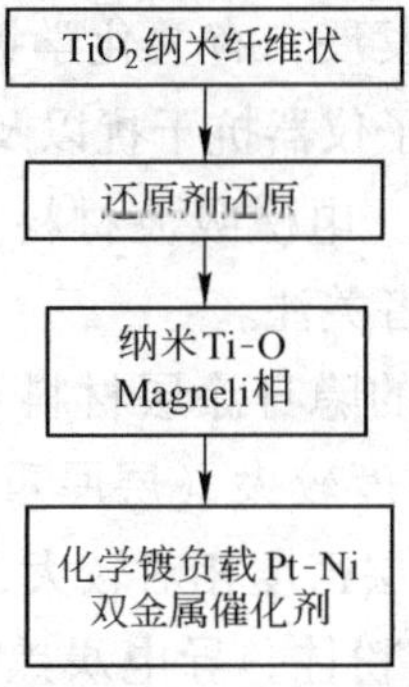

图 4-40 Ti-O Magneli 负载催化剂的框图

4.4.2.6 化学镀在制备锂离子电池三维高容量复合负极中应用

目前锂离子电池负极大都是石墨等碳素材料，理论容量低，于是研究者提出利用一些金属（如硅、锡、铜等金属）与锂合金化，生成金属间化合物，制备高容量的锂电池复合负极。清华大学邱新平等人提出了多孔铜集流体构筑三维复合阴极，在铜箔表面沉积多孔铜，再将高容量的活性材料填入孔洞中，制备了三维复合阴极。

化学镀铜从 1947 年至今已有近 70 年的历史，厚层、薄层、图形镀、网格镀等工艺和技术都是很成熟的。用前述的热力学分析方法进行计算，表明用联氨还原体系化学镀铜是可行的（见 4.5.4 节）。但要注意镀液的稳定性，可在镀液中加入适量的配合剂、缓冲剂和稳定剂。当配合剂不能阻止镀液的自发分解，此时须加稳定剂。注意稳定剂应适量，过量会终止化学镀铜的过程。有人实验研究表明，制备多孔铜也是可行的。

至于在铜箔表面获得了多孔铜后，填充活性材料，高温热处理制备三维复合阴极过程，这里不再赘述。

4.5　化学镀法制备纳米吸波材料探索

4.5.1　化学镀镍在吸波材料中的应用背景

近年来随着高技术的发展，有关化学镀镍技术的应用越来越广。在微波通讯设备、高端电子仪器抗干扰以及军事抗雷达探测的隐身技术方面，抗电磁涂层材料（电磁吸波材料）的一些应用基础研究工作，受到越来越多的研究者关注。

目前使用传统吸波剂的隐身涂层材料（抗电磁波涂层材料）存在的问题是：（1）涂层厚度较大（层厚重量增加），小于 0.5mm 的隐身功能不理想；（2）涂层密度相对较大，如金属超细粉 Co、Ni 以及它们的合金 CoNi、FeNi 粉体，导电炭黑和铁氧体粉末等密度一般都大于 3.5kg/m^2，电导率也大；（3）频带宽度较窄，通常为 8 ~ 18GHz；（4）吸波的能力相对较弱，小于 10dB；（5）功能单一，多为雷达波（厘米波）等。表 4-25 列出了国内外一些雷达隐身涂层材料研究使用的情况。由表可以看出，为解决现有涂层材料存在的问题，各国多采用纤维及小尺寸微粉吸波材料，且随着先进探测技术的出现，研究使用宽频、轻质、多功能吸收剂是各国共同关注的热点。

吸波材料中的吸收剂，根据吸波损耗机制，可将吸波材料分为电耗损型和电磁损耗型。非磁性吸收剂属电耗损型，非磁性金属、炭黑和碳纤维属此类中的导电损耗型，陶瓷材料属此类中的介电损耗型。电磁损耗型吸收剂既具有电性又有磁性。磁性金属粉的电损耗和电磁损耗都较大。然而，近年研究的新型吸收剂，包括纳米金属粉体和纤维材料、“手性”材料、导电高聚物及电路模拟吸波材料等，它们具有一些与传统吸波材料不同的新的吸波机理，且有的尚待进一步研究。

表 4-25　国内外一些雷达隐身涂层材料研究使用的情况

国家	样本编号	涂层厚/mm	密度/$kg \cdot m^{-2}$	隐身性能/dB	频带宽/GHz	备　注
美国	1	2	5	< −10	8 ~ 18	微米铁氧体，已工程化
	2			< −10	2 ~ 10	微米铁纤维，已工程化
	3	1		< −10 < −5	6 ~ 20 4 ~ 6	亚微米多晶铁纤维，实验室工作
	4		2	< −5	5 ~ 17.5	多晶铁纤维，已工程化
	5			10 ~ 15	30 ~ 100kHz 毫米雷达波；中远红外3 ~ 14μm，可见光	多功能涂层（可见光、中远红外、雷达波兼容），实验室工作
德国	6			低反射率、低发射率、高吸收率	可见光、热红外、毫米雷达波	多功能（可见光、红外、毫米雷达波兼容）涂层
中国	7	0.5		<5	8 ~ 18	实验室工作
	8	1.0		<8		
	9	1.5		<10	2 ~ 18	
	10	2.0		<10	3 ~ 18	
	11	0.5	2.0	<6	8 ~ 18	实验室工作
	12	1.0	3.8	<10		
	13	1.4	4.4	<24	8 ~ 12	
	14	0.5		<6	8 ~ 18	实验室工作

近年，由于纳米材料表现出的一些特殊性能，使纳米磁性金属、纳米金属（或合金）包覆粉体或纤维、纳米金属空心纤维和纳米金属空心球等复合型材料，已成为开发宽频、多功能、轻质吸收剂的一

个研究方向。根据湿化学沉积金属化学镀方法的特点，运用化学镀制备这类材料，有许多不可替代的优势。

本节介绍采用联氨还原氨配合化学镀新体系制备镍、镍与其他金属包覆不同基材纤维（有机、无机基体材料）的方法和一些相关的性能测试。关于有关热力学分析和计算方法与第 2 章和第 4 章 4.1 节描述的基本相同，这里不再赘述。

4.5.2 化学镀法制备纳米镍颗粒-粘胶复合纤维的实验

近年来，金属基复合材料由于其特殊而优异的性能在高技术领域被广泛应用，吸引越来越多的材料研究者的关注。金属镍纤维是金属基、陶瓷基复合材料及涂层的重要添加剂之一，其在制备电磁屏蔽材料、隐身材料和镍氢电池镍电极等方面有着重要的应用。由于中空镍纤维比表面积大、内阻小、密度相对较小，不仅可以提高镍氢电池镍电极活性物质装载量，还可以满足隐身涂层材料“层薄、质轻、频道宽、吸波性能强”的要求。

目前对镍纤维的研究虽然较多，采用方法多种多样，但是在这些制备方法上存在设备复杂，成本高，生产流程长，成品率低等诸多不足。因此，探索一种新的经济且方便的制备镍纤维的方法具有重要的实际意义。本小节的目的：一是从实验上验证，所设计的联氨还原氨配合化学镀新体系对有机基体化学镀镍的可行性；二是实现化学镀制备镍-粘胶（或尼龙）复合纤维，获得高质量镍镀层的制备条件，为材料的应用和工业化生产奠定基础；三是探求有机纤维表面沉积金属镍的动力学规律。

4.5.2.1 实验用原料

实验所用原材料：分析纯 $NiSO_4 \cdot 6H_2O$，$N_2H_4 \cdot H_2O$（50%），$NH_3 \cdot H_2O$（≥25%），$PdCl_2$ 以及添加剂 $(NH_4)_2SO_4$ 和长度约为2mm的有机纤维（粘胶纤维或尼龙纤维）及去离子水。

实验设备：采用 76-1A 型恒温水浴加热器控制温度范围为（278 ~ 368）K ±1K 及 JJ-1 型搅拌器。

4.5.2.2 实验步骤

实验的反应条件及各参与反应的物质用量范围，如表4-26所示。粘胶（或尼龙）纤维表面经氯化钯活化处理，然后将配制的含有添加剂 $(NH_4)_2SO_4$ 和2mL还原剂联氨及主盐 $NiSO_4$ 的溶液，置于恒温水浴加热至340~365K的某一设定温度并搅拌，用氨水调节pH=8.0~10.0。温度稳定后，按设定比例加入活化处理过的粘胶（或尼龙）纤维，并即刻开始计时。反应过程中，分批加入还原剂联氨。随反应的进行，按一定时间间隔取少量试样，供分析测试溶液的镍离子浓度和观察包覆产物的形貌。反应结束后，固液分离，多次洗涤分离出固体物，然后烘干，得到包覆产物供分析测试用。图4-41显示金属镍包覆尼龙纤维产物的显微形貌。后面将只对金属镍包覆粘胶纤维过程给予详细分析和讨论。

表4-26 反应条件及各参与反应的物质用量

温度/K	pH值	$NiSO_4 \cdot 6H_2O$ /mol·L^{-1}	$(NH_4)_2SO_4$ /g·L^{-1}	$NH_3 \cdot H_2O$ /mL·L^{-1}	镍离子与纤维的质量比	联氨与镍离子的物质的量比
340~365	8.0~10.0	0.1~0.25	8.0	60~160	2~3	1~3

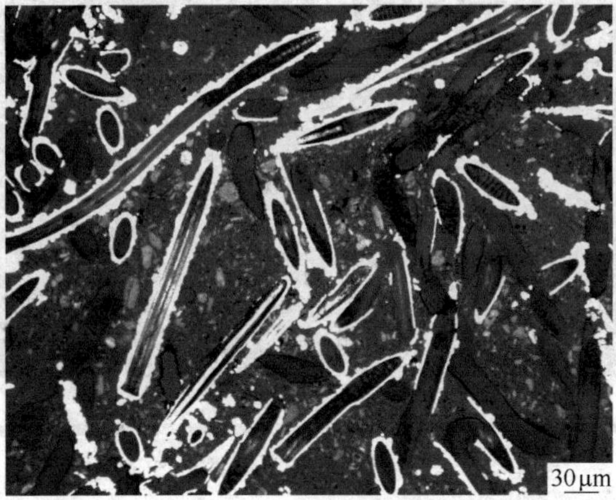

图4-41 金属镍包覆尼龙纤维的光学显微镜照片

4.5.2.3　制备过程分析

A　粘胶纤维氯化钯溶液活化处理的影响

镀覆之前基体的 $PdCl_2$ 溶液处理是获得高质量包覆镍颗粒的关键一步。在此研究中也采用在镀覆前，将粘胶纤维放在 $PdCl_2$ 溶液中浸润，然后在空气中干燥。图 4-42 是未活化处理的粘胶纤维的 SEM 显微形貌，可以看出纤维表面光滑，但是有凹槽，这些凹槽是制备粘胶纤维时，喷射成形的痕迹。图 4-43a 是 $PdCl_2$ 溶液处理并经联氨溶液短时还原的粘胶纤维 SEM 显微像。为了下一步进行能谱分析，样品没有进行导电处理，因此有局部放电。图 4-43b 是粘胶纤维表面上小点的 EDS 谱图，它表明小点是钯微粒。钯离子很容易被还原成金属，钯微粒将作为镍沉积初始活性中心。为研究 $PdCl_2$ 浓度对镀覆过程的影响，实验中固定其他条件，即 $[Ni^{2+}]=0.23mol/L$，镍离子与纤维的质量比值为 3，氨水加入量为 90mL/L，硫酸铵加入量为 8g/L，联氨与镍离子的物质的量比值为 1～3，温度 353K，仅改变 $PdCl_2$ 的浓度，观察镀覆过程和镀层质量。

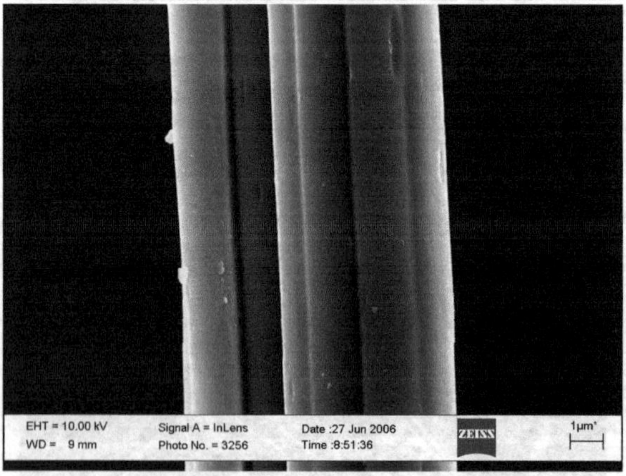

图 4-42　粘胶纤维活化处理前的 SEM 形貌

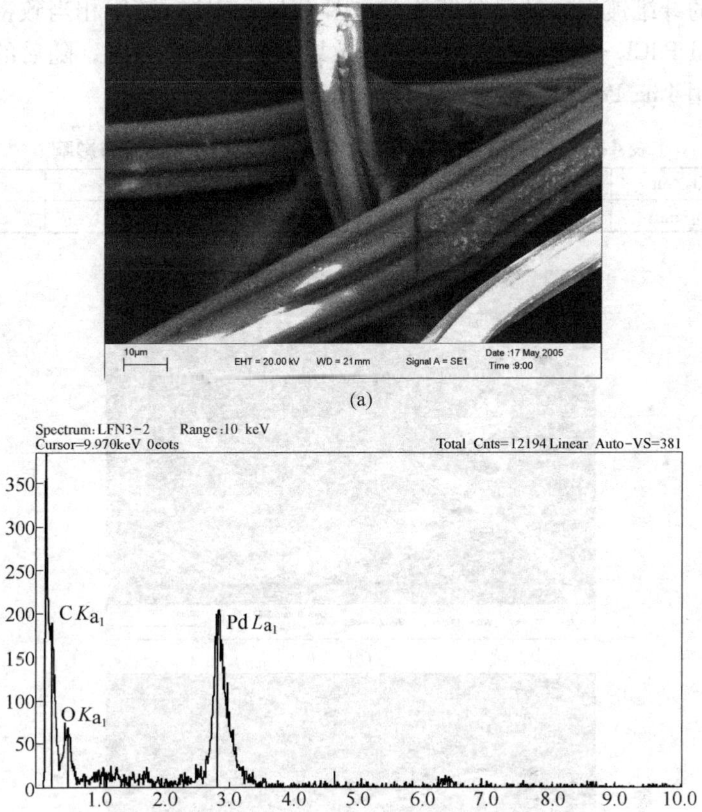

(a)

(b)

图 4-43 $PdCl_2$ 溶液处理粘胶纤维的 SEM 显微像和 EDS 谱

（a）SEM 显微像；（b）EDS 分析

粘胶纤维表面不经 $PdCl_2$ 溶液处理镀覆不上金属镍层。改变活化处理所用 $PdCl_2$ 的浓度，记录镀覆反应的结束时间（溶液的蓝颜色消失，同时没有气泡出现）。表 4-27 为实验结果，由表可看出，当浓度低于 8mg $PdCl_2$/g 纤维时，完成镀覆的时间随 $PdCl_2$ 的浓度增加而减少，但进一步增加浓度，对反应结束时间影响不大。在低浓度即1mg $PdCl_2$/g 纤维时，不能形成完全包覆的沉积层，图 4-44a 为这种情况的 SEM 显微照片，纤维表面大多裸露，包覆不好，照片中间还可看到团聚的镍颗粒，镀覆不成功。图 4-44b 是用 4mg $PdCl_2$/g 纤维溶液处理的纤维镀镍后的显微照片。与图 4-44a 相比，镀层相当致密和完整。虽 $PdCl_2$ 价格昂贵，但从实际效果和反应速率考虑，随后的实验均采用 4mg $PdCl_2$/g 纤维的溶液处理纤维。

表 4-27　每克纤维用不同氯化钯量处理对反应时间的影响

$PdCl_2$/mg	1	2	3	4	6	8
时间/min	234	106	76	64	61	59

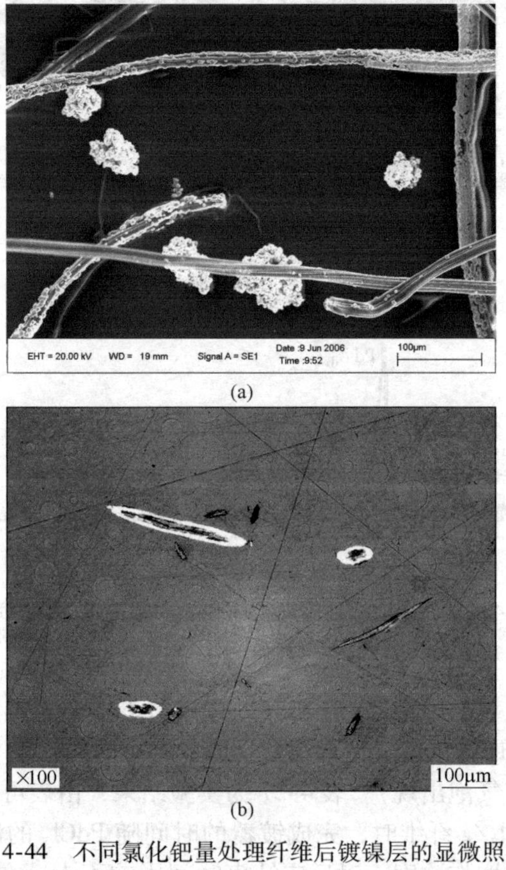

图 4-44　不同氯化钯量处理纤维后镀镍层的显微照片

（a）1mg $PdCl_2$/g 纤维活化的 SEM 照片；（b）4mg $PdCl_2$/g 纤维活化的 LOM 照片

B　硫酸镍浓度的影响

镀覆过程中镍离子是由硫酸镍提供，它在镀液中的浓度是一个关键因素。因此，在保持其他因素不变，即镍离子与纤维的质量比值为3，氨水加入量为90mL/L，硫酸铵加入量为8g/L，联氨与镍离子的物质的量比值为1~3，温度353K，仅改变$NiSO_4$的浓度，观察镀覆过程和镀层质量。实验得到不同$NiSO_4$的浓度对应完成反应的时间，如图4-45所示。在镍离子浓度［Ni^{2+}］达到0.3mol/L时，可观察到有游离镍的微颗粒产生。

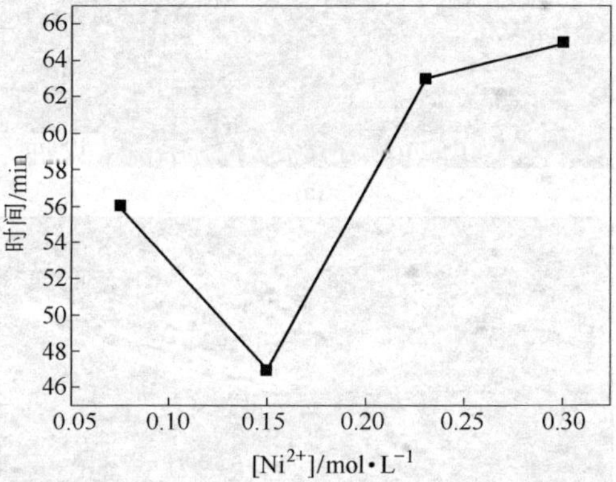

图4-45　不同$NiSO_4$浓度对应的反应时间

由图看出［Ni^{2+}］=0.15mol/L时反应时间最短。这个值与文献中建议的获得最大沉积速率的浓度值（0.14mol/L）基本一致。

需要注意的是：改变$NiSO_4$的浓度，将改变镍离子与纤维的质量比，必然也改变镍镀层的厚度。

不同的镍离子与纤维的质量比包覆样品的光学显微照片如图4-46所示。图中用A标识粘胶纤维，用B标识Ni镀层，C标识包埋材料。图4-46a显示镍离子与纤维的质量比值为1时，Ni包覆纤维表面不完全。在镍离子与纤维的质量比值为3时，形成完整的包覆层，如图4-46b所示。尽管镀层微观上是不平整的，但确实形成了致密的包覆层。当镍离子与纤维的质量比值为4时，在镀覆结束后的洗涤过程中，在容器底部发现细小的镍颗粒，这表明Ni^{2+}的浓度太高，镀覆利用率降低，有游离的金属镍出现。实验结果表明，对镍包覆粘胶纤维最佳Ni^{2+}的浓度为0.15~0.23mol/L。为确保获得高质量的镍镀层，在以后的实验中采用Ni^{2+}的浓度为0.23mol/L。

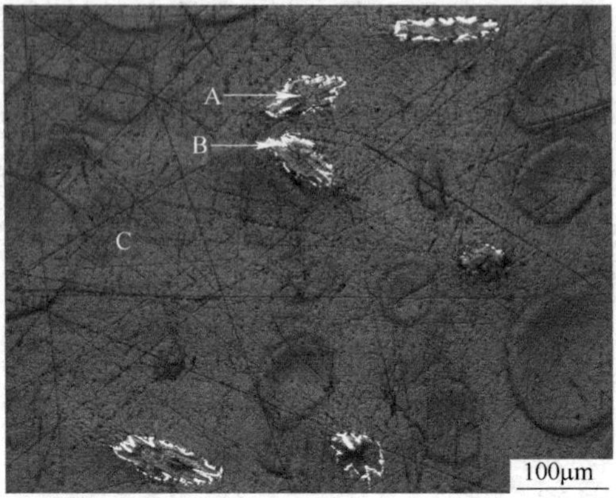

(a)

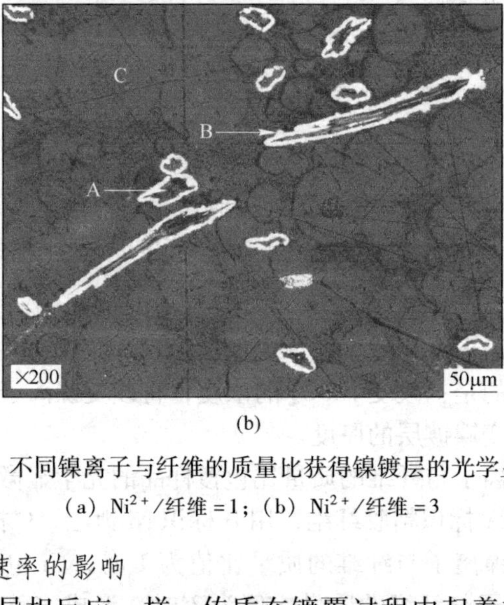

(b)

图 4-46　不同镍离子与纤维的质量比获得镍镀层的光学显微照片
（a）Ni^{2+}/纤维 = 1；（b）Ni^{2+}/纤维 = 3

C　搅拌速率的影响

如同所有异相反应一样，传质在镀覆过程中起着非常重要的作用。为考察传质的影响，将其他条件固定不变，仅改变搅拌速度，观察搅拌速度对完成反应时间的影响。表 4-28 列出了由实验得到的完成反应时间与搅拌速度的关系。由表可以看到，完成反应时间随搅拌速度的增加而减少，直至速度达到 600 ~ 700r/min。高于此速度后，进一步增加搅拌速度，观察不出对完成反应时间的明显影响。由此认为搅拌速度超过 600 ~ 700r/min 时，镀液中的传质已不是沉积反应的控制环节。

表 4-28 反应时间与搅拌速度的关系

搅拌速度/r · min^{-1}	0	150	400	500	700	900	1000	1100
反应时间/min	174	149	95	81	74	69	65	72

搅拌速度对粘胶纤维 Ni 镀层质量影响的光学显微照片，如图 4-47 所示。图 4-47a 和图 4-47b 分别是没有搅拌和搅拌速度为 150r/min 时获得 Ni 镀覆粘胶纤维的光学显微照片。图 4-47a 所示在没有搅拌的情况下，疏松的 Ni 镀层在制样抛光时被破坏，并被“涂抹”在纤维断面上。将图 4-47b（150r/min）和图 4-47c（1100r/min）比较，可以看出此时的搅拌速度对镍镀层质量的影响已不明显了。

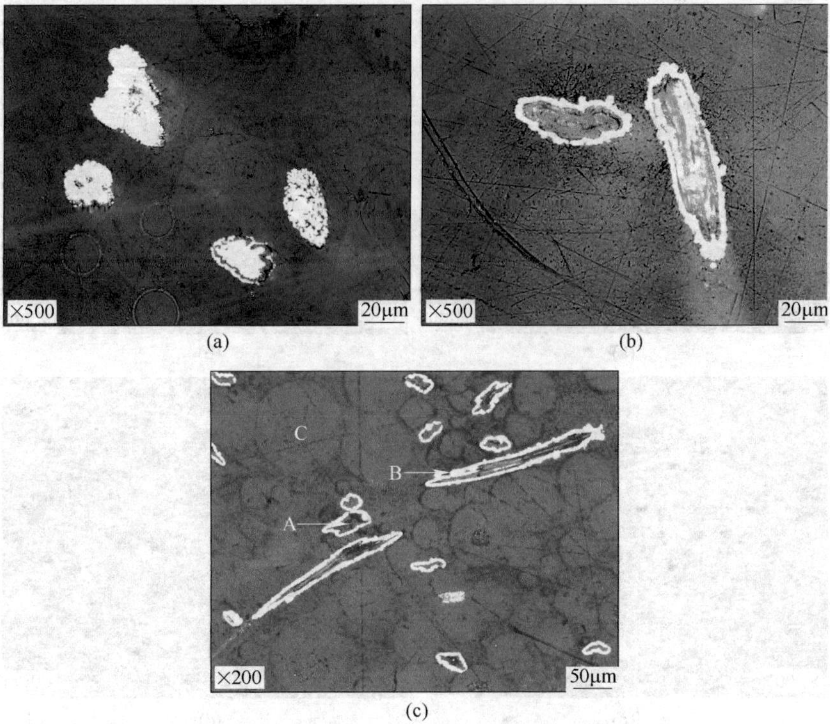

图 4-47 搅拌速率对粘胶纤维 Ni 镀层质量的影响

（a）无搅拌；（b）150r/min；（c）1100r/min

D　温度的影响

为研究温度的影响，进行固定其他条件仅改变镀覆温度的一系列实验。表 4-29 是实验得到的完成反应时间与温度的关系。结果表明，较高的温度会有较高的反应速率，即较短的反应时间。这与 Ni 包覆 BN 颗粒的规律类似。温度对镀层质量的影响如图 4-48 所示。图 4-48a ~ d 分别为 340. 5K、343K、359K 和 363K 下 Ni 包覆粘胶纤维的光学显微照片。340. 5K 温度太低，导致纤维表面镍沉积层疏松，

表 4-29　温度与反应时间的关系

温度/K	340. 5	344	347	350	353	356	359	363
时间/min	190	112	86	70	60	48	40	25

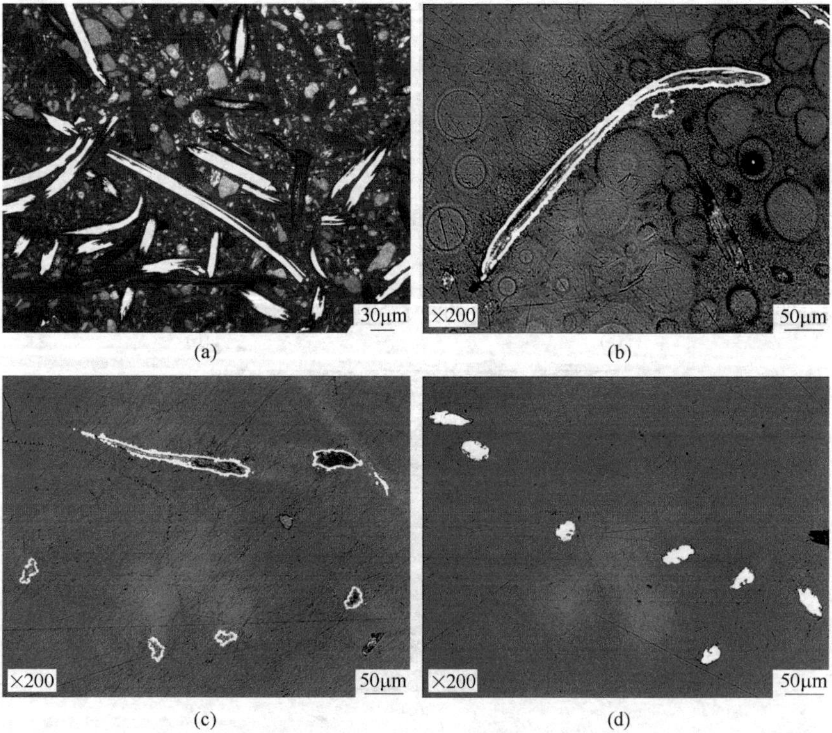

(a)　(b)　(c)　(d)

图 4-48　温度对镀层质量的影响

(a) 340. 5K; (b) 343K; (c) 359K; (d) 363K

在纤维表面上的黏附也很差，像是粉体颗粒堆积，很容易被擦蹭掉，以至制备显微镜样品都有些困难。图4-48a显示样品抛光时镀层被破坏，镀层粉体颗粒像“涂抹”在纤维剖面上。从图4-48d看，获得样品的镍镀层同样是疏松的。与图4-48a的情况相似，镀层在抛光时被破坏并被“涂抹”在纤维剖面上。363K温度高反应速率太快，以至不能获得致密的镀层。图4-48b和图4-48c展示的镍镀层完整、致密，质量好。这也表明在温度343～359K下，镀镍层在纤维表面黏附性好。考虑这些实验结果，镀覆温度选择在343～359K。

E　表面活性剂对镍沉积速率的影响

在镀液中加入与未加入表面活性剂十二烷基硫酸钠（SDS）对镍沉积速率影响的实验结果示于图4-49。由图可以看出，SDS的加入，反应速率减缓，因而反应时间有所延长。这主要是因为，一实验中所采用的SDS是一种由亲水基（硫酸基）和亲油基（十二烷基）组成的表面活性剂。而选用的有机粘胶纤维是一种亲水类的物质，SDS触及的纤维具有吸附硫酸基的倾向，使得亲油基十二烷基处于自由状态，因此粘胶纤维表面对Ni^{2+}排斥，阻碍了沉积镍界面反应的发生；二表面活性剂在溶液中大量起泡，粘胶纤维密度、质量小，此时会被大量气泡携带而浮在溶液反应体系表面，致使此刻溶液中反应活性中心大量减少。

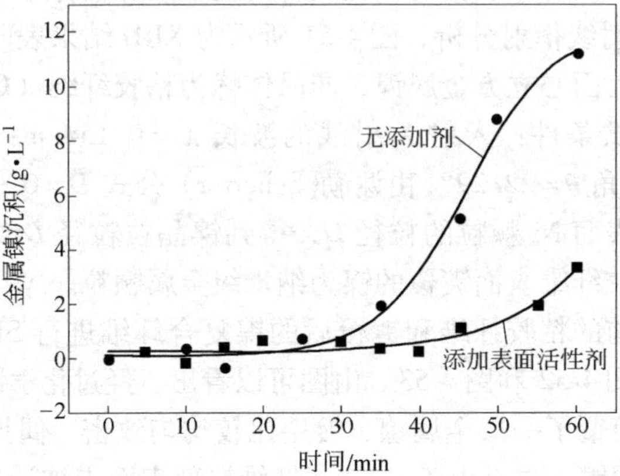

图4-49　表面活性剂对粘胶纤维表面镍沉积速率的影响

对在粘胶纤维化学镀镍体系中加入与不加入表面活性剂 SDS 所得的复合纤维进行 SEM 观察和分析，结果如图 4-50 所示。由图可以看出：加入不利于镍沉积的 SDS，镀层表面出现细小的纤维状沉积；而未加入表面活性剂的体系所得镀层比较均匀、致密，这与上述的分析结果相吻合。

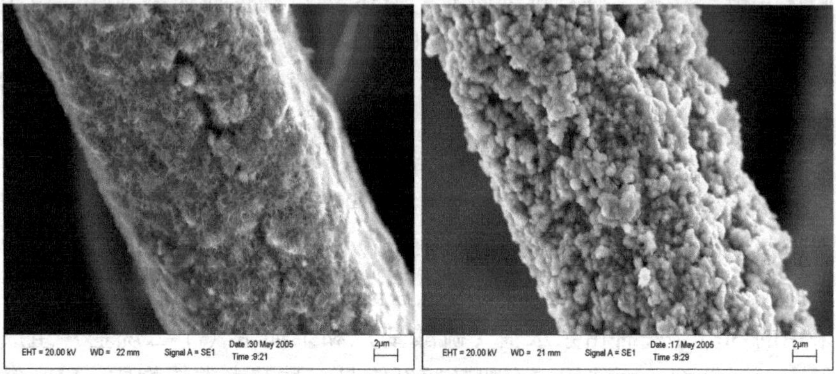

图 4-50　表面活性剂 SDS 对纤维镀层显微结构的影响

（a）加表面活性剂；（b）未加表面活性剂

F　镀层相分析与结构观测

用 X 射线衍射（XRD）分析镀层的相组成，扫描电镜（SEM）观测镀层结构。对用联氨还原氨配合的化学镀镍新体系得到的镍复合纤维进行 X 射线衍射分析，图 4-51 所示为 XRD 结果表明，镍复合纤维的晶体峰为面心立方金属镍，非晶体峰为粘胶纤维（$C_6H_{10}O_5$）$_n$。

根据测试条件：入射 X 射线的波长 $\lambda=0.154$nm；半高宽 $B=0.015$；衍射角 $\theta=22.29°$，由谢勒(Scherrer) 公式 $D=0.90\lambda/B\cos\theta$ 计算复合纤维表面 Ni 颗粒的粒径 D，得到镍晶粒粒径 D 约 9.9nm，结果表明：粘胶纤维表面镀覆的镍为纳米级金属颗粒。

对镀覆前的粘胶纤维和镀覆后的镍复合纤维进行 SEM 观察，结果分别示于图 4-52 和图 4-53。由图可以看出，经过化学镀工艺后，粘胶纤维表面镀覆了一层金属镍，镀层比较均匀致密。偶见纤维表面局部未镀上金属镍，这是由于：（1）纤维局部表面未被活性剂 $PdCl_2$ 浸润、活化。（2）搅拌或后期洗涤过程中，造成此处镍颗粒的脱落。

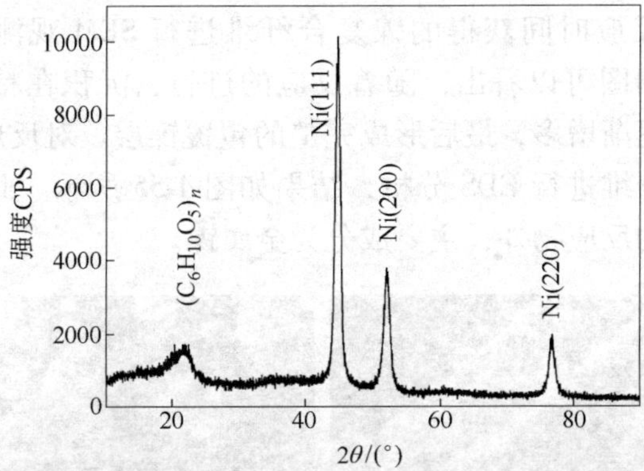

图 4-51 联氨还原氨配合化学镀镍复合纤维的 XRD 结果

图 4-52 镀覆前粘胶纤维形貌

图 4-53 粘胶纤维镀覆后的 SEM 形貌

对不同反应时间获得的镍复合纤维进行 SEM 观测，结果如图 4-54 所示。由图可以看出，随着反应的进行，沉积在粘胶纤维表面的镍颗粒在逐渐增多，最后形成完整的包覆镍层。对反应进行 50min 获得的复合纤维进行 EDS 分析，结果如图 4-55 所示。此图显示，除了少量残余的反应物外，主要成分为金属镍。

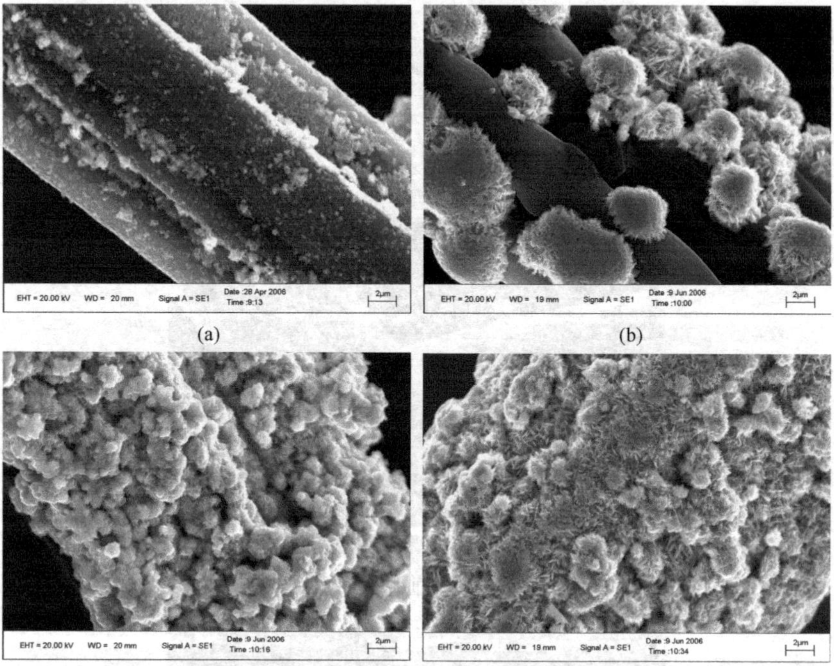

(c)　(d)

图 4-54　不同反应时间镍复合纤维的 SEM 形貌

(a) 反应 10min；(b) 反应 20min；(c) 反应 40min；(d) 反应 50min

G　粘胶纤维化学镀镍的动力学

用“半球面自催化沉积”动力学模型分析用联氨还原氨配合化学镀新体系制备镍包覆粘胶纤维过程中，金属镍的沉积与时间的关系以及遵循的动力学规律。

a　粘胶纤维表面镀镍的反应机理

用联氨还原氨配合化学镀新体系实现粘胶纤维表面化学镀镍的反

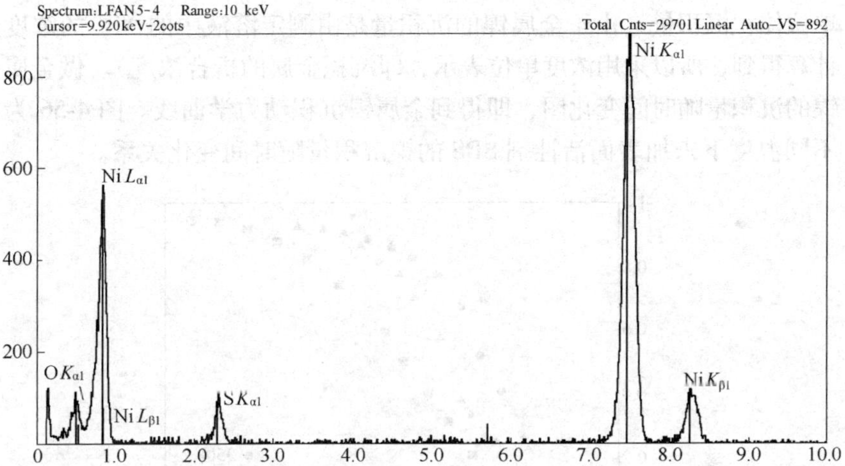

图 4-55 反应进行 50min 获得镀层的 EDS 能谱

应机理，可认为与用同样的体系实现 BN 陶瓷颗粒表面化学镀镍的机理相同。即反应开始的瞬间，均匀吸附在粘胶纤维表面的 Pd^{2+} 被化学反应生成的活性氢原子 H^* 还原成 Pd 粒子；随后，Pd 粒子表面吸附态的活性 H^* 与由溶液中迁移到反应界面的 Ni^{2+} 发生反应，还原产物金属 Ni 沉积在以 Pd 粒子为核心的粘胶纤维表面上。由于新生态的 Ni 与 Pd 有类似的性质，沉积金属 Ni 的表面发生自催化过程，从而形成了以 Pd 粒子为活性中心的沉积半球；随金属镍沉积量增加，活性催化表面积不断增加；当新生 Ni 沉积半球全部覆盖粘胶纤维表面时，活性催化表面积即反应界面达到最大，相应的反应速率也达到最大；继续沉积反应，由于活性催化表面积的减少，反应界面开始缩小以及溶液中金属镍离子浓度的逐渐降低，反应速率亦减小。随沉积反应的进行，在粘胶纤维表面逐渐形成了比较均匀的镍镀层。

b 粘胶纤维表面镍沉积量随时间的变化

在镀覆过程中，每间隔一定时间取少量试样，定量吸取试样的上清溶液，并即刻用稀硫酸调节 pH 值，使反应终止。试样中的固体物经洗涤和烘干后，进行 XRD 和 SEM 分析。

将处理后的液体样品稀释，用丁二酮肟使镍离子显色，采用分光光度法测定镀液中 Ni^{2+} 的浓度。根据物质守恒原理，计算出金属镍的单位体积沉积量（由于金属镍的沉积量是由测定溶液中的 Ni^{2+} 的浓度计算得到，所以采用浓度单位表示，即沉积金属的折合浓度）。做金属镍的沉积量随时间变化图，即得到金属镍沉积动力学曲线。图 4-56 为不同温度下未加表面活性剂 SDS 的镍沉积量随时间变化关系。

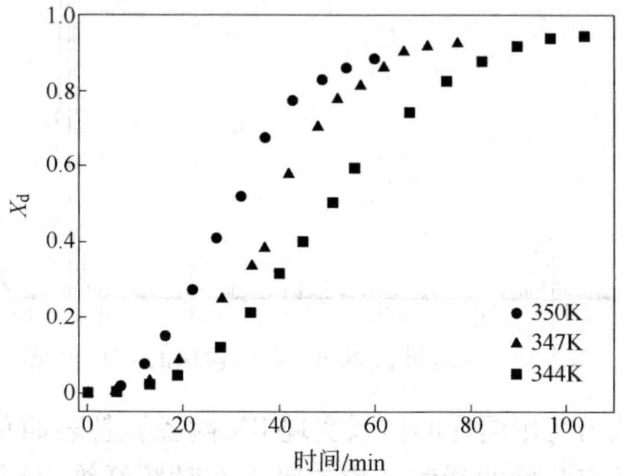

图 4-56　不同温度镍沉积量随时间的变化关系（未加表面活性剂）（$X_d = \frac{c_0 - c_{Ni2+}}{c_0}$）

对比同一体系不同温度的镍沉积量与时间的关系，如图 4-56 所示。从图中可以看出反应温度越高，金属镍沉积速率越快；在温度较低时，反应进行较慢，反应时间也长。

用试差法分别对图 4-56 中 344K、347K、350K 温度下，不加表面活性剂的反应体系的动力学曲线分析发现：

反应前期，反应速率与体系中镍活度有关；得到溶液中沉积金属镍浓度与时间成正比，为零级反应，即：$c_{Ni} = k_c t$，界面化学反应控速。

反应中期，形核频率与体系中镍活度的对数成正比；得到溶液中沉积金属镍浓度的对数与时间成正比，为一级反应，即：$\lg c_{Ni} = k_M t$，界面化学反应与扩散混合控速。

反应后期由于溶液中镍离子的浓度下降，镍离子的扩散成为控速环节；沉积金属镍浓度的平方与时间成正比，即：$c_{Ni}^2 = k_D t$，扩散控速。

实验结果较好地呈现三段规律，各条直线的相关系数均大于 0.999。三段的时间与沉积分数的函数关系分别示于图 4-57a ~ c。在反应各阶段，温度越高，则直线斜率越大，即反应进行得越快。

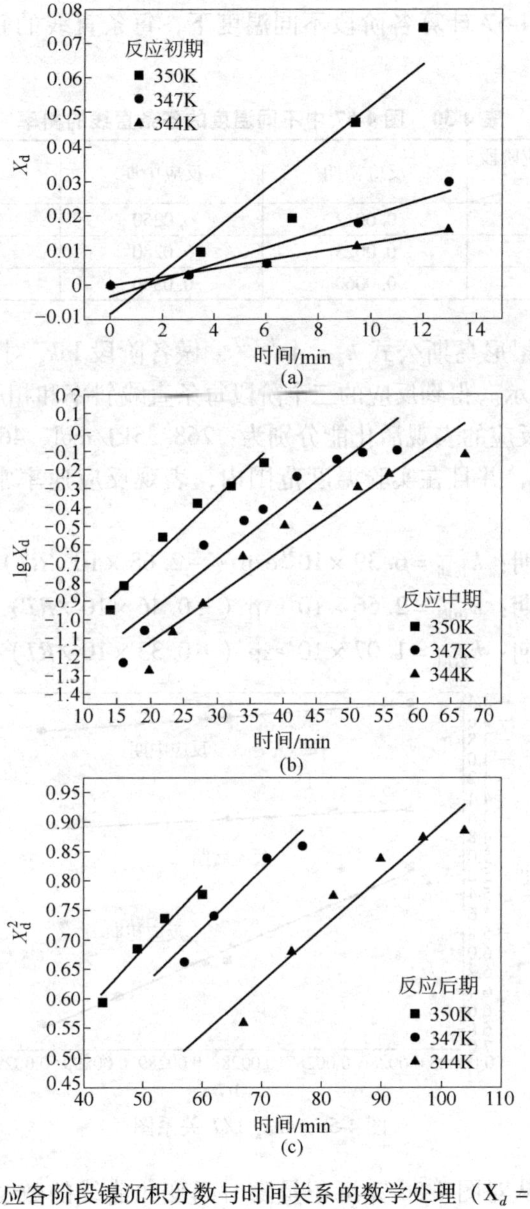

图 4-57 反应各阶段镍沉积分数与时间关系的数学处理（$X_d = \frac{c_0 - c_{Ni^{2+}}}{c_0}$）

（*a*）反应初期镍沉积分数与时间关系；（*b*）反应中期镍沉积分数的对数与时间关系；

（*c*）反应后期镍沉积分数的平方与时间的关系

根据图 4-57 计算各阶段不同温度下，每条直线的斜率，结果如表 4-30 所示。

表 4-30　图 4-57 中不同温度的各条直线的斜率

温度/K \ 反应阶段	反应初期	反应中期	反应后期
344	0. 0012	0. 0250	0. 0090
347	0. 0023	0. 0280	0. 0098
350	0. 0060	0. 0330	0. 0110

根据阿累尼乌斯公式 $k_a = Ae^{E_a/RT}$，做各阶段 $\ln k_a$ 对 $1/T$ 关系图，如图 4-58 所示。得到反应的三个阶段每条直线斜率和相应的截距，进而计算三段反应的表观活化能分别为：268. 35kJ/mol、46. 29kJ/mol 和 33. 46kJ/mol，并且在实验温度范围内，表观反应速率常数的经验表达式可写为：

反应前期：$k_{初期} = 6.39 \times 10^{37} \exp(-2.68 \times 10^5/RT)$

反应中期：$k_{中期} = 2.66 \times 10^5 \exp(-0.46 \times 10^5/RT)$

反应后期：$k_{后期} = 1.07 \times 10^3 \exp(-0.33 \times 10^5/RT)$

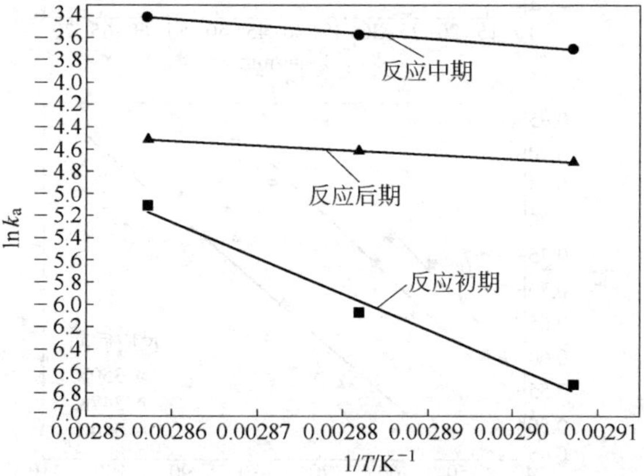

图 4-58　$\ln k_a$-$1/T$ 关系图

总之，从对图 4-56 镍沉积量随时间变化曲线的数学处理可以看出，镍的沉积量随时间的变化呈现三段规律：反应初期金属镍的沉积速率 dc_{Ni}/dt 随反应时间缓慢增加，此时反应为零级反应。此时的反应规律与邵忠财报道的结果一致。在反应中期，金属镍的沉积速率迅速增加，此时反应为一级反应，界面化学反应与扩散共同成为控制环节，这与伊卡洛娃（Егоровa）报道的结果相一致。反应后期金属镍的沉积速率减慢，由于此时溶液中 Ni^{2+} 浓度降低，界面反应受到扩散制约，镍的沉积量随时间变化呈抛物线关系，这与梁焕珍等的报道吻合。

从镍沉积为自催化反应的结果出发，根据溶液 Ni^{2+} 初始浓度，用“半球面自催化沉积”动力学模型的数学表达式

$$t=\frac{c_0^{-\frac{2}{3}}}{k_a}\left\{-\ln\left|1-X_d^{\frac{1}{3}}\right|+\frac{1}{2}\ln\left(X_d^{\frac{2}{3}}+X_d^{\frac{1}{3}}+1\right)+\sqrt{3}\arctan\left[\frac{\sqrt{3}}{3}\left(2X_d^{\frac{1}{3}}+1\right)\right]-\frac{\sqrt{3}}{6}\pi\right\}$$

由沉积分数 $X_d=\dfrac{c_0-c_{Ni^{2+}}}{c_0}$ 可知，$c_{Ni}=c_0X_d$，则 X_d 与 t 呈函数关系。拟合粘胶纤维表面沉积金属镍的动力学曲线，计算各实验条件的表观反应速度常数 k_a，并计算 X_d-时间曲线，结果如图 4-59 所示。图中不同形状的点为不同温度下的实验点，各条实线为用此模型表达式计算得到的曲线（模型模拟曲线）。由图可以看出模型模拟曲线与实验点吻合很好；以 350.5K 温度下实验为例，表明重现性也很好。这表明“半球面自催化沉积”动力学模型也可以描述用联氨还原氨配合化学镀镍新体系在粘胶纤维表面沉积金属镍的过程。

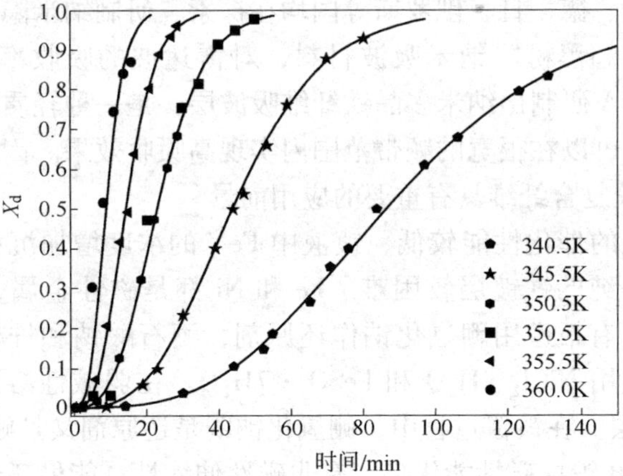

图 4-59　不同温度镍包覆粘胶纤维的 X_d-时间曲线（$X_d=\dfrac{c_0-c_{Ni^{2+}}}{c_0}$）

表观反应速度常数 k_a 应遵循阿累尼乌斯方程 $\ln k_a = \frac{-E_a}{RT} + \ln A$，其中 E_a 是表观活化能，A 是常数。做 $\ln k_a$-$1/T$ 图，得到一线性关系，由此获得用联氨还原氨配合体系在粘胶纤维上化学镀镍的反应表观活化能 E_a 为 118kJ/mol，结果如图 4-60 所示。

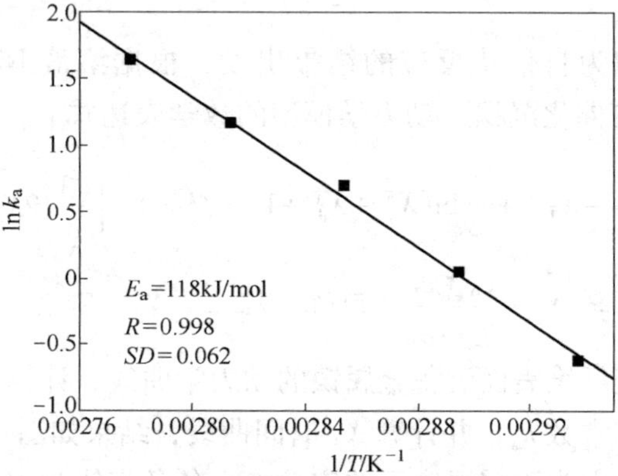

图 4-60　$\ln k_a$-$1/T$ 关系图

4.5.3　镍铁-粘胶复合纤维的制备

近年来，随着纳米材料研究的深入，证实了其具有极好的吸波特性。美、法、德、日、俄罗斯等国均在探索、研制纳米隐身材料。美国研制出“超黑粉”纳米吸波材料，对雷达波的吸收率接近 98%。欧洲 GAMMA 研制出纳米多晶铁纤维吸波层，是一种轻质的磁性雷达波吸收剂，可以在很宽的频带范围内实现高吸收效果。因此，研制纳米铁镍-粘胶复合纤维具有重要的应用前景。

由于铁的催化性能较低，镀液中 Fe^{2+} 的浓度增加沉积速率就会降低，获得纯的铁镀层较困难。Fe 和 Ni 都是磁性金属，可采用复合镀技术。有报道用硼氢化钠作还原剂，酒石酸钠和柠檬酸钠作配合剂，主盐用 $NiCl_2 \cdot H_2O$ 和 $FeSO_4 \cdot 7H_2O$。在弱碱性溶液中，获得 Ni-Fe-B 镀层。在镀覆过程中，硼氢化钠既是还原剂又是硼的提供者。获得 Ni-Fe-B 镀层磁性能优良，有非磁性伸缩性，能做磁记录元件及复杂电子器件表面的扩散隔离层和防腐层。为探索获得不含 B、P 的

Ni-Fe 镀层，采用联氨还原氨配合化学镀体系，在 333～338K，pH≈8 的条件下，进行在粘胶纤维上化学镀 Ni-Fe 的实验，获得的镍铁-粘胶复合纤维的 SEM 显微形貌和 EDS 分析分别如图 4-61 和图 4-62 所示。

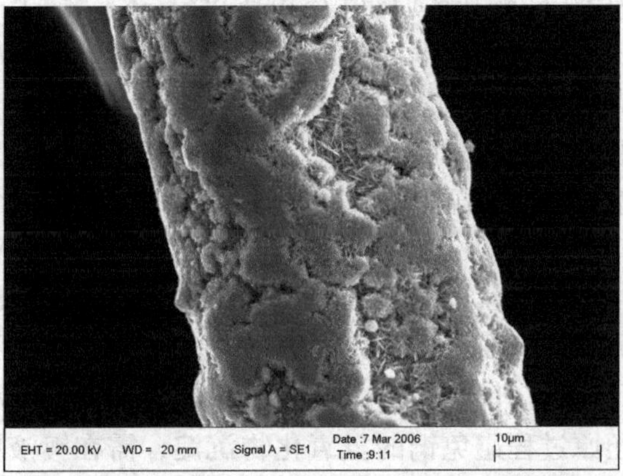

图 4-61 镍铁-粘胶复合纤维 SEM 显微形貌

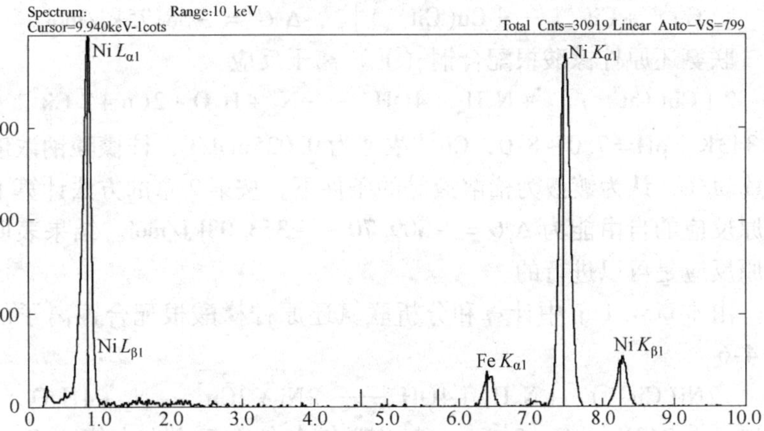

图 4-62 镍铁-粘胶复合纤维的 EDS 分析

4.5.4 铜-粘胶复合纤维的制备——镍辅助沉积铜

化学镀铜工艺除在信息工业广泛应用于印刷电路、电路互联、电子器件封装外，在需电磁屏蔽的许多领域也得到广泛应用。由于铜对甲醛最具催化活性，原大多商业化化学镀铜都采用甲醛作为还原剂。考虑对环境和人体健康的影响，许多国家加强了对使用甲醛的限制，人们纷纷使用次磷酸盐作为还原剂（前面已用电势-pH 图对此做过分析）。然而使用次磷酸盐还原沉积铜的同时，还有磷的沉积，得不到纯的铜镀层。欲获得纯的铜沉积还得采用联氨还原剂。为获得一定厚度的镀层，克服沉积的铜没有自催化活性，考虑利用金属镍的自催化活性，沉积金属镍辅助继续沉积金属铜。下面对采用联氨还原剂在粘胶纤维表面沉积铜及沉积镍的辅助作用进行热力学分析。已知

$$Cu^{2+} + 2e^{-} \longrightarrow Cu, \qquad \varphi^{0} = 0.34V$$

$$N_2 + 4H_2O + 4e^{-} \longrightarrow N_2H_4 + 4\,OH^{-}, \quad \varphi^{0}_{-} = -1.16V$$

铜（Ⅱ）离子还原反应

$$2Cu^{2+} + N_2H_4 + 4OH^{-} \longrightarrow N_2 + H_2O + 2Cu, \ \Delta_r G^{\ominus} = -579.00kJ/mol$$

为控制还原过程避免铜的氢氧化物沉淀，需在镀液中加配合剂。由于铜与氨的配合物可溶粘胶纤维，因此选择柠檬酸钠为配合剂。柠檬酸根配合铜（Ⅱ）离子生成反应

$$Cu^{2+} + Cit^{3-} \longrightarrow [Cu(Cit^{3-})]^{-}, \ \Delta_r G^{\ominus} = -38.75kJ/mol$$

联氨还原柠檬酸根配合铜（Ⅱ）离子反应

$$2[Cu(Cit^{3-})]^{-} + N_2H_4 + 4OH^{-} \longrightarrow N_2 + H_2O + 2Cu + 2\,Cit^{3-}$$

在 343K，pH = 7.0 ~ 8.0，Cu^{2+} 浓度为 0.025mol/L，柠檬酸钠浓度为 0.1mol/L，认为镀液为稀溶液等的条件下，按第 2 章的方法计算上述还原反应的自由能为 $\Delta_r G = -309.70 \sim -353.08$kJ/mol。结果表明此还原反应是可以进行的。

由本章 4.1 节中计算和分析联氨还原柠檬酸根配合镍离子的反应 4-6

$$2Ni(Cit^{3-})^{-} + N_2H_4 + 4OH^{-} \longrightarrow 2Ni + 2Cit^{3-} + N_2 + 4H_2O$$

可知，在 343K，pH = 8.0，一般化学镀条件下反应自由能 $\Delta_r G_{(4\text{-}6)}$ 在 $-179 \sim -175$kJ/mol 之间，用联氨还原柠檬酸根配合镍离子可以得到金属镍的沉积。

由于沉积的铜没有自催化活性，当镀覆物的整个反应表面被沉积的金属铜覆盖之后，镀铜的沉积反应不再进行。而配制在镀

液中的少量的柠檬酸根镍离子在反应表面由联氨还原沉积出金属镍。沉积的金属镍与溶液中的柠檬酸根铜离子有如下的交换反应

$$Ni + [Cu(Cit^{3-})]^{-} \longrightarrow [Ni(Cit^{3-})]^{-} + Cu, \Delta_r G^{\ominus} = -116.58kJ/mol$$

再次出现铜的沉积。然后又出现镍的沉积，沉积镍与溶液中的柠檬酸根铜离子发生交换反应，再次出现铜的沉积。如此往复，直至溶液中的柠檬酸根铜离子耗尽。溶液中的镍离子起到催化作用，帮助铜离子不断沉积，形成厚的金属铜镀层。为验证这一设想，进行采用联氨还原柠檬酸根配合铜离子镍辅助在粘胶纤维表面镀覆金属铜的实验。

实验装置与实验过程大体与制备金属镍-粘胶复合纤维一样。粘胶纤维直径为10～30μm，长2～5mm，分析纯的$PdCl_2$，$NiSO_4 \cdot 6H_2O$，$CuSO_4 \cdot 5H_2O$，$N_2H_4 \cdot H_2O$和$Na_3C_6H_5O_7 \cdot 2H_2O$。镀液配比$CuSO_4$ 0.025 mol/L，$NiSO_4$ 0.01mol/L，$Na_3C_6H_5O_7$ 0.1mol/L 还原剂量略超过反应所需。粘胶纤维先浸在1g/L浓度的$PdCl_2$溶液中，$PdCl_2$与纤维的质量比为8mg/g，然后取出在空气中干燥。将表面吸附有$PdCl_2$的粘胶纤维放在联氨水溶液中进行预还原。将处理过的纤维在343K温度下干燥并去除残留联氨。将配制好的镀液在恒温水浴中加热到343K，并保持这一温度稳定，加入一定量的还原剂（每250mL溶液加1mL联氨还原剂）并搅拌3min以上，以保证还原剂均匀分布在溶液中。此后将经表面处理的粘胶纤维加到镀液中，固定Cu^{2+}/纤维比为4，随后每5min滴加联氨还原剂，其总量为0.5mL。溶液变浊且没有气泡从中冒出，直至沉积反应结束，用网筛收集镀覆物，经去离子水和无水乙醇清洗，室温干燥后供分析检测。

图4-63和图4-64分别为用此方法制备出的铜-粘胶复合纤维的SEM和LOM（光学显微镜）显微形貌。图4-63b中字母A、B和C分别表示粘胶基材，沉积的金属铜层和制备剖面样品的包埋材料。由图可以看出，用镍辅助铜沉积能够制备出厚的铜镀层。

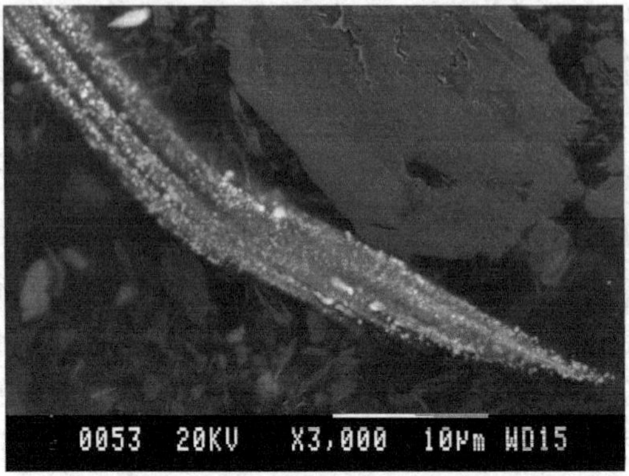

(a)

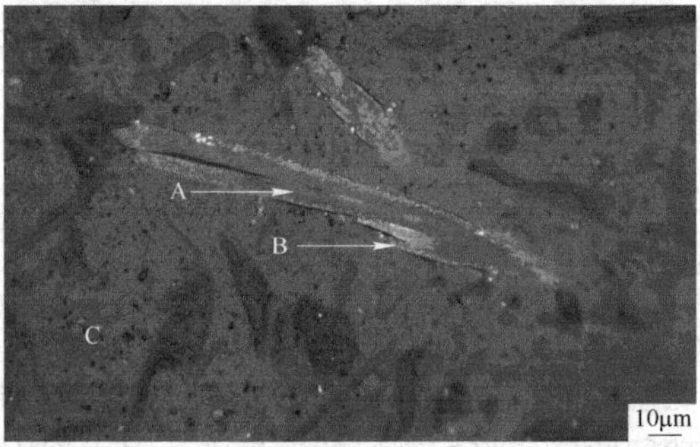

(b)

图 4-63　铜-粘胶复合纤维的 SEM 和 LOM 形貌

（a）包覆铜薄层的 SEM 形貌；（b）铜复合纤维断面 LOM 形貌

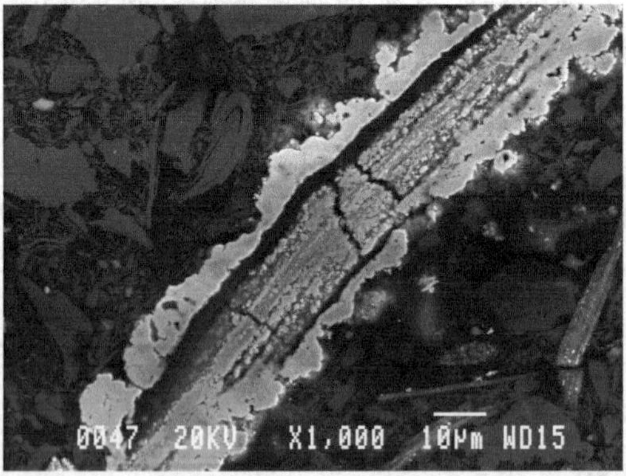

图 4-64　镀覆厚层铜的铜复合纤维的剖面 SEM 形貌

4.5.5 化学镀法制备纳米镍颗粒中空纤维

空心金属纤维在高技术和军工等领域已得到了广泛的应用，诸如镍氢电池、吸波材料等。目前中空金属纤维制备的方法较多，如拉拔法、羰基法、高压水热法等；但工艺复杂、流程较长，因而成本相对较高。本节介绍采用粘胶纤维有机模板（也可以用碳无机模板），在采用化学镀方法制备纳米金属颗粒复合纤维的基础上，经过脱芯，获得纳米颗粒中空金属纤维的工艺理论，以便经过不断实践得到较为经济、易操作、性能较好的纳米金属颗粒中空纤维的制备工艺。

4.5.5.1 纳米金属镍颗粒-粘胶复合纤维热解脱芯的热力学计算

纳米金属镍颗粒-粘胶复合纤维的热解脱芯过程，实际上是粘胶纤维的热解过程，因此计算粘胶纤维热解反应的自由能，有助选择适宜的热解脱芯工艺条件。由于在各热力学数据库和相关的手册中均没有粘胶纤维的热力学参数，因此，需要对相关热力学数据进行估算。本节介绍的热力学计算，采用了一些被认为是可信的近似计算方法，如键焓法计算标准生成自由焓，由有机物热容计算标准生成熵，用绝对熵法计算标准生成自由能等，在缺少必要的热力学参数时均可采用这些方法来估算。

A 粘胶纤维标准生成自由能的近似计算

粘胶纤维的成分是纤维素，其分子式为（$C_6H_{10}O_5$）$_n$，一般由220个单元组成一个长链，即 $n=220$，其结构式为

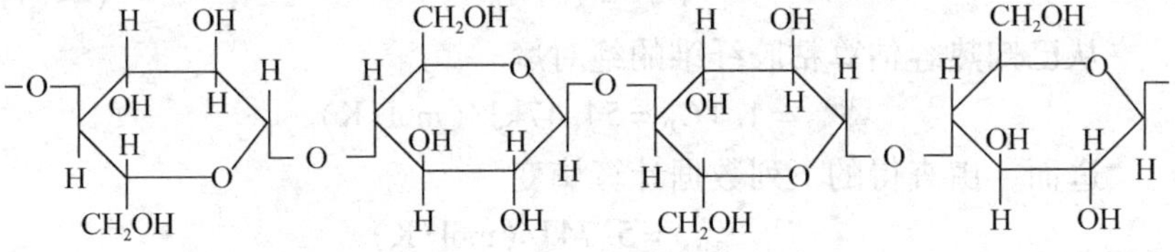

a 由已知数据用键焓法计算标准生成焓 $\Delta_f H^\circ_{298K}$

由粘胶纤维的结构可知，它的一个组成单元含有5个C—C键，7个C—H键，7个C—O键和3个O—H键。由热力学数据手册可以

查到键焓的数据，如表 4-31 所示。

表 4-31　有关键焓的数据　　kJ/mol

C—C	C—O	O—H	C—H
348	360	463	412

由键焓计算 $n=220$，$(C_6H_{10}O_5)_n$ 的生成气态化合物的焓变为

$$\Delta_{f1}H=-8533\times220\text{kJ/mol}$$

已知下列反应的数据，计算其由气态到固态的焓变

$$C_{(s)}=C_{(g)},\ \Delta_f H^{\ominus}=716.68\text{kJ/mol}$$

$$0.5O_{2(g)}=O_{(g)},\ \Delta_f H^{\ominus}=249.17\text{kJ/mol}$$

$$0.5H_{2(g)}=H_{(g)},\ \Delta_f H^{\ominus}=217.97\text{kJ/mol}$$

因此，$\Delta_{f2}H=7725.63\times220\text{kJ/mol}$。

粘胶纤维的标准生成焓为

$$\Delta_{f,\text{fiber}}H_{298}^{\ominus}=\Delta_{f1}H+\Delta_{f2}H=-177\ 621.4\text{kJ/mol}$$

b　由热容近似计算粘胶纤维的标准生成熵

俄文文献中对固体有机物有如下的关系式

$$C_P=\sum C_i\cdot n_i \tag{4-12}$$

式中，n_i 为分子式中 i 原子的数；C_i 为 i 原子的热容。

由文献的数据表可知，

$C_C=7.53\text{J/(mol·K)}$；$C_H=9.62\text{J/(mol·K)}$；$C_O=16.74\text{J/(mol·K)}$。

于是，计算得到粘胶纤维的热容为

$$C_{P,\text{fiber}}=49.52\text{kJ/(mol·K)}$$

按俄文文献给出的对固体有机物估算绝对熵的经验式

$$S_{298}^{\ominus}=1.1C_P \tag{4-13}$$

从已知热容估算粘胶纤维的绝对熵

$$S_{298}^{\ominus}=1.1C_P=54.47\text{kJ/(mol·K)}$$

进而，由查得的下列数据计算熵变

$$S_{C(s),298K}^{\ominus}=5.74\text{J/(mol·K)}$$

$$S_{H_2(g),298K}^{\ominus}=130.684\text{J/(mol·K)}$$

$$S_{O_2(g),298K}^{\ominus}=205.138\text{J/(mol·K)}$$

得到粘胶纤维的标准生成熵为

对 $n=220$，$\Delta S^{\theta}_{298}=-209.68\text{kJ/(mol·K)}$

c 用绝对熵法计算粘胶纤维的标准生成吉布斯自由能

$$\Delta_f G^{\ominus}_{\text{fiber}}=\Delta_{f,\text{fiber}}H^{\ominus}_{298}-T\Delta_f S^{\ominus}_{298}$$

对 $n=220$，$$\Delta_f G^{\ominus}=-177621.4+209.7T\ \text{kJ/mol} \tag{4-14}$$

由上式可知粘胶纤维在标准状态下，温度低于847K（574℃）稳定。

B 左旋葡萄糖标准生成自由能的近似计算

粘胶纤维可以分解成左旋葡萄糖（$C_6H_{12}O_6$），同样缺少左旋葡萄糖的热力学数据，用近似的方法计算分解产物左旋葡萄糖的标准生成自由能。左旋葡萄糖的标准生成自由能的近似计算方法与粘胶纤维的相同。

a 已知键焓数据近似计算左旋葡萄糖的标准生焓 $\Delta_f H^{\ominus}_{298K}$

由左旋葡萄糖的结构式，可以看出它是由5个C—C键、7个C—O键、5个O—H键和7个C—H键构成。由表4-31键焓的数据，根据左旋葡萄糖的结构式计算得到：

$$\Delta_{f1}H=-9459\text{kJ/mol}$$

已知下列反应的焓变

$$C_{(s)}=C_{(g)},\ \Delta_f H^{\ominus}=716.68\text{kJ/mol}$$

$$0.5O_{2(g)}=O_{(g)},\ \Delta_f H^{\ominus}=249.17\text{kJ/mol}$$

$$0.5H_{2(g)}=H_{(g)},\ \Delta_f H^{\ominus}=217.97\text{kJ/mol}$$

因此，得到

$$\Delta_{f2}H=8410.74\text{kJ/mol}$$

据此可以得到左旋葡萄糖的标准生成焓，即

$$\Delta_{f,\text{glucose}}H^{\ominus}_{298}=\Delta_{f1}H+\Delta_{f2}H=-1049.26\text{kJ/mol}$$

b 由热容近似计算左旋葡萄糖的标准生成熵

$$C_P=\sum C_i n_i$$

$$C_{P,\text{glucose}}=0.261\text{kJ/(mol·K)}$$

再由已知热容估算左旋葡萄糖的绝对熵

$$S^{\theta}_{298}=1.1,\ C_P=0.287\text{kJ/(mol·K)}$$

由绝对熵的数据，计算左旋葡萄糖的标准生成熵为

$$\Delta_f S^{\ominus}_{298}=S^{\ominus}_{298}-(6S^{\ominus}_{C(s),298K}+6S^{\ominus}_{H_2(g),298K}+3S^{\ominus}_{O_2(g),298K})=-1.15\text{kJ/(mol·K)}$$

即　$\Delta_f S^{\ominus}_{298} = -1.15 \text{kJ/(mol·K)}$

c　利用绝对熵法计算左旋葡萄糖的标准生成自由能

$$\Delta_f G^{\ominus}_{glucose} = \Delta_{f,glucose} H^{\ominus}_{298} - T\Delta_f S^{\ominus}_{298}$$

于是得到

$$\Delta_f G^{\ominus} = -1048.26 + 1.15T \text{ kJ/mol} \tag{4-15}$$

由上式可以看出，左旋葡萄糖在标准状态下低于911.5K稳定。

C　计算粘胶纤维热解反应的自由能

已知粘胶纤维热解反应的反应物和反应产物的标准生成自由能，即可计算粘胶纤维的热解反应自由能。发生热解反应的环境不同，热解反应产物也不同。粘胶纤维（纤维素）和左旋葡萄糖的标准生成自由能来自前面的计算，其他物质的数据来自文献。

a　在惰性气氛下

若粘胶纤维发生热解反应，产物为左旋葡萄糖和水汽及碳（石墨）

$$2(C_6H_{10}O_5)_n(s) = n(C_6H_{12}O_6(s) + 4H_2O(g) + 6C(s)) \tag{4-16}$$

已知 H_2O 的标准生成自由能为

$$H_2(g) + 0.5O_2(g) = H_2O(g), \Delta_f G^{\ominus} = -249.58 + 0.057T \text{ kJ/mol}$$

此粘胶纤维热解反应的标准吉布斯自由能为

$$\Delta_r G^{\ominus}_{(4\text{-}16)} = 4n\Delta_f G^{\ominus}_{H_2O} + 6n\Delta_f G^{\ominus}_{C} + n\Delta_f G^{\ominus}_{glucose} - 2\Delta_f G^{\ominus}_{fiber}$$

$$\Delta_r G^{\ominus}_{(4\text{-}16)} = -95004.8 - 116.24T \text{ kJ/mol}$$

而左旋葡萄糖的进一步分解，可能的方式为

$$C_6H_{12}O_6(s) = 2H_2O(g) + 4CO(g) + 2CH_4(g) \tag{4-17}$$

$$\Delta_r G^{\ominus}_{(4\text{-}17)} = 2\Delta_f G^{\ominus}_{H_2O} + 4\Delta_f G^{\ominus}_{CO} + 2\Delta_f G^{\ominus}_{CH_4} - \Delta_f G^{\ominus}_{glucose}$$

$$\Delta_r G^{\ominus}_{(4\text{-}17)} = -44.4 + 0.228T\lg T - 1.824T \text{kJ/mol}$$

$$C_6H_{12}O_6(s) = 3CO_2(g) + 3CH_4(g) \tag{4-18}$$

$$\Delta_r G^{\ominus}_{(4\text{-}18)} = 3\Delta_f G^{\ominus}_{CO_2} + 3\Delta_f G^{\ominus}_{CH_4} - \Delta_f G^{\ominus}_{glucose}$$

$$\Delta_r G^{\ominus}_{(4\text{-}18)} = -1378.5 + 0.342T\lg T - 0.678T \text{kJ/mol}$$

$$C(s) + CO_2(g) = 2CO(g) \tag{4-19}$$

$\Delta_r G^{\ominus}_{(4\text{-}19)} = 162.75 - 0.168T \text{kJ/mol}$，$T = 968.2\text{K}$，$\Delta_r G^{\ominus}_{(4\text{-}19)} = 0$

另一种可能的热解反应

$$(C_6H_{10}O_5)_n(s) = 4nCO(g) + nH_2O(g) + 2nCH_4(g) \quad (4\text{-}20)$$

$$\Delta_r G^\ominus_{(4\text{-}20)} = -7856.2 + 50.16T\lg T - 370.52T\,\mathrm{kJ/mol}$$

b 在惰性气氛中的另一种情况

粘胶纤维可直接热解为水汽和石墨

$$(C_6H_{10}O_5)_n(s) = 6nC_{graphite} + 5nH_2O(g) \quad (4\text{-}21)$$

其反应的标准吉布斯自由能

$$\Delta_r G^\ominus_{(4\text{-}21)} = 6n \times (\Delta_f G^\ominus_{graphite,C}) + 5n \times (\Delta_f G^\ominus_{H_2O,gas}) - \Delta_f G^\ominus_{fiber}$$

$$\Delta_r G^\ominus_{(4\text{-}21)} = -96916.6 - 147T\,\mathrm{kJ/mol}$$

从热力学分析可以看出，在非氧化气氛下，粘胶纤维热解产生水汽、石墨、甲烷以及一氧化碳气体的反应在任何温度下均可进行。在较低温度下，由于动力学条件不能满足，故未见粘胶纤维的分解。当温度高于968.2K时，反应产物碳因会与二氧化碳发生波-波反应生成一氧化碳而被去除。

c 在氢气气氛下

若粘胶纤维的直接热解生成水汽和甲烷

$$(C_6H_{10}O_5)_n(s) = 5nH_2O(g) + 6nCH_4(g) \quad (4\text{-}22)$$

$$\Delta_r G^\ominus_{(4\text{-}22)} = 6n \times (\Delta_f G^\ominus_{CH_4,g}) + 5n \times (\Delta_f G^\ominus_{H_2O,gas}) - \Delta_f G^\ominus_{fiber}$$

$$\Delta_r G^\ominus_{(4\text{-}22)} = 181541.8 + 150.48T\lg T - 445.32T\,\mathrm{kJ/mol}$$

当 $T < 2624\mathrm{K}$ 时 $\Delta_r G^\ominus_{(4\text{-}22)} < 0$，反应可进行。

另一可能情况是粘胶纤维热解生成碳和水汽，而碳与气氛的氢生成甲烷

$$(C_6H_{10}O_5)_n(s) = 6nC_{graphite} + 5nH_2O(g) \quad (4\text{-}23)$$

$$\Delta_r G^\ominus_{(4\text{-}23)} = -96916.6 - 147T\,\mathrm{kJ/mol}$$

$$C_{graphite} + 2H_2(g) = CH_4(g) \quad (4\text{-}24)$$

$$\Delta_r G^\ominus_{(4\text{-}24)} = -46.11 + 0.114T\lg T - 0.226T\,\mathrm{kJ/mol}$$

当 $T < 668\mathrm{K}$ 时，$\Delta_r G^\ominus < 0$，可发生生成甲烷的反应。

d 在氧化气氛下粘胶纤维的热解反应

可能的反应有

$$2(C_6H_{10}O_5)_n(s) = n(C_6H_{12}O_6(s) + 4H_2O(g) + 6C(s))$$

$$\Delta_r G^\ominus = -95004.8 - 116.24T\,\mathrm{kJ/mol}$$

已知

$$C_{graphite} + O_2(g) = CO_2(g) \quad (4\text{-}25)$$

$$\Delta_r G^\ominus_{(4\text{-}25)} = -395.39 + 0.00001T\,\text{kJ/mol}$$

$$2(C_6H_{10}O_5)_n(s) + 6nO_2 = 4nCO(g) + 6nH_2O(g) + 2nCH_4(g) + 6nCO_2(g) \quad (4\text{-}26)$$

$$\Delta_r G^\ominus_{(4\text{-}26)} = -626687.6 + 50.16T\lg T - 517.39T\,\text{kJ/mol}$$

$$CH_4(g) + 2O_2(g) = 2CO_2(g) + 2H_2O(g) \quad (4\text{-}27)$$

$$\Delta_r G^\ominus_{(4\text{-}27)} = -830.44 - 0.114T\lg T + 0.34T\,\text{kJ/mol}$$

热力学分析表明，粘胶纤维在空气中标准状态下任何温度均可以氧化。

综合上述粘胶纤维可能的热解反应的热力学估算，可以看出：粘胶纤维的热解反应不管是先分解为左旋葡萄糖，再分解成碳的氧化物、甲烷和水汽或是直接热解为石墨和水汽，或者在氧化气氛下发生热解等，热解过程均可进行。

4.5.5.2　纳米金属镍颗粒复合纤维的热解脱芯工艺

对粘胶纤维热解生成不同的产物进行了相关的近似热力学计算，表明各种热解反应都是可行的。由此可见，纳米镍颗粒-粘胶复合纤维的热解脱芯工艺可有多种。

粘胶纤维的低温热解和碳化过程，理论上就是逐步脱除物理和化学结合水的过程，即$(C_6H_{10}O_5)_{n(\text{fiber})} \rightarrow 6nC(s) + 5nH_2O(g)$。热力学计算结果表明，反应可在任何温度下发生。但由于动力学原因，一般温度下观察不到反应的进行。

在研究从粘胶纤维制备碳纤维的报道中，有人认为实际上粘胶纤维在低温热解和碳化过程中，除生成碳和水外，还产生大量的CO_2、CO、焦油等几十种含碳低分子量物质。由此可见，纳米镍颗粒-粘胶复合纤维的脱芯，必须在一定的气流中才能将产物携带清除干净。

基于热力学的分析，考虑复合纤维的热解脱芯工艺可以是：在空气气氛中热解脱水和氧化脱碳，与此同时金属镍也被氧化，然后再经还原得到中空镍纤维；或在惰性气氛（氩或氮）下热解粘胶纤维，并通过气流携载带出缓慢脱碳；或在氢气气氛下热解粘胶纤维，并通过气流携载带出产物，脱除粘胶纤维芯，以期获得中空镍纤维。

为选择合适的复合纤维热解脱芯工艺，先在热分析仪上进行不同气氛下的纳米镍颗粒-粘胶复合纤维的扫描量热（DSC）和热重（TG）分析。

纳米金属镍颗粒-粘胶复合纤维在空气中的 DSC 和 TG 结果，如图 4-65 所示。从图的 TG 结果可看出，在约 550K 前样品逐渐脱除物理和部分化学吸附水，缓慢失重，550 ~ 650K 左右纤维的键断裂，产生 H_2O、CO、CO_2 和 CH_4 等产物并被携带出，样品急剧失重。与此同时，扫描量热 DSC 的结果表明：纳米镍颗粒-粘胶复合纤维在 630K 附近有个放热峰；结合 TG 结果可以认为此峰为粘胶纤维的氧化放热峰，到 700K 左右粘胶纤维全部氧化完，并伴有 30% 左右的失重；此后，在 720K 左右为金属镍的氧化，到 1060K 左右全都氧化完，并伴有约 15% 的增重。

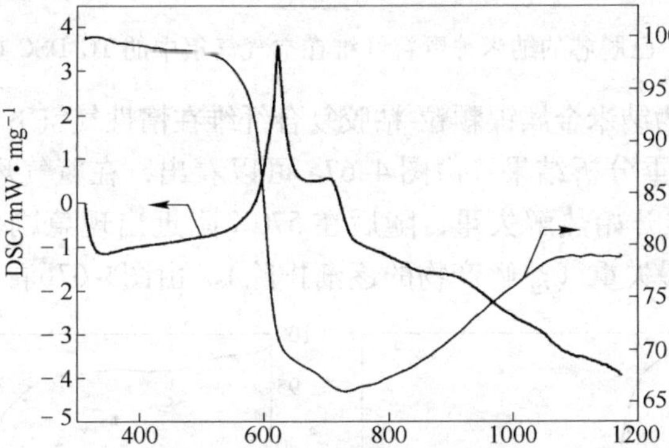

图 4-65 纳米金属镍颗粒-粘胶复合纤维在空气气氛中的 TG-DSC 热分析

从镍的氧化反应标准自由能计算

$$2Ni(s) + O_2 \xlongequal{} 2NiO(s) \qquad (4\text{-}28)$$

$$\Delta_r G^\ominus = -476.98 + 0.168T \text{kJ/mol}$$

$$\Delta_r G^\ominus_{720K} = -356\text{kJ/mol}$$

可知在空气气氛中，720K 金属镍可以被氧化，这与扫描量热的实验结果相吻合。由于纤维表面为纳米镍颗粒，其比表面大，化学活性大，与氧结合的能力更强，起始氧化的温度可能更低。

根据差热分析，纳米镍颗粒-粘胶复合纤维的热解脱芯工艺可以是：700K 之前在空气中升温热解粘胶纤维，之后改换为惰性气体携带热解产物，以防止金属的氧化。已脱芯的纳米镍颗粒纤维在空气气氛中的 TG-DSC 热分析结果，如图 4-66 所示。

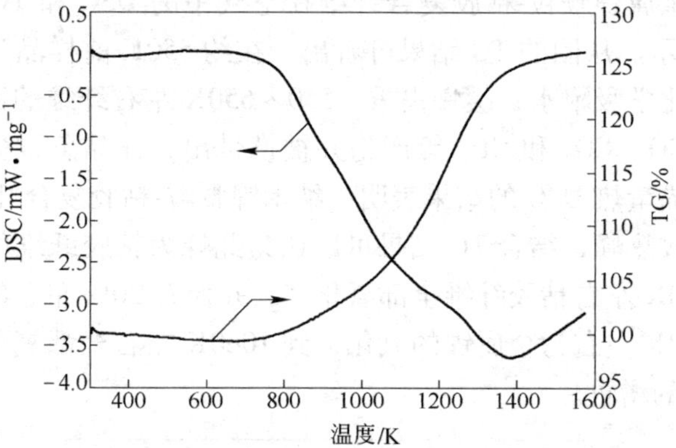

图 4-66　已脱芯的纳米镍颗粒纤维在空气气氛中的 TG-DSC 热分析

图 4-67 为纳米金属镍颗粒-粘胶复合纤维在惰性气氛下（氩气或氮气）的 TG 热重分析结果。由图 4-67a 可以看出，在氮气环境下 550K 左右粘胶纤维开始热解失重，随后在 570K 附近出现急剧失重，约在 650K 之后缓慢失重（热解产物的逐渐排除）。由图4-67b看出，在氩气

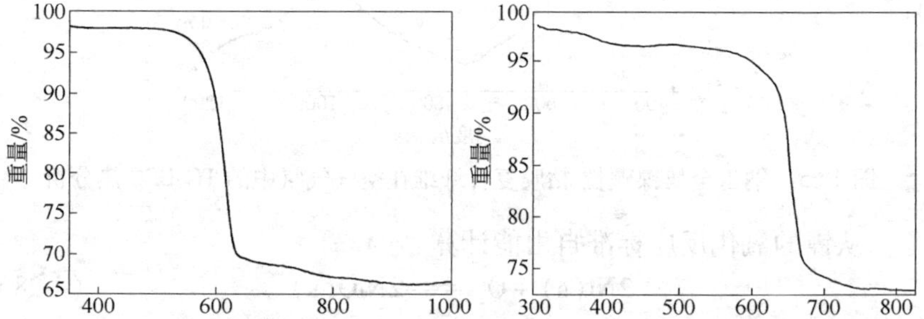

图 4-67　纳米金属镍颗粒-粘胶复合纤维在惰性气氛下的 TG 分析

（a）氮气气氛；（b）氩气气氛

气氛下粘胶纤维的热解过程大体与在氮气环境下的相似，550K左右粘胶纤维开始热解，然后急剧失重，到670K左右失重开始减缓，即热解产物的逐渐排除。惰性气氛下脱芯，不会使金属镍壳层氧化，但从热力学分析看，壳层内可能会有残留碳。

综合上述热分析实验结果，复合纤维在空气和氮气气氛中的热分解过程基本相似，主要热分解反应均大体发生在550～650K之间，此时失重约为35%左右，急剧热解反应大体发生在580～630K温度范围，而在氩气气氛下复合纤维的热解反应，虽开始温度也在550K附近，但整个反应行程较长，速率较缓，发生急剧反应的温度范围约在640～670K。热分解反应越激烈，粘胶纤维素大分子链的断裂越剧烈，产生的含碳低分子质量热解产物就越多。相反，热分解越缓和，含碳低分子质量热解产物就越少，因而脱芯过程就越长，残留碳的可能性就越大。由此可见，采用纳米镍颗粒-粘胶复合纤维在氮气流中脱芯，残留碳含量会较少；在空气流中脱芯，不会有残碳，但在温度高于700K时，会发生金属镍的氧化。为防止镍的氧化，需转换成惰性气氛，或脱芯后在氢气中还原。

由图4-68可知，在含12%氢气的氩气气氛中，纳米镍颗粒-粘胶复合纤维和纯粘胶纤维的热解规律不完全一致。除急剧失重阶段起止

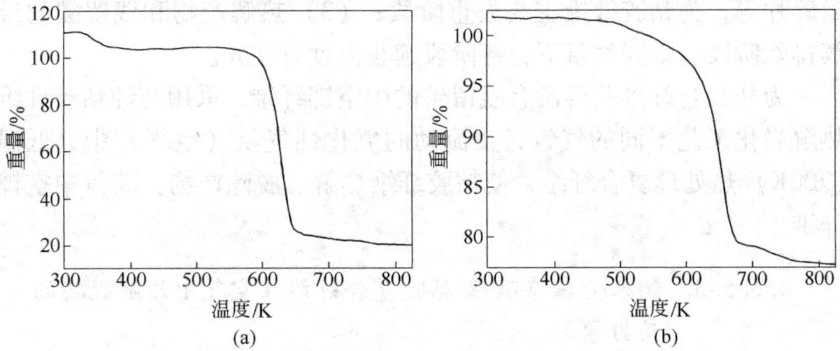

图4-68 纳米金属镍颗粒-粘胶复合纤维与纯粘胶纤维在12% H_2 + Ar气流中的TG分析

(a) 纳米金属镍颗粒-粘胶复合纤维；(b) 纯粘胶纤维

温度不同外，复合纤维有一个宽的较快失重阶段。这种现象也出现在其他几种气氛的实验中，这可能是由于金属镍的催化作用缘故。但与空气、氮和氩气气氛相比，在12% H_2 + Ar气氛中复合纤维热解发生在500 ~ 750K温度之间，主要热解过程发生在约500 ~ 680K之间，而急剧反应失重阶段为630 ~ 680K左右，与在氩气气氛下相近，但比在空气和氮气气氛下高了许多，原因何在有待今后进一步研究。在含氢气氛下脱芯，虽然过程中金属镍壳层不会发生氧化，但可能会有镍颗粒吸收氢的问题。因此，脱芯后还需要有脱氢步骤。从图4-68a可知复合纤维热解过程在800K左右结束，满足安全使用氢气的条件（低于873K）。因此含氢气氛中实现脱芯，在技术上也是可行的。

综合上述实验结果，在空气（氧化性气氛）、惰性气氛以及含氢气氛下都可发生粘胶纤维的热分解反应，实现纳米镍颗粒-粘胶复合纤维的脱芯。这与热力学分析一致。纳米镍颗粒-粘胶复合纤维的脱芯，实际上是粘胶纤维热解、脱水、排除气体产物以及残留碳的排除过程。从失重曲线可以看出，纳米镍颗粒-粘胶复合纤维的脱芯大体可分为三个阶段，即：（1）粘胶纤维脱除吸附水和结合水的阶段；（2）粘胶纤维大分子主链断裂生成CO、CO_2、烷烃及其他低分子质量碎片等，为粘胶纤维主要失重阶段；（3）热解产物和残留碳的继续排除阶段。不同气氛下，各阶段起止温度有差异。

为从复合纤维获得没有残留碳的中空镍纤维，采用与纯粘胶纤维热解炭化工艺不同的气氛，在流动的氧化性气氛（空气）中，低温（700K）热处理复合纤维，使粘胶纤维热解、脱除产物，获得中空镍纤维。

4.5.5.3　纳米金属镍颗粒-粘胶复合纤维在空气中热解脱芯的动力学

热力学分析纳米金属镍颗粒复合纤维中粘胶纤维热解的趋势与可行性，而动力学研究热解反应的路径、反应速率和控制反应速率环节等问题，为放大试验奠定基础。这里分析纳米金属镍颗粒-粘胶复合纤维在空气气氛中热解脱芯的动力学规律。

为探求复合纤维热解脱芯的动力学规律，设计了复合纤维在553～563K（280～290℃）空气气氛中，恒温热重的实验。实验结果表明，纳米金属镍颗粒-粘胶复合纤维脱芯，首先是粘胶纤维的热解反应过程，记录复合纤维热解失重随时间变化，即可研究热解脱芯动力学规律。此阶段热解失重随时间变化可用下式表示

$$\Delta W = k_c t \tag{4-29}$$

式中，ΔW 为粘胶纤维的失重百分数，$\Delta W = \frac{W - W_0}{W_0} \times 100\%$；$W_0$ 为初始样品的质量；W 为某时刻样品的质量；k_c 为热解过程中化学反应速率常数。

分别作553K、558K和563K三个温度的复合纤维热解失重 ΔW 随时间 t 变化曲线，即获得纳米金属镍颗粒-粘胶复合纤维在空气气氛各温度下热解脱芯的动力学曲线（图4-69）。另外，根据阿累尼乌斯公式，由不同温度的热解反应速度常数 k_c（图4-70）计算553～563K热解反应的表观活化能 E_a，E_a = 182.33kJ/mol，该结果与文献中的数值接近。

对在573～583K（300～310℃）阶段，由于粘胶纤维的热解产物排出，使金属镍壳层形成了一些微孔，氧通过金属镍层中微孔向内部扩散，并在界面因镍的催化使产物碳氧化。分析此阶段纳米金属镍颗粒-粘胶复合纤维热解脱芯的动力学曲线可知，此时的失重为产物碳

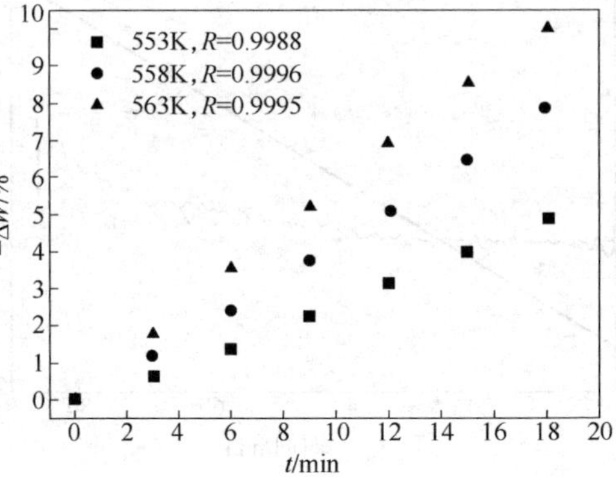

图4-69　金属镍-粘胶复合纤维在空气气氛中553～563K热解脱芯的动力学曲线

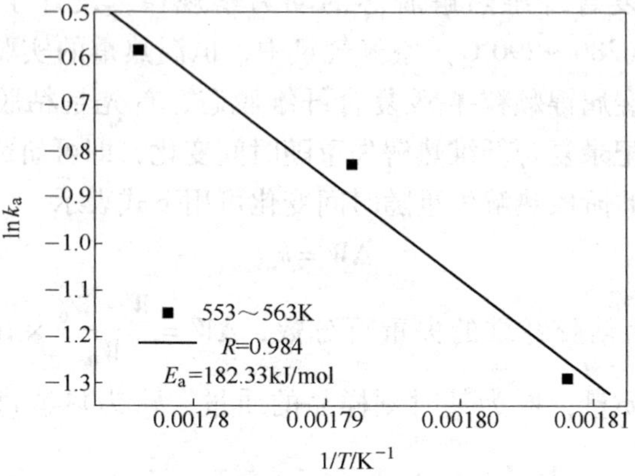

图 4-70　金属镍-粘胶复合纤维在空气中 553 ~ 563K 热解脱芯的表观活化能 E_a 的计算

的氧化，过程由氧的扩散控制，其实验结果如图 4-71 所示，其表达式为

$$(\Delta W)^2 = -k_D t \tag{4-30}$$

式中，k_D 为氧通过微孔的扩散速率常数。

由金属镍的氧化实验可知，在上述实验的温度范围内，金属镍的增重速率接近于一个常数（图 4-71），表明此时金属镍的氧化还未发

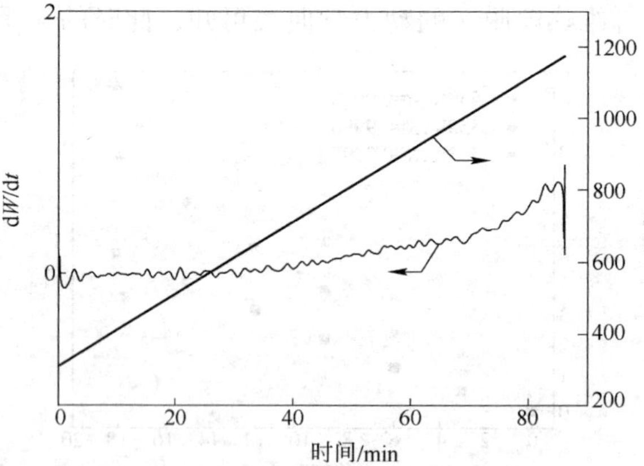

图 4-71　金属镍的氧化速率

生，这与金属镍颗粒-粘胶复合纤维在空气气氛中的热分析结果一致。

依据式 4-30 可得到在空气气氛中此阶段热解脱芯的动力学曲线，如图 4-72 所示，并计算此阶段热解脱芯的表观活化能 E_a 为 112.70kJ/mol（图 4-73）。

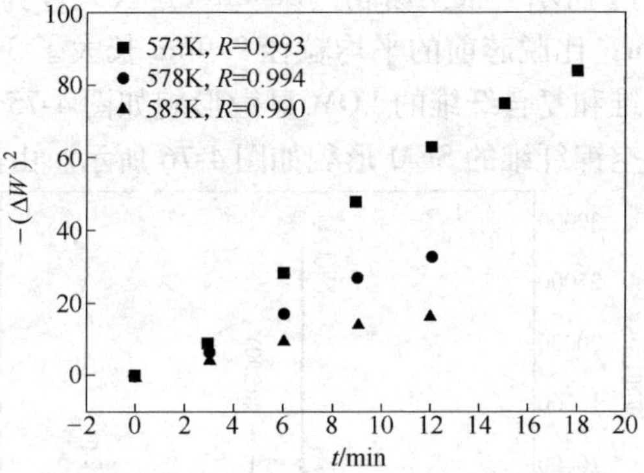

图 4-72　金属镍-粘胶复合纤维在空气中 573～583K 热解脱芯的动力学曲线

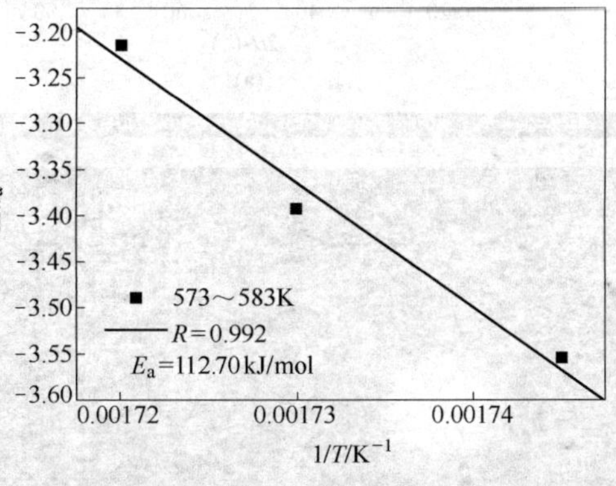

图 4-73　金属镍-粘胶复合纤维在空气中 573～583K 热解脱芯的表观活化能 E_a 的计算

由上述动力学分析可以看出：在空气气氛中金属镍-粘胶纤维热解脱芯的前期，热解反应为控速环节，而在高于 573K 后，过程受氧通过微孔扩散的速率控制。

4.5.5.4 纳米金属镍颗粒-粘胶复合纤维热解脱芯后的结构与形貌

纳米镍颗粒-粘胶复合纤维热解脱芯后的 XRD 和 SAXS（X 射线小角散射）分析都表明，中空纤维由纯的面心立方金属镍纳米颗粒构建，如图 4-74 所示。根据谢勒（Scherrer）公式计算，晶粒的平均粒径约为 40nm；比脱芯前的平均粒径 9. 9nm 长大了 3 倍左右。LOM 观测原粘胶纤维和复合纤维的 LOM 显微形貌如图 4-75 所示，热解脱芯后获得的中空镍纤维的 SEM 形貌如图 4-76 所示。由高倍 SEM 形貌

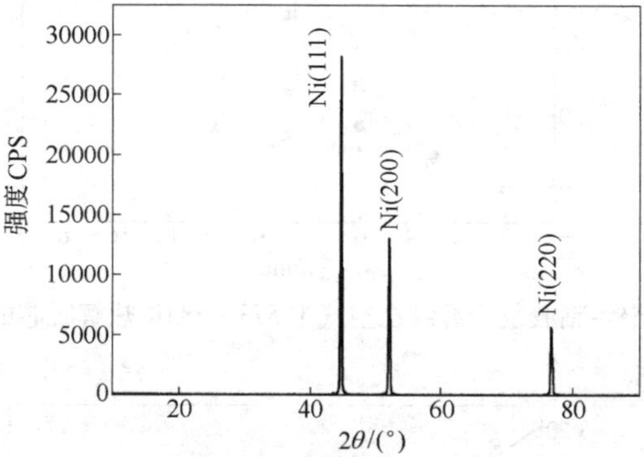

(a)

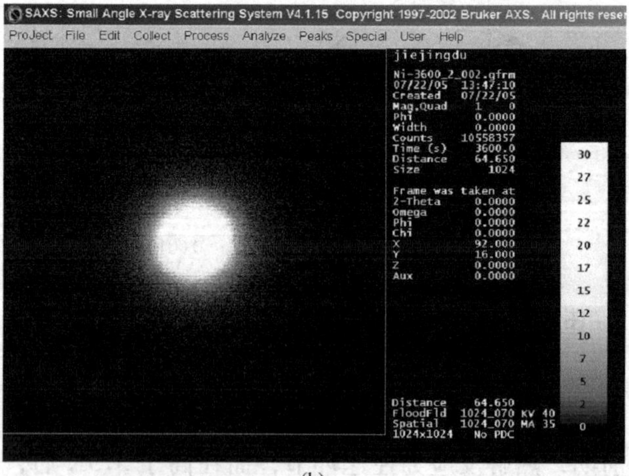

(b)

图 4-74 纳米镍颗粒中空纤维的 X 射线衍射和小角度散射分析

（a）XRD 结果；（b）SAXS 结果

（图4-77～图4-79）可以看出，中空镍纤维为由细小的镍颗粒和一些微孔构建的壳层结构，且构筑中空纤维壁的金属镍颗粒的晶粒尺寸约为20～80nm；一些颗粒间留有微小气孔——气体逸出的通道，复合纤维的粘胶纤维芯的脱除比较完全，EDS（薄Be窗口）分析中空纤维壁为纯金属镍，管道中未发现残留碳。

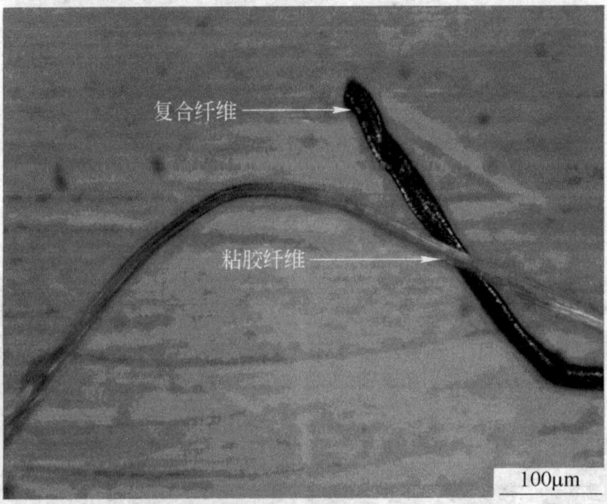

图4-75　粘胶纤维（前）和纳米镍颗粒复合纤维（后）的LOM形貌

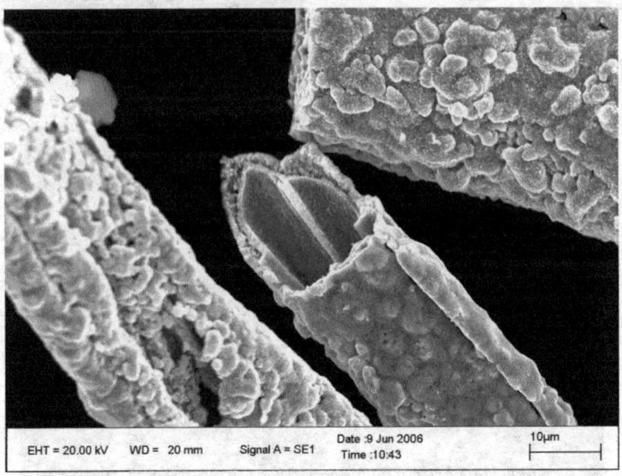

图4-76　热解脱芯后获得的纳米镍颗粒中空纤维的SEM形貌

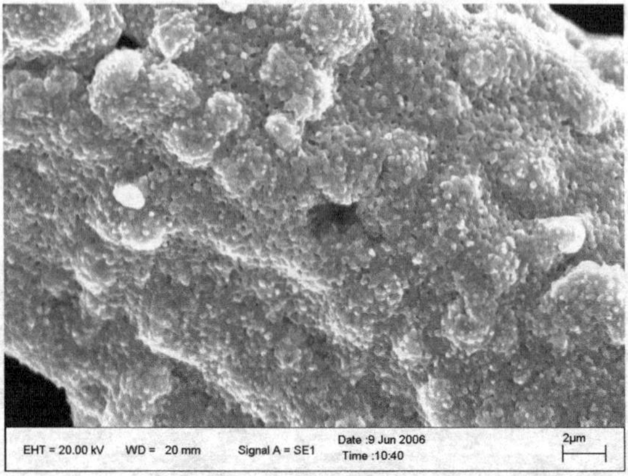

图 4-77　纳米镍颗粒中空纤维表面的 SEM 形貌

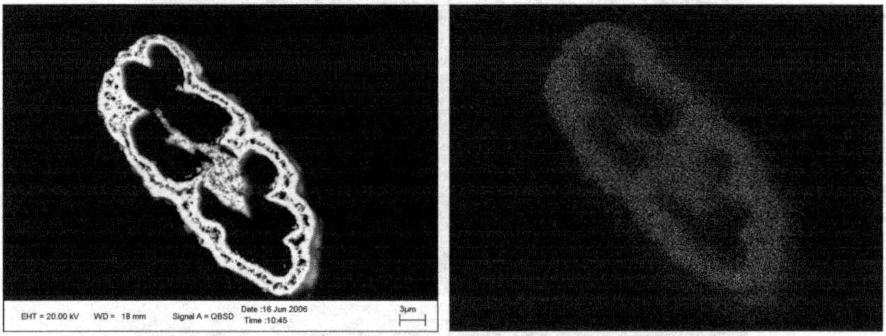

(a)　(b)

图 4-78　纳米镍颗粒中空纤维的断面形貌及其 NiK_{α} 面分布

图 4-79　镍颗粒中空纤维表面的微孔形貌

4.5.5.5 纳米镍颗粒中空纤维的结构及其电磁性能测试

微波通讯设备防电磁干扰和防通讯信号的泄露以及吸收雷达电磁波实现隐身技术，迫切需要新型“宽频、质轻、强吸收”的超高频（微波）吸收（剂）材料，研究开发高性能吸收剂是世界各国关注的热点。

采用模板法和联氨还原化学镀体系，制备纳米镍颗粒-粘胶复合纤维和热解脱芯后的镍颗粒中空纤维，工艺和设备简单、成本相对较低。本节采用 XRD、SEM 和 TEM 分析和观测制备出的复合纤维和中空镍纤维的显微形貌和构筑镍包覆层（镍壳层）的平均颗粒尺寸，研究不同热解脱芯工艺对其影响。测量这些材料的电磁性能，分析显微结构与性能关系，以及它们的吸波特性和潜在应用的可能。

A 中空镍纤维的显微结构

由金属镍-粘胶复合纤维和其热解脱芯后的 XRD 分析可知，复合纤维镍包覆层为面心立方金属镍纳米颗粒构筑，颗粒平均粒径约 9.9nm；热解脱芯后获得的中空纤维也是由面心立方金属镍纳米颗粒构筑，但颗粒平均粒径约为 40nm，比复合纤维的镍颗粒长大了 3 倍。

为观察显微形貌的变化，用扫描电镜（SEM）观测镍-粘胶复合纤维和热解脱芯后获得的中空镍纤维的表面形貌。分别把它们包埋在环氧树脂中，经研磨和抛光制成剖面 SEM 样品，观测它们的显微形貌。

图 4-80 和图 4-81 分别为镍-粘胶复合纤维表面和剖面的 SEM 显微形貌，由图可以看出，粘胶纤维经过用化学镀镍新体系镀覆后，表面沉积了一层由纳米金属镍颗粒构筑的包覆镀层，包层完整，比较致密，形成了纳米镍颗粒包覆粘胶纤维芯的复合纤维。图 4-82 和图 4-83分别为经不同工艺热解脱芯后，获得的纳米镍颗粒中空纤维表面和剖面的 SEM 显微形貌。由图可以看出：镍复合纤维脱除粘胶芯后，仍保持纤维状，得到由纳米镍颗粒构筑的中空纤维，纤维的壳层完整且有粘胶纤维裂解过程气体产物逸出留下的小孔，并偶见有异常长大的颗粒。

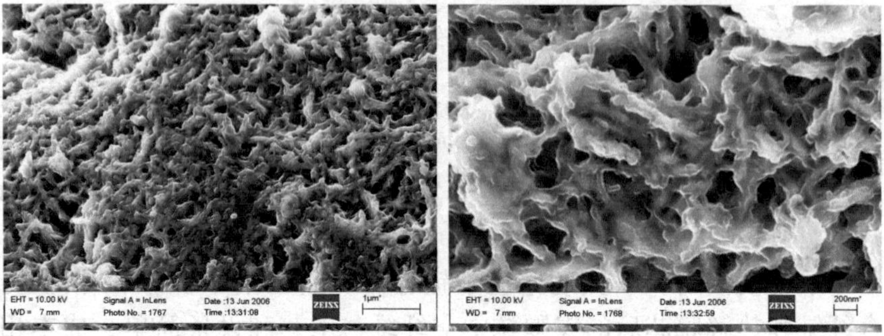

(a)　　(b)

图 4-80　纳米镍颗粒-粘胶复合纤维表面的 SEM 显微形貌

（a）低倍；（b）高倍

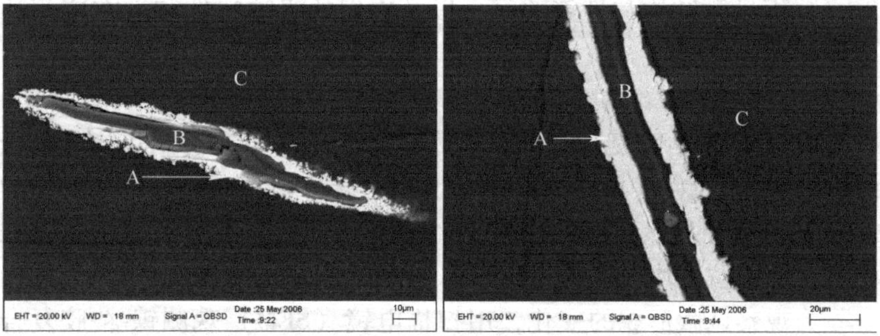

(a)　　(b)

图 4-81　纳米镍颗粒-粘胶复合纤维剖面的 SEM 显微形貌

（A 为镍层，B 为粘胶纤维，C 为环氧树脂）

（a）低倍；（b）高倍

纳米镍颗粒中空纤维的形貌与热解脱芯的工艺条件密切相关，在不同气氛中脱芯，获得的中空镍纤维的表面形貌也不相同。仅在空气气氛中脱芯，表面有氧化现象，呈现出鱼子状团块和团块间有产物气体逸出通道（小孔隙）的形貌（图 4-82a）；在空气气氛中脱芯，然后再经氢气气氛下还原，晶粒长大，晶粒间出现细小且分布均匀的二次气孔，如图 4-82b 所示。在氩气或含氢气气氛中脱芯，由于反应速率较平稳，多数孔隙较小，且分布较均匀。氮气气氛中脱芯，壳层的镍颗粒呈现出形状不同、大小不等的形貌，如图 4-82c 所示。在含氢气气氛中脱芯，壳层的镍颗粒呈现出小颗粒和立面薄片组合的形貌，如图 4-82d 所示。但不管采用哪种工艺脱芯，构筑中空纤维壳层的镍颗粒仍为纳米尺度颗粒，只是比脱芯前构筑复合纤维镍包覆层的纳米镍颗粒明显长大。由图 4-78 和图 4-83 可以看出：中空镍纤维内壁较光滑，未见残留物；纤维壳层有气体逸出留下的微孔；但看不到壳层内

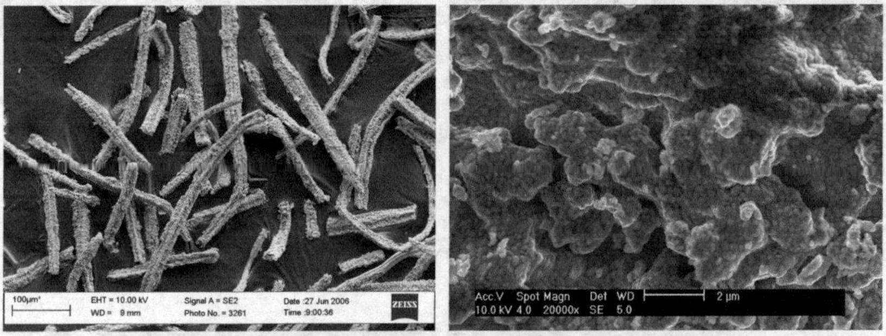

(a)

(b)

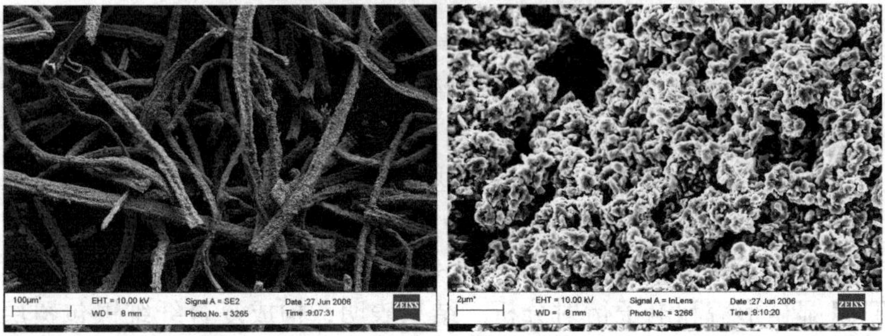

(c)

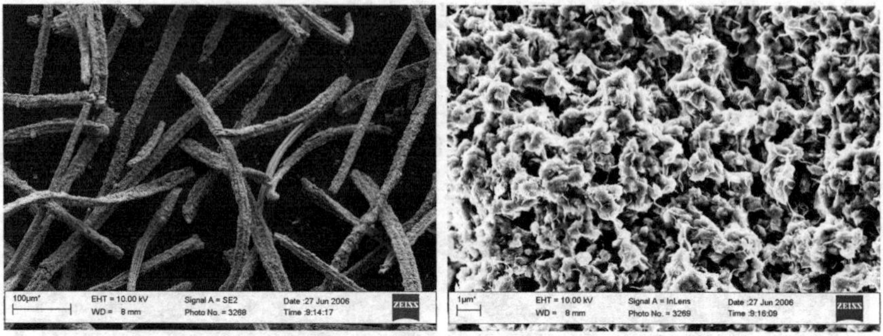

(d)

图 4-82　不同热解脱芯工艺获得中空镍纤维表面的 SEM 显微形貌

（a）873K（500℃）空气气氛中热解脱芯；（b）空气气氛中热解脱芯后再经氢还原；
（c）氩气气氛中热解脱芯；（d）12% H_2 + Ar 气氛中热解脱芯

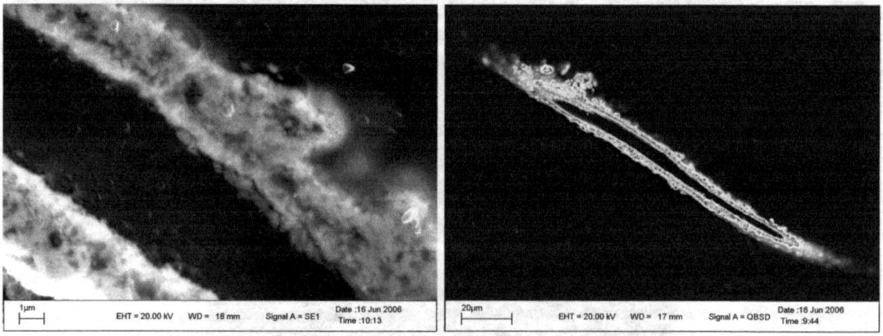

(a)　　　　　　　　　　(b)

图 4-83　中空镍纤维剖面的 SEM 显微形貌

（a）高倍；（b）低倍

外直通的微孔，由此可以推测产物气体是沿“迷宫”式的孔道排出的。

将复合纤维的镍包覆层和中空镍纤维的壳层，经破碎和研磨后的微粉用超声分散，分别放置在透射电子显微镜（TEM）用的微栅上，用 TEM 直接观察微颗粒的形貌并进行选区电子衍射分析。其结果如图 4-84 和图 4-85 所示。图 4-84 为复合纤维镍包覆层颗粒的 TEM 显微形貌和选区电子衍射花样。图 4-85 为中空镍纤维壳层镍颗粒的 TEM 显微形貌和电子衍射分析。结果表明，构成复合纤维镍包覆层的镍颗粒是结晶性很好的纳米尺度微小晶体，衍射花样标定表明其为面心立方的金属镍颗粒（图4-84），这与XRD的结果一致。

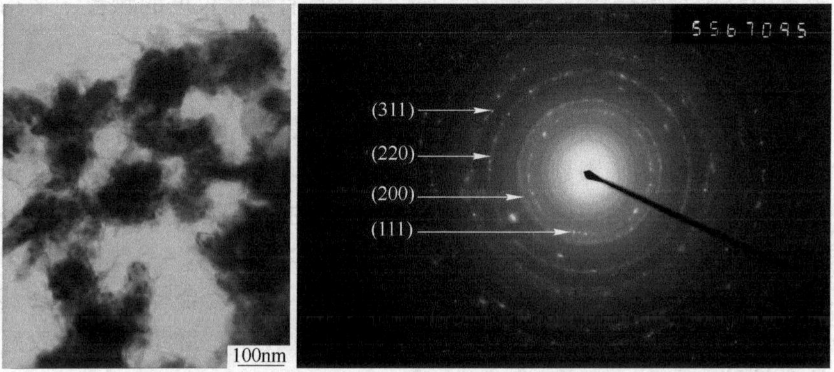

(a)　(b)

图4-84　复合纤维镍包覆层颗粒的TEM显微形貌与选区电子衍射花样
（a）形貌；（b）选区衍射

TEM对构筑中空纤维的镍颗粒观测和选区电子衍射分析表明，其为面心立方结构的纳米金属镍颗粒，但是镍颗粒的形貌与构筑复合纤维镍包覆层的镍颗粒形貌有所变化，复合纤维的镍颗粒为针状，而空心纤维的则呈小颗粒状（图4-85）。

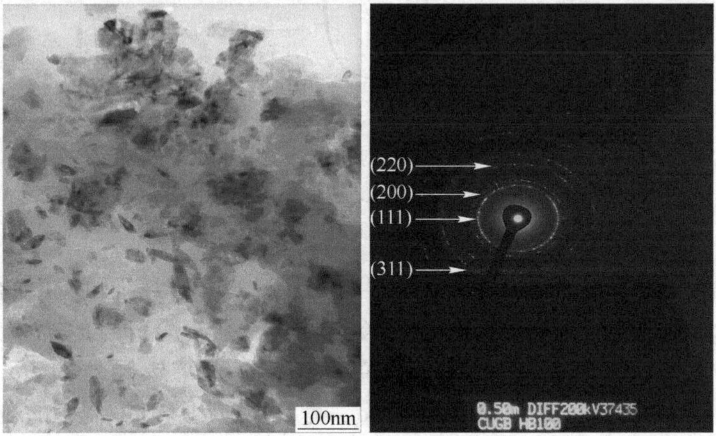

(a)　(b)

图4-85　构筑中空纤维的镍颗粒的TEM显微形貌及选区电子衍射花样
（a）形貌；（b）选区衍射

综上所述，不管是构筑镍-粘胶复合纤维包覆层的镍颗粒，还是构筑中空镍纤维壳层的镍颗粒，它们都是具有纳米尺度的颗粒，平均颗粒尺寸分别为 10nm 和 40nm 左右。

B　磁性能的测试和吸波性能的表征

用强磁震动样品磁强仪，分别测量用联氨还原氨配合化学镀新体系制备出的纳米镍颗粒-粘胶复合纤维、纳米镍颗粒中空纤维和镍包覆氮化硼及钴包覆氮化硼陶瓷颗粒等的室温磁性能。测量结果分别如图 4-86 ~ 图 4-89 所示，具体的磁参数列于表 4-32 中。由图和表中的数据可看出：制备的纳米镍颗粒-粘胶复合纤维，以及其经空气气氛脱芯，再氢还原得到的纳米镍颗粒中空纤维均具有较好的磁性能。

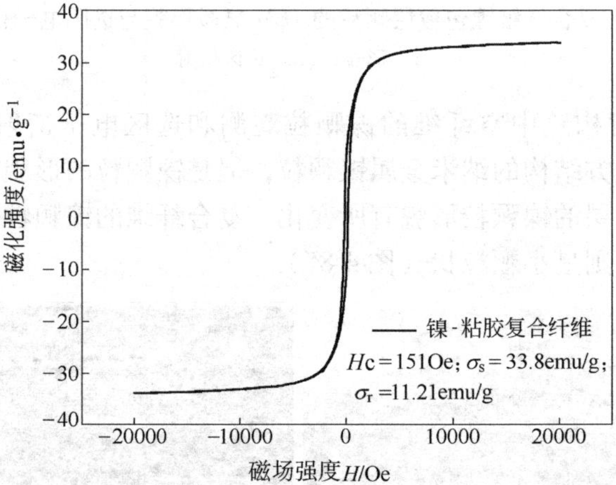

图 4-86　纳米镍颗粒-粘胶复合纤维的磁化曲线（298K）

（1Oe = 7.96 × 10A/m，1emu = 10^{-3} J/T）

由 SEM 和 XRD 观测分析结果可知：构筑复合纤维包覆层的镍颗粒平均粒径约为 9.9nm，测量纳米镍颗粒-粘胶复合纤维的矫顽力 H_c 为 151Oe（图 4-86）。文献报道粒径为 5nm 球形镍颗粒的 H_c 约为 7.5Oe，块状金属镍的 H_c 为 100Oe。另有报道用微乳液制备的粒径为 10nm 球形镍颗粒的 H_c 约为 173Oe；本实验制备的纳米镍颗粒中空纤维的平均粒径约为 40nm，其矫顽力 H_c 为 92Oe；用微乳液制备的针状纳米镍颗粒（直径 6 ~ 18nm，长 100nm）的矫顽力 H_c 为 264Oe。

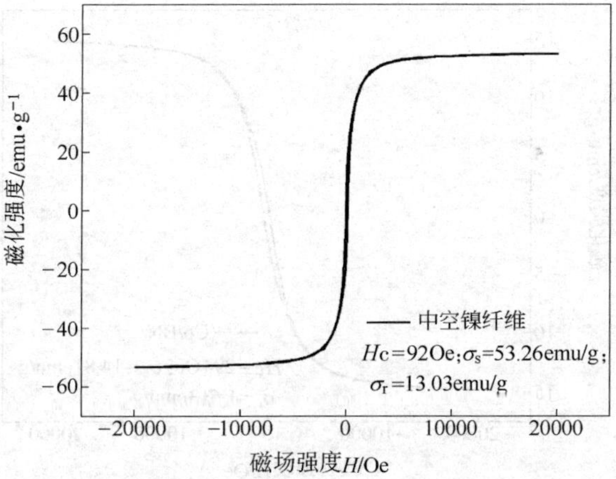

图 4-87 纳米镍颗粒中空纤维的磁化曲线（298K）

（1Oe = 7.96 × 10A/m，1emu = 10^{-3}J/T）

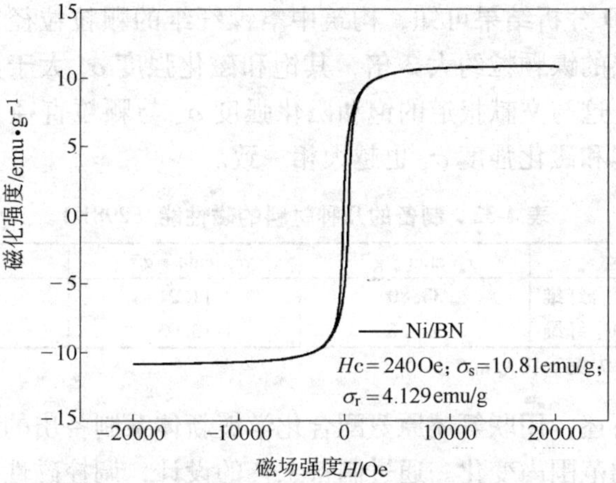

图 4-88 镍包覆氮化硼颗粒的磁化曲线（298K）

（1Oe = 7.96 × 10A/m，1emu = 10^{-3}J/T）

由此可见，不同的微结构致使 H_c 不同，与颗粒的形状、尺寸大小和组态有关，其中针形颗粒的矫顽力明显要高一些。

由表 4-32 看出纳米镍颗粒中空纤维的饱和磁化强度 σ_s 大于纳米镍颗粒-粘胶复合纤维、镍包覆氮化硼颗粒、钴包覆氮化硼颗粒。由

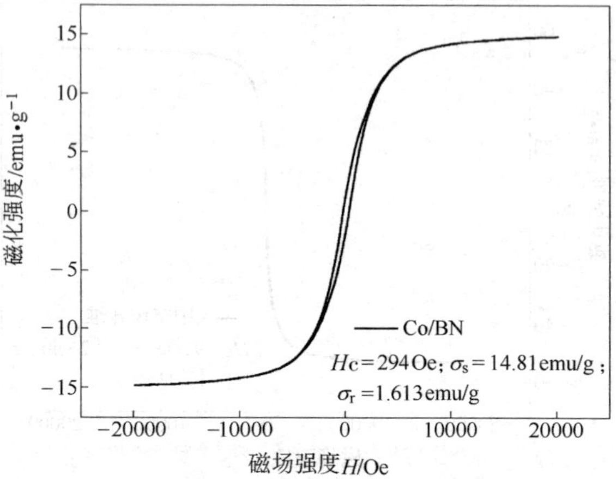

图 4-89　钴包覆氮化硼颗粒的磁化曲线（298K）

（1Oe = 7.96 × 10A/m，1emu = 10^{-3} J/T）

前面的 XRD 分析结果可知，构筑中空镍纤维的颗粒粒径比构筑复合纤维包覆层的镍颗粒约大 3 倍，其饱和磁化强度 σ_s 大于其他的饱和磁化强度。这与文献报道的饱和磁化强度 σ_s 与颗粒直径 D 有关，颗粒越大其饱和磁化强度 σ_s 也越大相一致。

表 4-32　制备的几种材料的磁性能（298K）

材料名称	σ_s/emu · g^{-1}	σ_r/emu · g^{-1}	Hc/Oe
纳米镍颗粒复合纤维	33.80	11.21	151
纳米镍颗粒中空纤维	53.26	13.03	92

注：1Oe = 7.96 × 10A/m。

综上所述，用联氨还原氨配合化学镀新体系制备出的材料磁性能可在较宽的范围内变化。通过制备工艺的设计，调控磁性金属颗粒的形状、粒径和组态结构，可以有效地改变其磁性能。

众所周知，表征吸波材料的两个基本参数为介电常数 ε 和磁导率 μ。在外交变电磁场作用下吸波材料的介电常数 ε 和磁导率 μ 为复数形式，称为复介电常数 ε_r、复磁导率 μ_r

$$\varepsilon_r = \varepsilon' - j\varepsilon'',\ \mu_r = \mu' - j\mu''$$

$$\tan\delta_E = \frac{\varepsilon''}{\varepsilon'},\ \tan\delta_M = \frac{\mu''}{\mu'} \tag{4-31}$$

式中，ε'、μ'分别为吸波材料在电场或磁场的作用下产生的极化或磁化程度的量度；ε''为在外交变电场作用下，材料的电偶矩产生重排引起损耗的量度；μ''为在外交变磁场作用下，材料的磁偶矩产生重排引起损耗的量度；$\tan\delta_E$ 为介电损耗因子（也称介电损耗角正切值）；$\tan\delta_M$ 为磁损耗因子（也称磁损耗角正切值）。

从上可知，介电常数和磁导率的虚部 ε''、μ''以及损耗因子 $\tan\delta$ 的大小，直接影响材料的吸波性能。它们的值越大，材料的吸波性能越好。

为考察材料对微波的吸收特性和吸收损耗机理，将纳米镍颗粒复合纤维和纳米镍颗粒中空纤维分别与石蜡按 1∶3 的质量比（$w_{纤维}$ = 25%）均匀混合，并制成环状样品，在矢量网络分析仪上，用同轴法测试室温下的复介电常数的实部和虚部，以及复磁导率的实部和虚部随频率的变化。其结果如图 4-90 ~ 图 4-93 所示。

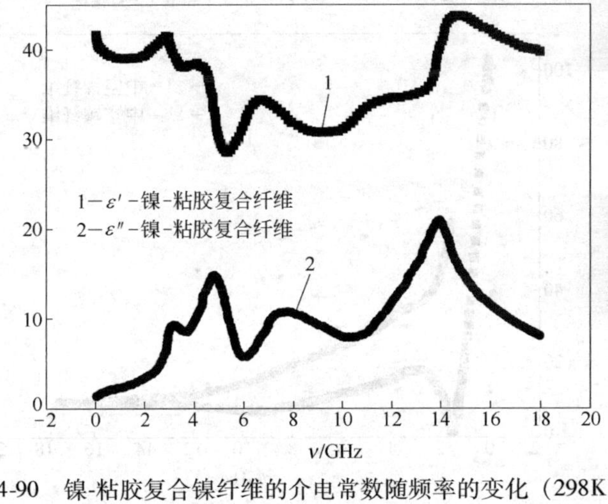

图 4-90 镍-粘胶复合镍纤维的介电常数随频率的变化（298K）

介电损耗因子 $\tan\delta_E = \frac{\varepsilon''}{\varepsilon'}$，是介电损耗大小的量度，磁损耗因子 $\tan\delta_M = \frac{\mu''}{\mu'}$，是磁损耗大小的量度。分别做纳米镍颗粒-粘胶复合纤维和纳米镍颗粒中空纤维的损耗因子与频率的关系图，结果如图 4-94 ~ 图 4-96 所示。图 4-94 和图 4-95 分别显示镍-粘胶复合纤维的介电损耗因

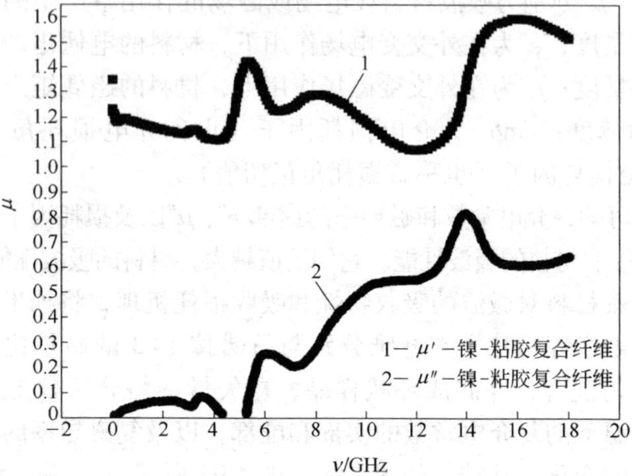

图 4-91　镍-粘胶复合镍纤维的磁导率随频率的变化（298K）

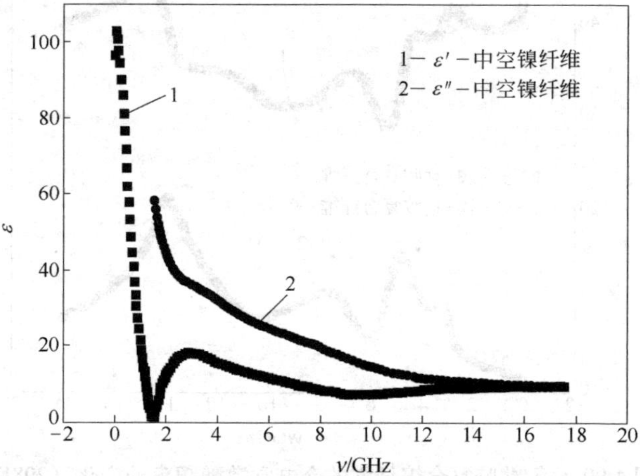

图 4-92　中空镍纤维的介电常数随频率的变化（298K）

子随频率的变化和磁损耗因子随频率的变化。由图 4-94 可知，在频率 5GHz 和 14GHz 的附近有大的峰值出现，表明在这两频段有很明显的介电损耗发生；在频率 3GHz 和 8GHz 的附近，有小的峰值出现，表明在此频段有较明显介电损耗出现。由图 4-95 知道磁损耗因子在频率 3. 5GHz 和 6GHz 的附近有小的峰值，表明此波段有较明显的磁

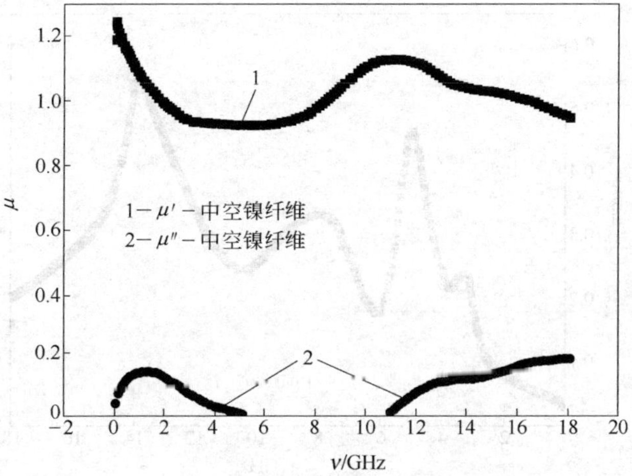

图 4-93 中空镍纤维的磁导率随频率的变化（298K）

损耗发生；另外从频率 8GHz 开始磁损耗因子值一直上升，在频率为 14GHz 处有极大的峰值，表明从频率 8GHz 开始一直有明显的磁损耗发生；且在 14GHz 频段发生很强的磁损耗。由此可以认为，用联氨还原氨配合化学镀镍新体系制备出的纳米镍颗粒-粘胶复合纤维，有作为频率从 3.5 ~ 14GHz 范围的微波吸收剂的潜在可能，特别是在 8 ~ 14GHz 频段将是很好的微波吸收剂。图 4-96 和图 4-97 分别显示中空镍纤维的介电损耗因子随频率的变化及磁损耗因子随频率的变化。由图 4-96 可知，中空镍纤维在所测频率的范围内都有明显的介电损耗发生（数值远远大于镍复合纤维的），在频率为 1.5GHz 处有极其强的介电损耗发生。图 4-97 显示中空镍纤维在频率为 1.8GHz 附近出现一个明显的磁损耗峰值，表明在此频段有磁损耗发生（没有镍复合纤维的磁损耗大）；另外从 11 ~ 18GHz 磁损耗因子值一直随频率增加而上升，表明磁损耗一直随频率的增加而增加，但仍没有复合纤维的多。由此可以认为，由镍-粘胶复合纤维热解脱芯得到的中空镍纤维，有作为电损耗型吸收剂用于屏蔽超高频电磁波（微波）的潜在可能。特别是对 1.5GHz 附近的高频，有极强的损耗吸收作用。

综合上述研究结果表明，化学镀包覆及热解脱芯工艺，制备出的纳米镍颗粒-粘胶复合纤维和纳米镍颗粒中空纤维在超高频段具有较

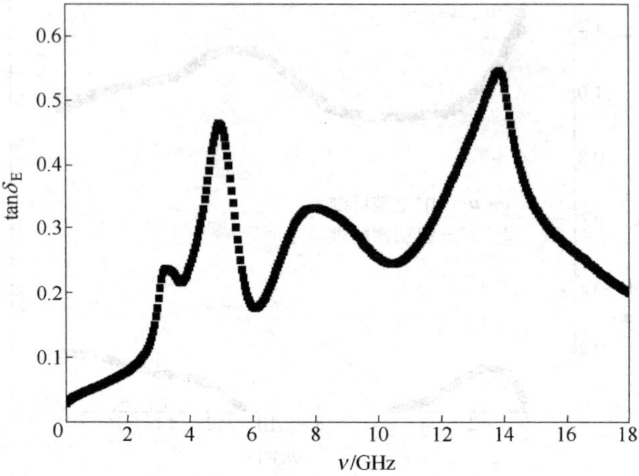

图 4-94　纳米镍颗粒-粘胶复合镍纤维的介电损耗因子随频率的变化

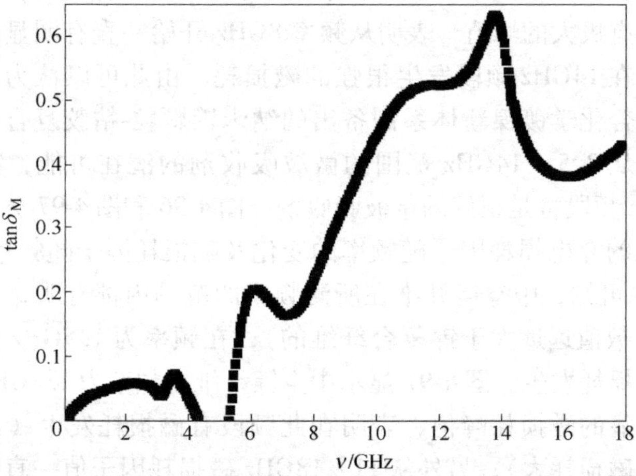

图 4-95　纳米镍颗粒-粘胶复合纤维的磁损耗因子随频率的变化

好吸波性能。

应该指出，纳米镍颗粒-粘胶复合纤维和纳米镍颗粒中空纤维的吸波性能受诸如：介电常数 ε、磁导率 μ、介电损耗因子 $\tan\delta$、磁化强度 σ，以及制备出材料的显微结构、组态等诸多因素的影响。

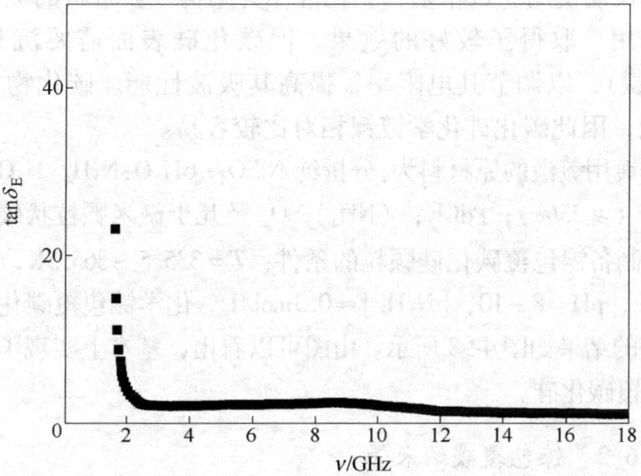

图 4-96 纳米镍颗粒中空纤维的介电损耗因子随频率的变化

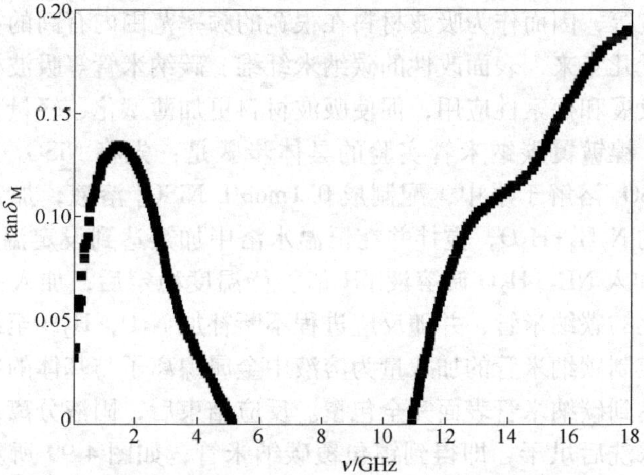

图 4-97 纳米镍颗粒中空纤维的磁损耗因子随频率的变化

4.5.6 化学镀法制备其他吸波材料概述

4.5.6.1 镍包覆碳化硅

碳化硅材料具有良好的力学性能和高温抗氧化性能，可以在

1473K 下长期使用。近年来，碳化硅作为结构吸波材料的吸收剂得到初步的应用，取得了较好的效果。但碳化硅表面需要沉积一层镍（或钴或铁），以调节其电阻率，提高其吸波性能。碳化物本身具有催化活性，因此碳化硅化学镀镍相对比较容易。

化学镀用镀液的原材料为：分析纯 $NiSO_4 \cdot 6H_2O$；$N_2H_4 \cdot H_2O$（50%）；$NH_3 \cdot H_2O$（≥25%）；$PdCl_2$；$(NH_4)_2SO_4$ 及几十微米颗粒状碳化硅和去离子水。制备镍包覆碳化硅颗粒的条件：$T = 335.5 \sim 365.5K$，$[Ni^{2+}] = 0.15mol/L$，$pH = 8 \sim 10$，$[N_2H_4] \approx 0.3mol/L$。化学镀包覆碳化硅颗粒的 SEM 观测的结果如图 4-98 所示。由图可以看出，基本上实现了化学镀镍完整的包覆碳化硅。

4.5.6.2 镍包覆碳纳米管

纳米材料具有量子尺寸效应、宏观量子隧道效应，以及小尺寸和界面效应等，因而作为吸波材料在很宽的频率范围内有高的雷达波吸收率。近几年来，表面改性的碳纳米纤维、碳纳米管等吸波材料得到快速的发展和探索性应用，促使吸波材料更加薄型化、轻量化，适应性更强。镍镀覆碳纳米管实验的具体步骤是：先将 $NiSO_4 \cdot 6H_2O$ 和 $(NH_4)_2SO_4$ 溶解于水中，配制成 0.1mol/L $NiSO_4$ 溶液，加入 1/3 总反应量的 $N_2H_4 \cdot H_2O$，搅拌并在恒温水浴中加热达到设定温度 343 ~ 353K，加入 $NH_3 \cdot H_2O$ 调溶液 pH 值。待温度稳定后，加入一定量的已经活化的碳纳米管，并随反应进程不断补加 $N_2H_4 \cdot H_2O$ 至最终反应计量。控制碳纳米管的加入量为溶液中金属镍离子与基体的质量比恒定，以达到碳纳米管表面完全包覆。反应结束后，固液分离，固体物经多次水洗后烘干，即得到镍包覆碳纳米管，如图 4-99 所示。由图可以看出，控制化学镀的工艺参数是关键，当化学镀参数略有变化时，就会出现游离的镍，如图 4-99b 所示。

综合本节所述，运用化学镀的基本原理和分析问题的方法，在实践中发现规律，优化工艺参数，采用化学镀技术，是可以根据需要实现在不同形状（颗粒、纤维和纳米管等）、不同材质（无机、有机）基材上，沉积具有磁性、导电性的金属或复合金属纳米颗粒构筑的镀层，制备有望在隐形涂层轻质吸收剂方面得到应有的金属包覆材料或

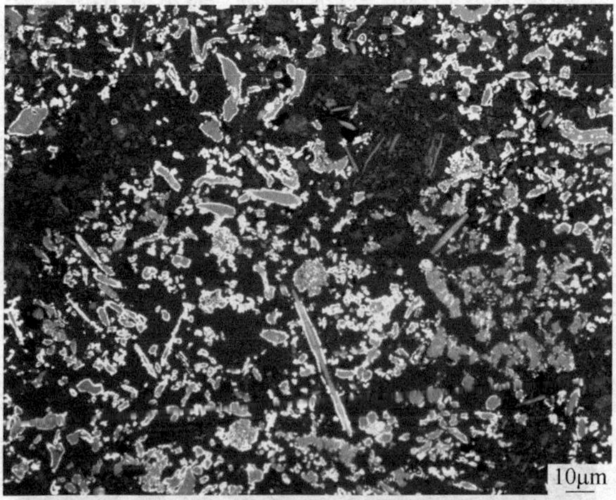

(a)

(b)

图 4-98 化学镀镍包覆碳化硅的形貌

（a）低倍形貌；（b）高倍形貌

金属中空纤维。

最后，再次强调目前隐身涂层材料发展的方向是：实现层薄、质轻、频带宽、吸波性能强。为达到此目的：一是研制微米级高效、轻质的吸收剂；二是研制纳米或纳米复合隐身涂层吸收剂。国内外对铁、钴、镍纳米金属和合金，纳米晶须，以及纳米纤维吸收剂正在进行广泛研究，诸如纳米石墨、纳米碳管、纳米碳化硅、纳米镍、纳米钴、纳米铁、纳米导电聚合物、纳米碳氮化物、纳米金属包覆中空复合纤维等等隐身涂层材料，发现它们创造了新的吸波通道，很有发展前景，值得关注。

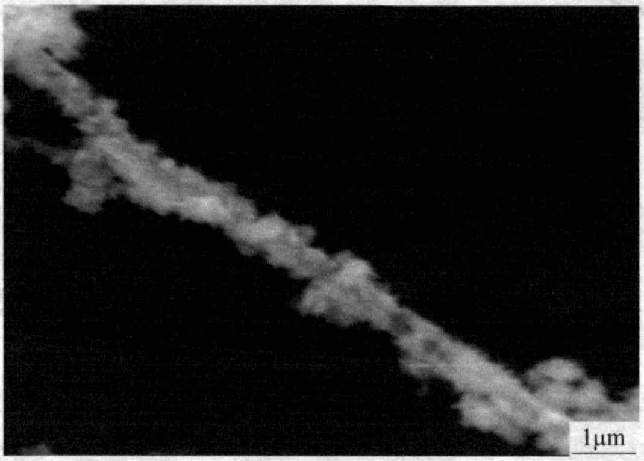

(a)

(b)

图 4-99 化学镀镍包覆碳管的形貌

（a）适宜的化学镀条件；（b）化学镀条件不当

参 考 文 献

[1] 李钒，张登君，李报厚，罗世民. 六方 BN 颗粒表面化学镀镍［J］. 过程工

程学报，2002，2（5）：425～430.

［2］李钒，张登君，李报厚，罗世民．影响六方BN颗粒表面化学镀镍过程的因素及其ANN优化［J］．稀有金属，2002，26（5）：336～340.

［3］李钒，张登君，李报厚，罗世民，赵晓峰．球形氢氧化镍表面镀覆钴的结构与电极IC倍率放电容量［J］．过程工程学报，2002，2（6）：519～522.

［4］李钒，王习东，张梅，张登君．中空纤维镍基板电化学浸渍动力学分析［J］．稀有金属，2006，30（3）：376～379.

［5］李钒，王习东，张梅，张登君．氨配合体系联氨还原化学镀的物理化学分析［J］．中国稀土学报，2006，24（专辑）：396～400.

［6］Fan Li，Dengjun Zhang. Nickel coating on hexagonal boron nitride particles by chemical plating［J］. Metallurgical and Materials Transactions B，2007，38B（April）：149～157.

［7］Fan Li，Dengjun Zhang，Sichen Du. A kinetic study of nickel coating on boron nitride micro-particles［J］. International Journal of Materials Research（formally Zeitschrift fur Metallkunde），2007，98（6）：526～534.

［8］李钒，王习东，张梅．纳米镍颗粒空心纤维的制备及其表征［J］．稀有金属，2007，31（5）：651～655.

［9］Fan Li，Youngjo Kang，Dengjun Zhang，Sichen Du. Nickel coating on some organic and carbon fibres by chemical plating［J］. International Journal of Materials Research（formally Zeitschrift fur Metallkunde），2008，99（1）：84～91.

［10］Fan Li，Sichen Du. Thermodynamic consideration and experimental study on the preparation of heat-treated hollow nickel fibres［J］. International Journal of Materials Research（formally Zeitschrift fur Metallkunde），2008，99（9）：1023～1031.

［11］张冠东．纤维镍电极金属氢化物电池的研究［D］．北京：中国科学院化工冶金研究所，1999.

［12］李钒，夏定国，王习东．镍复合及中空纤维镍沉积热力学和吸波性能［J］．中国稀土学报，2010，24（专辑）：396～400.

［13］Ge Chen，Zhenyao Wang，Dingguo Xia. One-pot synthesis of carbon nanotube@SnO_2-Au coaxial nanocable for lithium-ion batteries with high rate capability［J］，Chemistry of Materials，2008；20（22）：6951～6956.

［14］Zhenyao Wang，Dingguo Xia，Ge Chen，et al. The effects of different acids on the preparation of TiO_2 nanostructure in liquid media at low temperature［J］. Materials Chemistry and Physics，2008，111（2～3）：313～316.

[15] Dingguo Xia, Shuzhen Liu, Zhenyao Wang, et al. Methanol-tolerant MoN electrocatalyst synthesized through heat treatment of molybdenum tetraphenylporphyrin for four-electron oxygen reduction reaction [J]. J. Power Sources, 2008, 177 (2): 296 ~ 302.

[16] Zhenyao Wang, Shuzhen Liu, Ge Chen, Dingguo Xia. Preparation and Li-intercalation properties of mesoporous anatase-TiO_2 spheres [J]. Electrochemical and Solid State Letters, 2007, 10 (3): A77 ~ A80.

[17] Dingguo Xia, Ge Chen, Zhenyao Wang, et al. Synthesis of ordered intermetallic $PtBi_2$ nanoparticles for methanol-tolerant catalyst in oxygen electroreduction [J]. Chemistry of Materials, 2006, 18 (24): 5746 ~ 5749.

[18] Lijuan Zhang, Dingguo Xia, Electrocatalytic activity of ordered intermetallic PtBi for formic acid electrooxidation [J]. Chinese Journal of Inorganic Chemistry , 2006, 22 (6): 1085 ~ 1089.

[19] Lijuan Zhang, Dingguo Xia, Zhenyao Wang, et al. Intermetallic PtBi as methanol-tolerant catalysts for oxygen reduction [J]. ACTA Physico-chemica Sinica, 2005; 21 (3): 287 ~ 290.

[20] 张丽娟，王振尧，陈戈，等．抗甲醇中毒氧还原催化剂铂铋金属间化合物的研究 [J]. 功能材料，2004，(z1)：1807 ~ 1809.

[21] 张振华，孟锦华，曹小辉．空心玻璃微珠表面金属化及电磁性能 [J]. 表面技术，2006，35 (5)：10 ~ 12.

[22] Zeng S S, Cheng F Y. Electrical resistivity of elecroless nickel coating carbon fibers [J]. Thin Solid Films, 2001, 388: 1431 ~ 1449.

[23] Shiue S T, Yang C H, Chu R S, et al. Effect of the coating thickness and roughness on the mechanical strength and induced stress voids in nickel-coated optical fibers prepared by electroless plating method [J]. Thin Solid Films, 2005, 485: 169 ~ 175.

[24] Chen Y J, Cao M S, Xu Q, et al. Electroless nickel plating on silicon carbide nanoparticles [J]. Surface & Coatings Technology, 2003, 172: 90 ~ 94.

[25] Park S J, Jang Y S, Rhee K Y. Interlaminar and ductile characteristics of carbon fibers-reinforced plastics produced by nanoscaled electroless nickel plating on carbon fiber surfaces [J]. J. Colloid and Interface Science, 2002, 245: 383 ~ 390.

[26] Sutomu I T, Yoshio M. アルカリ电池用ニッケル极．日本专利：JP03-149753，1991-11-17.

[27] 朱文化. 中空镍纤维电极的制备、性能及其应用 [D]. 北京：中国科学院化工冶金研究所，1996.

[28] 钟华，李自力. 隐身技术 [M]. 北京：国防工业出版社，1999.

[29] 张孝，马立东. 军用飞机生存力与隐身设计 [M]. 北京：国防工业出版社，2002.

[30] 阮颖铮. 雷达截面与隐身技术 [M]. 北京：国防工业出版社，2001.

[31] Thomas K D, Playa D R, Norman H H. Broadband absorbers of electromagnetic radiation based on aerogel materials and method of marking the same. US Patent 5381149, 1995.

[32] Bahret William F. The Beginnings of stealth technology [J]. IEEE Transaction on Aerospace and Electronic Systems, 1993, 29 (4): 1377 ~ 1385.

[33] 邢丽英. 隐身材料 [M]. 北京：化学工业出版社，2004.

[34] 胡传炘. 隐身涂层技术 [M]. 北京：化学工业出版社，2004.

[35] Collardey S, Tarot A C, Pouliguen P, et al. Use of eletromagnetic band-gap materials for RCS reduction [J]. Microwave and Optical Technology Letters, 2005, 44 (6): 546 ~ 550.

[36] 孟凡文，杨觉明，严文，等. 纳米复合隐身材料 [J]. 西安工业学院学报，1999, 19 (4): 324 ~ 328.

[37] Zhao D L, Zhao H S, Zhou W C. Dielectric properties of nano Si/C/N composite powder and nano SiC powder at high frequency [J]. Physica E, 2001, 9: 679 ~ 685.

[38] 葛凯勇，王辉，毛倩瑾，等. 空心微球表面改性及其吸波特性 [J]. 功能材料与器件学报，2003, 9 (1): 8 ~ 11.

[39] Li J, Qin Y, Kou X, et al. The microstructure and magnetic properties of Ni nanoplatelets [J]. Nanotechnology, 2004, 15: 982 ~ 986.

[40] Andrej D, Jadran M. Preparation of submicrometer nickel powders by the reduction from nonaqueous media [J]. Nano-structured Materials, 1999, 12: 225 ~ 228.

[41] Егорова Д Г, Сахиев А С, Бассель А Б, и др. Химическое Никелировоние Дисперсного Алюминия [J]. Зашита Металлов, 1975, 11 (4): 505 ~ 506.

[42] 李宁. 化学镀实践技术 [M]. 北京：化学工业出版社，2004.

[43] 傅崇说. 冶金溶液热力学原理与计算 [M]. 北京：冶金工业出版社，1979.

[44] 钱苗根. 材料表面技术及其应用手册 [M]. 北京：机械工业出版社，1988.

[45] http://www.chemyq.com/xz/xz1/3428debcp.htm

[46] http://www.ep.net.cn/msds/wuzhi8/82503.htm

[47] 舒代萱，毛铭华，陈家镛．高压氢还原制取镍粉动力学的初步探讨［J］．金属学报，1981，17（4）：403～411.

[48] 胡嗣强，师洁琦．湿法冶金加压氢还原制取微细镍粉［J］．粉末冶金技术，1988，6(3)：147～153.

[49] Armstrong R D，Briggs G W D，Charless E A. Some effects of the addition of cobalt to the nickel hydroxide electrode［J］．Applied Electrochemistry，1988，18（2）：215～221.

[50] 李文超．冶金与材料物理化学［M］．北京：冶金工业出版社，2001.

[51] Барон Н М，Квят Э И，Подгорная Е А，и др. Краткий Справочник Физико-Химических［J］. Величин，Госхимиздат，Москва，1959，60：76～79.

[52] 贺福．碳纤维及其应用技术［M］．北京：化学工业出版社，2004.

[53] Duan Y，Li J. Structure study of nickel nanoparticles［J］．Materials Chemistry and Physics，2004，87：452～454.

5 化学镀工艺参数优化

人们在科学研究中，常常会面对大量的试验数据需要处理，要对某一特定问题获得正确信息已越来越复杂。尤其在材料制备研究领域中，随着各种多元、复相的新型材料的出现，试验所得到的大量数据通常都是多因子、高噪声、非线性、非均匀分布的数据，传统的“试行-错误”（trial-error）式方法已不适应。如何从这些数据中去除“噪声”，“寻求”有用的信息，从而获得正确的规律尤为重要。面对如此大量、纷繁复杂的数据，随着计算机的发展，逐步形成一种更加理性和更加方便快捷的材料制备和开发的新方法，即计算机辅助材料设计和制备方法。这种方法大致可分为归纳法和演绎法两大类。前者是以数据库、知识库和人工智能等为基础的计算机模式识别方法，总结归纳出旨在获取符合设计要求的材料的制备方法。其应用范围包括利用计算机进行材料制备的工艺参数、结构和性能预报，以及逆映照的方法。而演绎法则是以计算机模拟和量子力学计算等为基础的方法。因此，人们可以借助计算机技术，结合一些系统决策理论，对这些数据进行分析处理，获得有用的信息，从而指导材料的研制工作。

随着材料制备科学研究和计算机技术的迅速发展，利用计算机技术对材料制备工艺参数进行优化，已得到越来越多的材料科学工作者的重视。计算机技术与材料制备研究结合的“材料设计和制备”已经应用于高新技术、航空航天、国防军工等诸多领域。材料设计和制备智能系统包括以知识检索和逻辑推理等为基础的专家系统和模式识别、人工神经元网络、遗传算法等决策理论。本章将简单介绍统计模式识别、人工神经元网络、遗传算法等理论和运用方法，并在此基础上，以实例说明其在材料制备研究中的应用。

5.1 统计模式识别

“模式”的含义是对研究对象进行的分类、描述和理解。它可以是一个模型、标志，或某些方案。“模式类别”是指具有确定特性的模式。模式识别是对许多模式进行辨识，即在一定的度量或观察基础上，将某个模式划分到某种模式类别中去的操作，或者说，模式识别是一种借助于大量信息和经验进行推理的方法。

计算机模式识别方法又可分为统计模式识别（statistical pattern recognition）和句法模式识别（syntactic pattern recognition）两大类。

句法模式识别是以模式结构信息为对象的识别技术。在遥感图片处理、指纹分析、汉字识别等方面已有广泛应用。由于句法模式识别更便于处理图形和结构的信息，故在有机分子设计和工业优化工作图像处理中可以应用。

统计模式识别是用统计数学方法处理表达模式的矢量或矩阵的识别，即将每个样本用特征参数（在优化中，经常将描述工况的参数如组成、温度、压力等条件的数值作为“特征参数”）表示为多维空间中的一个点，在数据样本组成的多维空间中，根据“物以类聚”的原理，即同类或相似的“样本”间的距离（或投影距离）应较近，而非同类的“样本”间的距离（或投影距离）应较远，就可以根据各样本点间的距离或距离的函数来判别、分类，并利用分类结果预报未知。这种统计模式识别是材料设计、工业优化和工业诊断的一种基本方法。统计模式识别的首要目标，是样本及其代表点在多维空间中的分类。科学技术中的分类方式有两种：一种是事先规定的标准和种类的数目，通过大批已知样本的信息处理（“训练”或“学习”）找出规律，再用计算机预报未知，这属于“有人管理分类”（supervised classification）。另一种是只有一大批样本，事先没有规定分类标准，也没有规定分成几类，却要求通过信息处理找出合适的分类方法并实现样本分类，这属于“无人管理分类”（unsupervised classification）。在分子设计、材料设计、工业优化、工业诊断等应用中，使用的主要是有人管理分类方法。

统计模式识别方法根据计算方式不同，可分为：主成分分析法、线性投影法、K-近邻配位法、偏最小二乘法和菲舍尔（Fisher）函数法等。

模式识别的一般流程如图 5-1 所示。

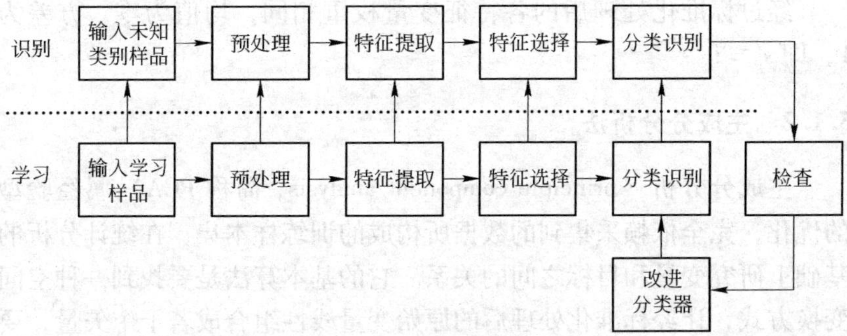

图 5-1 模式识别流程图

下面简要介绍统计模式识别常用的方法。

5.1.1 原始样本的标准化处理

模式识别所用的样本集，需进行标准化处理，以消除测量时所用量纲对数据的影响。设有 N 个样本组成的原始样本集 $\boldsymbol{X}$，即

$$\boldsymbol{X} = (x_{ij})_{n\times m} = \begin{bmatrix} x_{11} & x_{12} & \cdots & x_{1m} \\ x_{21} & x_{22} & \cdots & x_{2m} \\ \vdots & \vdots & & \vdots \\ x_{n1} & x_{n2} & \cdots & x_{nm} \end{bmatrix} \tag{5-1}$$

为了消除量纲和变化幅度不同带来的影响，对原始数据进行标准化处理，即

$$x'_{ij} = \frac{x_{ij} - \bar{x}_j}{s_j} \quad (i=1,\ 2,\ \cdots,\ n;\ j=1,\ 2,\ \cdots,\ m) \tag{5-2}$$

式中，$\bar{x}_j$ 为第 j 个特征变量的算术平均值

$$\bar{x}_j = \frac{1}{n}\sum_{i=1}^{n} x_{ij} \tag{5-3}$$

s_j 为第 j 个特征变量的标准差

$$s_j = \sqrt{\frac{1}{n-1}\sum_{i=1}^{n}(x_{ij} - \bar{x}_j)^2} \tag{5-4}$$

样本集 $\boldsymbol{X}$ 经标准化后的矩阵 $\boldsymbol{X}'$ 为

$$\boldsymbol{X}' = (x'_{ij})_{n\times m} \tag{5-5}$$

经过标准化处理后的各特征变量权重相同，均值为零，方差为1，即 $s_j^2=1$。

5.1.2 主成分分析法

主成分分析（principle component analysis，简称 PCA）属经验型的优化，完全依赖采集到的数据所构成的训练样本集，在统计分析的基础上研究变量和目标之间的关系。它的基本算法是要找到一种空间变换方式，让经标准化处理后的原始变量线性组合成若干个矢量，要求它们之间相互正交，且第一个矢量能反映样本间自变量的最大差异，也就是说，样本集在该矢量上的投影坐标是按照样本间自变量差异的大小确定的，其他矢量所反映的这种差异程度依次降低，称这些矢量为主成分（principle component）。这种空间变换方式，称为柯胡内恩-洛埃佛（Karhunen-Loeve）变换（简称 KL 变换）。

该方法实际上是一种线性坐标变换。设每个样品有 n 个原始特征，即 $\boldsymbol{X}=(x_1, x_2, \cdots, x_n)^{\mathrm{T}}$。要求构造 n 个新特征，即 $\boldsymbol{Y}=(y_1, y_2, \cdots, y_n)^{\mathrm{T}}$，并使它们满足以下条件：

（1）每个新特征是各原始特征的线性组合，即

$$y_i = u_{i1}x_1 + u_{i2}x_2 + \cdots + u_{in}x_n \tag{5-6}$$

或

$$y_i = u_i\boldsymbol{X},\ u_{ij} = (u_{i1}, u_{i2}, \cdots, u_{in},)^{\mathrm{T}} \tag{5-7}$$

式中，u_{ij}为常数。

（2）各个新特征之间是非线性相关的，即相关系数为零

$$r(y_i, y_j) = 0\ (i, j=1, 2, \cdots, n;\ i\neq j) \tag{5-8}$$

（3）u_1 使 y_1 的方差达到最大，u_2 使 y_2 的方差达到次大等等。

满足以上条件的新特征 y_1，y_2，…，y_n 分别称为样品点的第 1，2，…，n 个主成分。

柯胡内恩-洛埃佛变换即可以满足上述要求。其基本原理如下：

设 $\boldsymbol{X}$ 是经标准化后含 m 个变量 n 个样本的样本集。第 k 个主成分矢量为

$$\boldsymbol{U}_k=(u_{1k},u_{2k},\cdots,u_{mk})^{\mathrm{T}}\quad(k=1,2,\cdots,m)\tag{5-9}$$

$\boldsymbol{U}$ 是主成分矢量矩阵。$\boldsymbol{X}$ 在 $\boldsymbol{U}$ 的投影为样本的主成分矩阵

$$\boldsymbol{Y}=\boldsymbol{X}\boldsymbol{U}$$

要求主成分之间正交，因此有

$$\boldsymbol{Y}^T\boldsymbol{Y}=(\boldsymbol{X}\boldsymbol{U})^T\boldsymbol{X}\boldsymbol{U}=\boldsymbol{X}^T\boldsymbol{U}^T\boldsymbol{X}\boldsymbol{U}=\boldsymbol{U}^T\boldsymbol{S}\boldsymbol{U}=\boldsymbol{\Lambda}\tag{5-10}$$

式中，$\boldsymbol{S}=\boldsymbol{X}^T\boldsymbol{X}$　(5-11)

称为样本在原始空间的协方差矩阵。而

$$\boldsymbol{\Lambda}=\begin{bmatrix}\lambda_1 & 0 & \cdots & 0\\ 0 & \lambda_2 & \cdots & 0\\ \vdots & \vdots & \vdots & \vdots\\ 0 & 0 & \cdots & \lambda_m\end{bmatrix}$$

是对角化矩阵。

如果在解方程时要求正交归一条件，即

$$\boldsymbol{U}^T\boldsymbol{U}=\boldsymbol{I}=\begin{bmatrix}1 & 0 & \cdots & 0\\ 0 & 1 & \cdots & 0\\ \vdots & \vdots & \vdots & \vdots\\ 0 & 0 & \cdots & 1\end{bmatrix}$$

于是有

$$\boldsymbol{S}\boldsymbol{U}=\boldsymbol{U}\boldsymbol{\Lambda}\tag{5-12}$$

当只考虑第 j 个本征值时

$$\boldsymbol{S}\boldsymbol{U}_j=\lambda_j\boldsymbol{U}_j\tag{5-13}$$

从而可求得本征矢量 $\boldsymbol{U}_j$。根据

$$\boldsymbol{Y}=\boldsymbol{X}\boldsymbol{U}\tag{5-14}$$

就可得到经线性变换后的新特征 $\boldsymbol{Y}$。

主成分分析法的计算步骤：

(1) 数据标准化，式 5-2；

(2) 选择并计算原始样品集的协方差矩阵 $\boldsymbol{S}$；

(3) 计算出 $\boldsymbol{S}$ 的全部本征值 λ_1，λ_2，$\cdots$，λ_n 和对应的本征向量 u_1，u_2，$\cdots$，u_n，将求得的各个特征值按照从大到小的顺序排列，即

$$\lambda_1\geqslant\lambda_2\geqslant\cdots\geqslant\lambda_n$$

特征向量也按照对应特征值的顺序排序。根据柯胡内恩-洛埃佛变换，就可求出 n 个新特征。

（4）计算前 m 个新特征或主成分的累计方差贡献率，即

$$(\lambda_1+\lambda_2+\cdots+\lambda_m)/(\lambda_1+\lambda_2+\cdots+\lambda_n)$$

当该值足够大时，所取的前 m 个新特征就可以代替 n 个原始特征，并能很好地保持整个模式分布结构不变；

（5）计算训练样本的主成分，式 5-14；

（6）二维主成分映照。

由此可见，主成分分析法受样品的模式分布的影响，对原始样品集选用什么样的协方差矩阵，将会影响该方法的分类效果。

应当指出，主成分分析中主成分的确定并未考虑到样本分类的信息，但若选用的自变量与分类规律密切相关，则主成分分析的某些投影图也会使两类或多类样本点分布在不同区域，从而得出某种分类判据。

5.1.3 其他几种常用线性映照方法

常用的几种线性映照方法有：

（1）相似分析法（similarographic computer analysis，简称 SIMCA 法），其特点是按样本类别分别在多维空间中做数据处理，对于训练样本数目和变量数目比例较小的训练样本集，更为适用。

（2）偏最小二乘法（partial least squares，简称 PLS），是 20 世纪 70 年代建立起来的一种新的主成分方法，优点是：能排除原始变量的相关性；既能过滤自变量的噪声，也能过滤应变量的噪声；描述模型所需特征变量数目更少，预报能力更强，更稳定。

（3）最优判别平面方法（optimal discrimination plan，简称 ODP），是根据一维菲舍尔（Fisher）判别方法发展起来的。它也是含多类型样本的模式识别方法之一，广义本征值越大，各类的聚集程度越好。应当指出，ODP 方法对于不含分类信息的训练样本，对类别中含有噪声的样本会出现误判。另外，如果原始变量数目较多，转换到新空间时信息量损失会很大。

（4）线性投影法（linear mapping arithmetic projection，简称

LMAP)，也有人称之为白化变换-线性投影法（whitening transform-linear projection）。它包括：PCA、PLS 和 ODP 等方法，属传统的模式识别方法。主成分分析法不考虑样本类别而把全体样本做整体处理，较好地保留了样本分布的信息，但不增加样本类别的可分离性。LMAP 方法利用白化变换，使得坐标轴发生压缩或膨胀，从而使得样本分布形式发生变化。该方法在映照时利用了有关样本分类的信息，并设法增强了样本的可分离性。应指出，应用 PCA 和 PLS 矢量做二维映照有两点不足之处：一是损失了 m-2 个矢量信息，二是难以描述非线性过程。ODP 浓缩了样本分类特征，它也损失了部分信息，但比 PCA 和 PLS 损失的要少一些，但同样不能描述非线性构成。

5.1.4 非线性映照法

线性映照法对多维空间图像投影时，常使本来在多维空间中分布在不同区的异类点，因形成叠影而相互混淆。为了改善这种现象，采用非线性映照法（non-linear mapping，简称 NLM）。NLM 既是非线性，又尽量考虑各个成分的贡献，克服了线性映照的两个缺点。它的不足之处是没有映照轴的函数和迭代难于收敛。

主成分分析法是把样本的原始特征空间通过较简单的线性变换得到新的特征空间，且新的特征空间的维数是通过计算新特征的累计方差贡献率来决定的。而非线性映照法则是直接从映照前后样本点的拟合程度和样本类别的可分离性出发，构造一个如下所示的目标函数

$$J = J_{\mathrm{S}} + \mu J_{\mathrm{G}} \tag{5-15}$$

式中，J 是映照到新的特征空间上样品点 Y_1，Y_2，…，Y_N 的函数。样品点拟合程度的一种表达形式为

$$J_{\mathrm{G}} = \sum_{i=1}^{N-1} \sum_{j=i+1}^{N} w_{ij}(d_{ij}^* - d_{ij})^2 \tag{5-16}$$

式中，w_{ij}为权重系数，通常可表示为

$$w_{ij} = (1/d_{ij})^{\alpha} / \sum_{i=1}^{N-1} \sum_{j=i+1}^{N} (1/d_{ij})^{\alpha} \tag{5-17}$$

式中，d_{ij}^* 和 d_{ij}分别为对应样品点在新、旧特征空间内的距离；α 为

参数。

当确定原始样品集以后，d_{ij} 也就跟着确定了。所以，J_G 是 d_{ij}^* 的函数，因而也是各个新特征的函数。若该函数具有单调性和连续性，则通过调整各个新特征，可以使拟合度 J_G 达到极小，从而得到与原有特征空间的点的散布方式尽可能吻合的新特征空间上点的坐标。

样品类别的可分离性表示为

$$J_S = \sum_{i=1}^{N-1} \sum_{j=i+1}^{N} \delta(\Omega_{ki}, \Omega_{kj}) w_{ij} d_{ij}^{*2} \tag{5-18}$$

式中，Ω_{ki} 和 Ω_{kj} 分别表示 X_i 和 X_j 所在的类别号。函数 δ 的定义为

$$\delta(\Omega_{ki}, \Omega_{kj}) = \begin{cases} 0 & (\Omega_{ki} \neq \Omega_{kj}) \\ 1 & (\Omega_{ki} = \Omega_{kj}) \end{cases}$$

对于原来属于同一类的点（$\delta = 1$），d_{ij}^* 应该尽可能小。反之，对不属于同一类的点（$\delta = 0$），则不必考虑 d_{ij}^* 大小。一个好的降维映照应使 J_S 尽量小。

综合考虑上述两方面因素，并采用一种最优化方法或其他一些更有效的算法，通过不断调整各个样品点的新坐标，使 J 值达到极小为止，即可以得到好的降维映照效果。

5.1.5　K-近邻聚类法

K-近邻聚类法（K-nearest neighbors，简称 KNN），亦称 K 近邻法，是模式识别的标准算法之一。其基本思想是先将已分好类别的训练样本点"记入"多维空间，然后将待分类的未知样本亦记入空间。考察未知样本点的 K 个近邻（K 为单数整数）点。K 的数目，一般根据数据结构凭经验而定。K 取得越小，判断准则越严格。若近邻中某一类样本最多，则可将未知样本亦判为该类。在多维空间中，各点间的距离通常规定为欧几里得距离。如样本点 i 和样本点 j 间的距离 d_{ij} 可表示为

$$d_{ij} = \left[\sum_{k=1}^{M} (x_{ik} - x_{jk})^2 \right]^{1/2} \tag{5-19}$$

为计算方便，有时采用绝对距离

$$d_{ij} = \sum_{k=1}^{M} |x_{ik} - x_{jk}| \tag{5-20}$$

其最大优点是对数据结构没有特定的要求。但其缺点是没有对训练点做信息压缩。因此，每判断一个新的未知点都要将它与所有已知点的距离全部算一遍，计算工作量较大。

5.1.6 分类判别函数法

所谓分类判别函数法，就是从已知类别样本出发构造一个或一种判别算法，并以此对未知样本进行分类判别。

设一组函数

$$g_1(X), g_2(X), \cdots, g_R(X)$$

为分属于 R 类的样品集 $X=(x_1, x_2, \cdots, x_n)^T$ 单值函数。当 X 属于第 i 类时，有下列关系式

$$g_i(X) > g_j(X) \quad (i, j=1, 2, \cdots, R, \quad 且 i \neq j) \tag{5-21}$$

若 g_i（X）为线性函数，即

$$g_i(X) = w_{i0} + \sum_{k=1}^{n} w_{ik} X_k \tag{5-22}$$

则称 $g_i(X)$ 为线性判别函数。为了方便，令

$$w_i = (w_{i0}, w_{i1}, \cdots, w_{in})$$

$$Y = (1, x_1, x_2, \cdots, x_n)$$

式中，w_i 称为第 i 类权重向量，Y 称作增广模式向量。则判别函数可表示为

$$g_i(X) = w_i Y \tag{5-23}$$

5.1.7 模式逆映照方法

模式逆映照方法是从多维空间图像向二维平面投影或映照的方法，能有效地利用人对二维图像的识别能力，通过二维图像了解多维空间图像的结构。但是通过投影或映照，只能得到由原始变量线性或非线性组合的数值描述的图像，但无法从这些投影图或映照图中直接“读”出解决实际问题的方案。许多实际问题的解决，都需要基于对原始变量的调控，只有使二维映照图的信息（或部分信息）“逆映

照”，返回到由原始变量为坐标的多维空间，才能得出解决实际问题的策略。模式逆映照方法大致分为线性和非线性两种。逆映照的目的往往是设计新样本，即优化区选优或外推寻优。

5.1.8　应用实例

5.1.8.1　纤维镍基板工业制备工艺的优化

选取基板中纤维的含量、烧结温度和走带速度 3 个影响纤维镍基板强度的主要工艺因素，以基板强度的等级为分类依据，共有 34 组试样组成了原始样本集，详见表 5-1。利用主成分分析模式识别程序得到了一个具有较好识别能力的模式分类器。

表 5-1　由 34 个试样组成的原始样本集

样本号	纤维含量 f/%	烧结温度 T/℃	走带速度 v/m · min^{-1}	强度等级
1	0	900	0.80	2
2	0	920	0.60	3
3	0	950	0.40	4
4	20	880	1.00	1
5	20	880	0.85	1
6	20	920	0.75	2
7	20	950	0.60	3
8	20	980	0.40	4
9	20	980	0.50	4
10	25	900	0.88	1
11	25	905	0.96	1
12	25	930	0.55	3
13	25	950	0.50	4
14	30	880	0.85	1
15	30	900	0.70	2
16	30	900	0.88	1
17	30	905	0.25	3
18	30	905	0.40	3
19	30	940	0.40	3
20	30	940	0.60	3
21	30	960	0.55	4
22	30	980	0.40	4

续表 5-1

样本号	纤维含量 f/%	烧结温度 T/℃	走带速度 v/m·min^{-1}	强度等级
23	30	1000	0.40	4
24	30	1000	0.50	4
25	30	1050	0.50	4
26	30	1100	0.50	4
27	35	940	0.55	3
28	35	960	0.40	4
29	40	930	1.00	1
30	40	930	0.80	1
31	40	930	0.60	2
32	50	935	0.30	3
33	50	940	0.78	1
34	50	1000	0.40	4

MH_X-Ni 的工作模式多为快速充电和大电流放电，因此对镍电极的稳定性提出了较高的要求。于是确定了基板的强度参数不小于 3 的为好点，小于 3 的为坏点。经过处理后得到分辨率较高的投影平面，如图 5-2 所示。

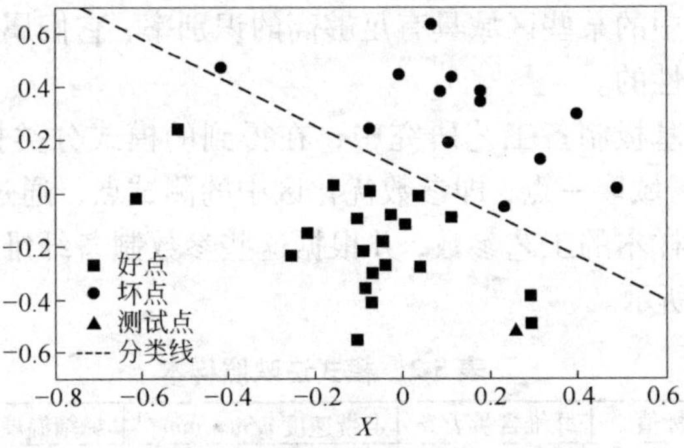

图 5-2　各样本在二维鉴别平面上的投影图

其投影方式为

$$X = 0.0188f - 0.0006T + 0.4159v - 0.2009$$

$$Y = -0.0065f - 0.0028T + 0.8759v + 2.3249$$

目标区内模式样本的正确识别率 R 为

$$R = \frac{N_1(\text{目标区内正确识别的样本数})}{N(\text{目标区内总样本数})} \times 100\%$$

$$= \frac{34}{34} \times 100\% = 100\%$$

5.1.8.2　条件模式逆映照

在主成分分析模式识别中，往往是选择了累计方差贡献率较大的主分量作为投影分量，并不一定能得到好的分类效果。有时为了获得好的分类效果，还是要选用那些累计方差贡献率不很大的分量。从上面的分析可以认为，对于用这种方式得到的模式分类器，其逆映照必须是有条件的，故将这种模式逆映照方法叫做“条件逆映照”。

条件逆映照应有如下假设：样本模式的特征空间必须是连续的实空间；在鉴别分量或平面上投影重合的样本属于同一类别。

对于一些具体的用于描述样本的特征，如几何尺寸、化学成分、物理性质，或一些工艺参数，如温度、压力、时间等，在一定范围内都是连续变化的。这就使得由这些特征的变化产生的不同样本在一定的特征空间内是连续分布的。至于投影重合的样本，只要该鉴别分量或平面或其中的某些区域具有足够高的识别率，它们属于同一类是有很大的可能性的。

在纤维基板制备工艺研究中，在得到的模式分类投影图（图 5-2）的好点区域取一点，即参数优化区中的测试点，通过模式逆映照，得到了这个样本的工艺参数，并根据这些参数制备纤维基板试样，结果如表 5-2 所示。

表 5-2　模式逆映照样本

样本	坐标值	纤维含量 f/%	走带速度 v/m · min^{-1}	烧结温度 T/℃	强度等级
测试	$x = -0.23$, $y = -0.57$	30	0.30	980	4

由表 5-2 看出，在目标区选定的测试点，用逆映照程序设计的工艺参数制得的纤维基板试样，其强度为 4 级。实验证明了所建立的模式分类器及其逆映照，可以用于镍纤维基板制备工艺参数的选择及其性能的预报。

5.1.8.3 统计模式识别技术对小型试验及放大试验结果的优化

A 线性投影法（LMAP）对化学镀镍小型试验结果优化

在镀液中主盐和还原剂浓度一定条件下，以添加剂 A 的浓度、每 100mL 镀液中的氨水量、反应温度、每 100mL 镀液中的饱和 SDS 溶液加入量为输入参数量，以反应是否完全（即反应结束后尾液中镍离子浓度低于 400×10^{-6} g/L）和被镀覆颗粒表面是否被金属镍覆盖完全作为判定标准，将试验点分为两类：1 类点（工艺好点）为镀覆颗粒表面被金属镍覆盖完全，而且镀液反应完全；2 类点（工艺坏点）为镀覆颗粒表面被金属镍覆盖不完全或镀液反应不完全。用线性投影法将小型试验 30 组样本点（表 5-3）进行模式分类，其分类结果如图 5-3 所示。

表 5-3 模式识别与人工神经网络用化学镀镍的小型试验训练原始数据

序号	分类	添加剂 A /g · L^{-1}	100mL 溶液氨水加入量/mL	温度/℃	100mL 溶液 SDS# 加入量/ml	反应时间/min
01	2	30	24	75	0	60
02	1	10	30	77	0	30
03	1	10	31	72	0	23
04	1	10	28	72	0	28
05	2	30	50	75	0	60
06	2	0	10	72	0	10
07	2	0	8.5	70	0	11
08	1	3	15	71	0	19
09	1	7	10	70	0	30
10	1	5	10	70	0	20
11	1	7	10	69	0	42
12	1	6	10	70	1	21
13	1	7	10	72	1.2	25
14	1	5	10	73	1.2	16
15	1	5	10	70	0.5	19
16	1	5	10	75	0.5	20
17	1	6	9	74	0.5	20
18	1	8	9	74	0.5	20
19	1	12	9	74	0.5	23
20	2	50	10	74	0.5	63

续表 5-3

序号	分类	添加剂 A /g·L^{-1}	100mL 溶液氨水加入量/mL	温度/℃	100mL 溶液 SDS$^{\#}$加入量/mL	反应时间/min
21	1	7	10	71	0.5	24
22	1	5	10	74	0.5	21
23	1	12	9.5	75	0.5	39
24	1	8	8.5	77	0.5	27
25	1	5	10	71	0.7	29
26	1	7	10	72	0.7	30
27	1	7	10	70	0	38
28	2	5	0	72	0	68
29	2	6	3	73	0	66
30	2	7	5	71	0	65

注：分类 1 为好点；分类 2 为坏点；SDS$^{\#}$为饱和溶液。

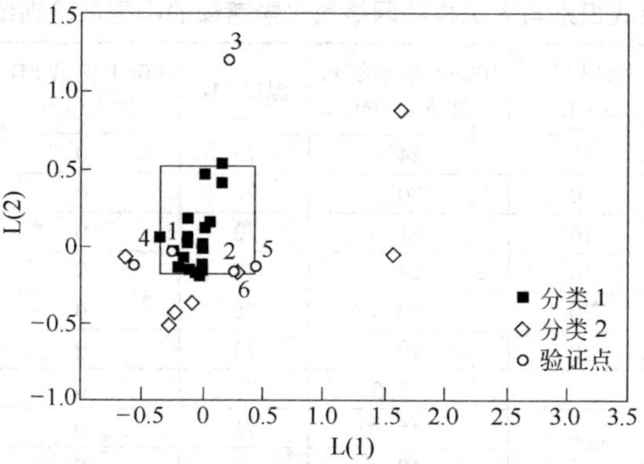

图 5-3 小型试验模式识别分类图

根据计算结果，在由 L(1) 和 L(2) 组成的二维投影平面中（图 5-3)，1 类点与 2 类点由方框完全分开，其模式识别率为 100%。各样本点空间投影方程为

$$L(1)=7.483\times10^{-2}[\text{添加剂 A 浓度}]+2.352\times10^{-3}[\text{氨水加入量}]-2.843\times10^{-2}[\Theta]+0.24[\text{SDS 加入量}]+1.402 \quad (5\text{-}24)$$

$$L(2)=-1.494\times10^{-2}[\text{添加剂 A 浓度}]+3.58\times10^{-2}[\text{氨水加入量}]-7.23\times10^{-3}[\Theta]+0.2798[\text{SDS 加入量}]+8.075\times10^{-2} \quad (5\text{-}25)$$

其中，1 类点（工艺好点）的目标优化区（方框内区域）为

$$-0.3564 \leqslant L(1) \leqslant 0.4442 \quad (5\text{-}26)$$

$$-0.1717 \leqslant L(2) \leqslant 0.5209 \quad (5\text{-}27)$$

在图 5-3 所示分类中任意抽取 6 个点作为验证点，通过模式逆映照方式得到这些点的工艺条件并进行实验验证，其结果如表 5-4 所示。

表 5-4 在主盐和还原剂浓度一定条件下模式逆映照参数与试验结果

序号	逆映照条件				预报分类	试验现象	实际分类
	添加剂 A /g·L^{-1}	100mL 溶液氨水加入量/mL	Θ/K	SDS /mL·L^{-1}			
1	5.0	10.0	348	5.0	1	反应完全，镀覆完整	1
2	12.0	9.0	347	5.0	1	反应完全，镀覆完整	1
3	10.0	30.0	345	0.0	2	反应不完全	2
4	0.0	8.5	343	0.0	2	镀覆不完整，游离镍	2
5	13.3	10.0	346	5.0	1	反应完全，镀覆完整	1
6	12.0	9.5	348	5.0	1	反应完全，镀覆完整	1

注：分类 1 代表好点，2 代表坏点。

综上所述，统计模式识别的线性映照法，对化学镀镍小型试验结果的模式分类优化是准确可行的，通过模式逆映照方法得到的工艺条件，实验验证与模式分类一致。

B 主成分分析法（PCA）对放大试验结果的优化

以主盐的浓度，还原剂用量，添加剂 A 的浓度，每 100mL 镀液的氨水用量，反应温度以及每 100mL 镀液的饱和 SDS 溶液加入量为变化量，判据为：1 类点（好点）必须是金属镍全都沉积在定位活化的颗粒表面，基本没有游离的金属镍颗粒，镀层致密，尾液中镍离子的浓度低于 400×10^{-6}g/L；否则为 2 类点（坏点）。在放大试验中强化了分类标准。31 组样本（表 5-5）采用主成分分析法对放大试验结果的样本空间进行模式分类，其分类图如图 5-4 所示。

表 5-5 模式识别与人工神经网络用化学镀镍的放大试验训练原始数据

序号	分类	六水硫酸镍 /g·L^{-1}	添加剂 A /g·L^{-1}	100mL 溶液联氨加入量/mL	100mL 溶液氨水加入量/mL	100mL 溶液 SDS# 加入量/mL	温度 /℃	反应时间/min
01	1	27	5	1.5	9	0.5	74	20
02	1	27	8	1.5	9	0.5	74	25
03	2	27	12	1.5	9.5	0.5	75	41

续表 5-5

序号	分类	六水硫酸镍 /g · L⁻¹	添加剂 A /g · L⁻¹	100mL 溶液联氨加入量/mL	100mL 溶液氨水加入量/mL	100mL 溶液 SDS# 加入量/mL	温度 /℃	反应时间/min
04	1	27	8	1.5	9	0.5	77	27
05	1	40.5	10	3.3	11	0.375	74	34
06	1	40.5	10	3.3	10	0.375	76	30
07	1	40.5	10	3.3	9	0.375	72	30
08	1	40.5	10	3.3	8.5	0	74	33
09	1	54	13.3	4.4	12.3	0.5	73	33
10	1	54	13.3	4.4	10.7	0.5	73	30
11	1	45	11.3	3.7	8.3	0.5	72	28
12	1	54	13.3	4.3	10	0.5	72	30
13	1	54	13.3	4.3	10	0.5	73	31
14	1	54.6	13.3	4.4	10	0.5	72	28
15	1	54.6	13.3	4.3	10	0.5	72.5	20
16	1	54.6	13.3	4.3	10	0.5	74	28
17	1	54.6	13.3	4.3	10	0.5	73	28
18	1	54.6	13.3	4.5	10	0	73	29
19	1	54.6	13.3	4.5	10	0	74	29
20	1	54.6	13.3	4.3	10	0	73	33
21	1	51.6	12.5	4.4	10	0	73	30
22	1	55	13	4.7	10	0	73.5	29
23	2	55	13	4.7	10	1	70	15
24	1	55	13	4.5	10	0	72	23
25	1	54.6	13.3	4.3	10	0	72.5	30
26	1	55	13	4	10	0	72	23
27	1	54.6	13.3	4	10.6	0	73	30
28	1	54.6	13.3	4	10.6	0	75	25
29	1	54.6	13.3	4	10.6	0	76	25
30	1	52.3	13	4.2	10	0	76	24
31	1	54.6	13.3	4	10	0	75	27

注：分类 1 为好点；分类 2 为坏点；SDS# 为饱和溶液。

根据计算结果在由 P(2) 和 P(4) 组成的二维投影平面（图 5-4）上，1 类点与 2 类点完全分开，其模式识别率为 100%。各样本点空间投影方程为

$$P(2) = -5.291 \times 10^{-3}[\text{六水硫酸镍浓度}] - 9.826 \times 10^{-2}[\text{添加剂 A 加入量}] - 0.2080[\Theta] - 5.093 \times 10^{-2}[\text{氨水加入量}] + 2.858[\text{SDS 加入量}] + 4.308 \times 10^{-2}[\text{联氨加入量}] + 16.35 \tag{5-28}$$

$$P(4) = -2.133\times10^{-2}[\text{六水硫酸镍浓度}] - 0.1974[\text{添加剂 A 加入量}] - 6.814\times10^{-2}[\Theta] - 0.1618[\text{氨水加入量}] + 0.4329[\text{SDS 加入量}] + 0.2505[\text{联氨加入量}] + 6.038 \quad (5\text{-}29)$$

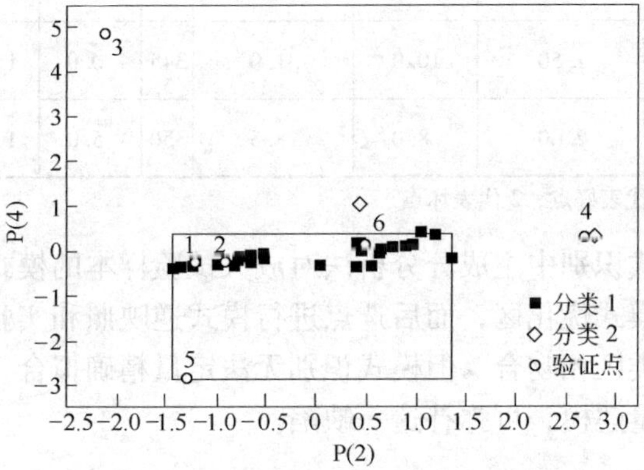

图 5-4 放大试验模式识别分类图

其中，1 类点（工艺好点）的目标优化区（方框内区域）为

$$-1.4204 \leqslant P(2) \leqslant 1.3601 \quad (5\text{-}30)$$

$$-2.8622 \leqslant P(4) \leqslant 0.3835 \quad (5\text{-}31)$$

在图 5-4 所示分类中任意抽取 6 个点作为验证点，通过模式逆映照方式得到这些点的工艺条件并实验验证，其结果如表 5-6 所示。

表 5-6 放大试验模式逆映照参数与试验结果

序号	逆映照条件						预报分类	试验现象	实验分类
	六水硫酸镍 /g·L^{-1}	100mL 溶液联氨加入量/mL	添加剂 A /g·L^{-1}	100mL 溶液氨水加入量/mL	Θ/K	SDS /mL·L^{-1}			
1	54.6	4.00	13.3	10.0	348	0.0	1	反应完全，镀覆完整	1
2	52.5	3.75	12.5	10.0	347	0.0	1	反应完全，镀覆完整	1
3	27.0	1.10	30.0	8.5	345	0.0	2	反应不完全	2

续表 5-6

序号	逆映照条件						预报分类	试验现象	实验分类
	六水硫酸镍 /g · L^{-1}	100mL 溶液联氨加入量/mL	添加剂 A /g · L^{-1}	100mL 溶液氨水加入量/mL	Θ/K	SDS /mL · L^{-1}			
4	55.0	4.70	13.0	10.0	343	10.0	2	少量游离镍	2
5	27.0	1.50	10.0	31.0	345	0.0	1	反应完全，镀覆完整	1
6	27.0	2.00	8.0	8.5	350	5.0	1	反应完全，镀覆完整	1

注：分类 1 代表好点，2 代表坏点

统计模式识别中主成分分析法对放大试验样本的模式分类也是成功的，获得模式优化区，而后选点进行模式逆映照和实验验证，其结果与模式分类区相吻合。但模式识别无法定量精确拟合，而人工神经网络可以定量建模，可弥补这一缺陷。

5.2　人工神经网络

人工神经网络（artificial neural network，简称 ANN）系统是一门交叉学科，是人工智能的重要组成部分。1943 年，马克库卢奇（McCulloch）和比兹（Pitts）提出 M-P 神经元模型，成为神经网络发展的起点。1949 年，荷布（Donala O. Hebb）提出 Hebb 规则，对人工神经网络的结构和发展有很大的影响。1958 年，鲁森布拉特（Frank Rosenblatt）定义了一个“感知器”（perception）神经网络结构，这是首个真正的人工神经网络。1960 年，威德鲁夫（Bernard Widrow）和霍夫（Marcian Hoff）提出威德鲁夫-霍夫（Widrow-Hoff）算法，进一步推动了神经网络的发展。1982 年，霍普菲尔德（John J. Hopfield）提出一种用于联想记忆和优化计算的新神经网络模型，提出“能量函数”的概念，使得网络得以具体实现，网络的稳定性有了明确的判据，从而大大推动了神经网络研究的发展。20 世纪 70 年代，安德松（Anderson）提出的 BSB 模型，科霍内恩（Kohonen）提出的自组织特征映照网络模型，格罗兹伯格（Grossberg）等提出的自适应共振理论等等都为神经网络的进一步发展提供了理论根据。

5.2.1 人工神经元模型

科霍内恩（Kohonen）曾给出了人工神经网络的定义：神经网络是由一些简单（通常为自适应的）的元件及其层次组织的大规模并行连接构造的网络，它致力于按照生物神经系统的同样方式处理真实世界的客观事物。与以往的基于符号机制的计算理论不同，神经网络基于连接机制的大规模并行处理和分布式的信息存储，它是依靠大量神经元广泛互连，以及这种连接所引起的神经元的不同的兴奋状态和系统所表现的总体行为进行工作。

人工神经网络的一个重要特征是，在网络中处理过程是以数值方式进行的，而不是以符号方式进行。网络通过下面两个方式记忆信息：（1）通过网络的信息量大小；（2）相邻节点的连接强度。

神经元是神经网络中的基本处理单元。图 5-5 显示了一种简化的人工神经元结构。

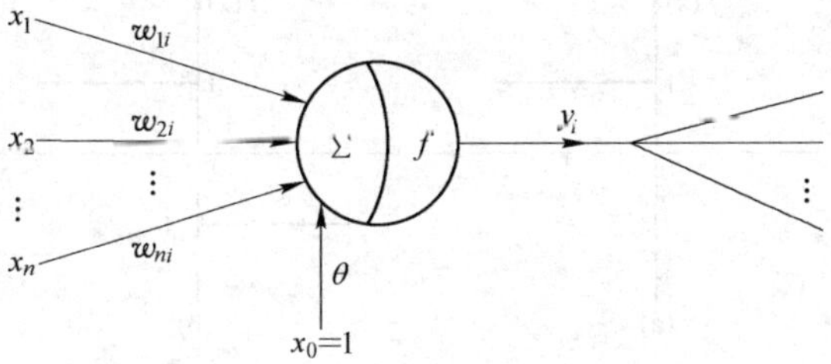

图 5-5　人工神经元结构模型

人工神经元的信息处理过程分为三个部分，首先完成输入信号与神经元连接强度的内积运算，然后再将其结果通过激活函数，再经过阈值函数判决，如果输出大于阈值门限，则该神经元被激活，否则处于抑制状态。它是一个多输入、单输出的非线性元件，其输入输出关系可以描述为

$$y_i = f(I_i) \tag{5-32}$$

$$I_i = \sum_{j=1}^{n} w_{ji}x_j - \Theta_i \tag{5-33}$$

式中，x_j（$j=1, 2, \cdots, n$）是从其他细胞传过来的输入信号，Θ_i 为阈值，w_{ji} 表示从细胞 j 到细胞 i 的连接权值，f（I_i）称为传递函数或特性函数。

神经元的特性函数是指激活与阈值函数的复合函数，通常为三种形式：阈值型、分段线性型和 Sigmoid 函数型。通常来说，Sigmoid 函数型（S 型函数）可得到较好的人工神经网络行为。当采用 Sigmoid 函数时，可直接表达权重因子的抑制和激活作用，即 Sigmoid 函数小于 0 为抑制，Sigmoid 函数大于 0 为激活。由于 Sigmoid 函数是单调函数，可使训练更为有效。

常用的几种神经元非线性函数有：

（1）阈值型函数。该类函数的形式如式 5-34 或式 5-35，函数曲线如图 5-6 所示。

$$f(x) = \begin{cases} 1 & (x \geqslant 0) \\ 0 & (x < 0) \end{cases} \tag{5-34}$$

$$\mathrm{sgn} = \begin{cases} 1 & (x \geqslant 0) \\ -1 & (x < 0) \end{cases} \tag{5-35}$$

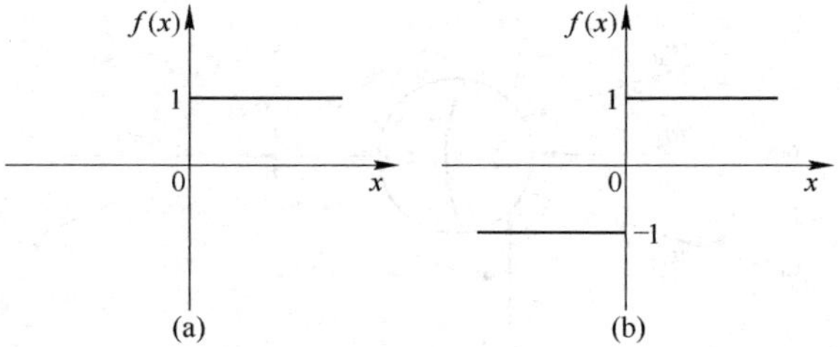

图 5-6　阈值型函数曲线

（a）阶跃函数；（b）sgn 函数

（2）S 型函数。通常是指正切（式 5-36）或指数（式 5-37）等一类在（0，1）或（－1，1）内连续取值的单调的可微分的函数，函数曲线如图 5-7 所示。

$$f(x) = \tanh(x) \tag{5-36}$$

或

$$f(x) = \frac{1}{1 + \exp(-\beta x)} \quad (\beta > 0) \tag{5-37}$$

单个神经元的功能是极其有限的，而由大量神经元通过互连构造而成的神经网络具有强大的集团运算能力。

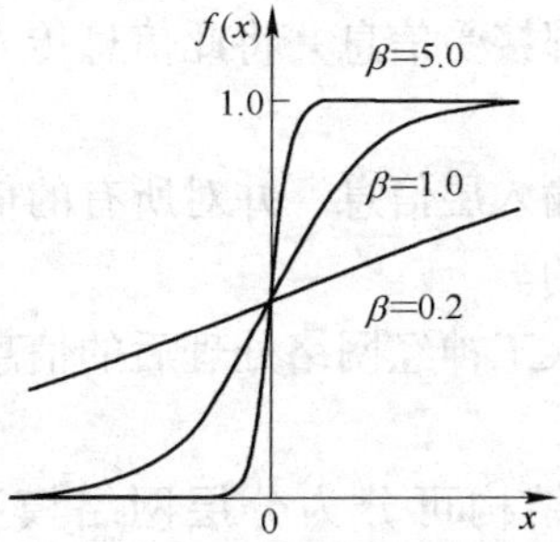

图 5-7 S 型函数曲线

5.2.2 人工神经网络模型

自 1943 年马克库鲁奇和比兹从信息处理的观点研究神经细胞的行为，提出了最早的二值运算人工神经元阈值模型，1985 年鲁美尔哈特（Rumelhart）提出反向传播算法（BP），使霍普菲尔德网络模型和多层前馈型神经网络成为用途广泛的神经网络模型。目前已有的人工神经网络模型发展到数十种之多，主要可分为三大类，即：

（1）前馈网络（feedforward NNs）：BP 网络模型，GMDH 网络模型，RBF 网络模型。

（2）反馈网络（feedback NNs）：CG 网络模型，霍普菲尔德（Hopfield）网络模型，BAM 网络模型，RBP 网络模型，玻兹曼（Boltzmann）机网络模型。

（3）自组织网络（self-organizing NNs）：ART 网络模型，自组织特征映照网络模型，CPN 网络模型。

通常神经网络模型由网络的拓扑结构、神经元特性和学习或训练规则这三个因素所决定。神经网络按拓扑结构指它的处理单元是如何相互连接的，它可分为输入层、隐含层和输出层。每一节点的输出被送到下一层的所有节点。通过将这些处理单元组成层，将其相互连接起来，并对连接进行加权，从而形成神经网络的拓扑结构。网络的每一层对人工神经网络的成功都是重要的，通过每一节点之间的相互连接关系来处理，经输入层的所有节点输入信息。最后，从输出层的节点给出最终结果。网络中每一层的作用为：

输入层——从外部接受信息并将此信息传入人工神经网络，以进行处理。

隐含层——接受输入层信息，并对所有的信息进行处理，整个处理步骤用户是看不见的。

输出层——接受人工神经网络处理后的信息，将结果送到外部接受器。

神经网络的拓扑结构可分为分层网络模型和相互连接型网络模型。

人工神经网络结构通常有以下几种类型：（1）不含反馈的前向阶层型网络，多层感知器与 BP 算法相关联的网络；（2）从输出层到输入层有反馈的前向网络；（3）层内互联型的前向网络；（4）全互联型网络，如霍普菲尔德网络和玻耳兹曼机属该类型；（5）局部互联型网络。

函数神经网络的学习算法可分为两类：有监督的和无监督的。（1）有监督学习算法要求同时给出输入和正确的输出，网络根据当前输出与所要求的目标输出的差来进行网络调整，使网络做出正确的反应，如 BP 算法。（2）无监督学习算法只需给出一组输入，网络能够逐渐演变到对输入的某种模式做出特定的反应，如自组织特征映照网络。

人工神经网络的运行分为三个阶段：训练或学习阶段、回响阶段和预测阶段。

在训练或学习阶段，反复向人工神经网络提供一系列输入-输出模式对，通过不断调整节点之间的相互连接权重，直至特定的输入产生出所期望的输出。通过这些活动，使人工神经网络学会正确的输入-输出响应行为，从而对未知样本进行预报。

5.2.3　神经网络分类器

目前在材料研究中常用的传统模式识别方法，是通过对与多数影响因素有关的数据结果分类，并在最终的二维平面投影图上投影出不同类别的数据点，找出工艺优化区。可再进一步从优化区域里选点，通过模式逆映照确定适宜的工艺条件。而经过训练后的人工神经网络归纳了隐含在实验数据中材料的组分、工艺与性能等之间的定量关系，并用一个隐函数来表征。计算机人工神经网络作为分类器，将实验数据进行分类；作为函数器，还可以定量地预报材料的性能（或相组成），从而实现材料的人工智能设计。图5-8将传统分类器与神经网络分类器的工作原理进行了比较。几种用作分类器的神经网络的分类树，如图5-9所示。

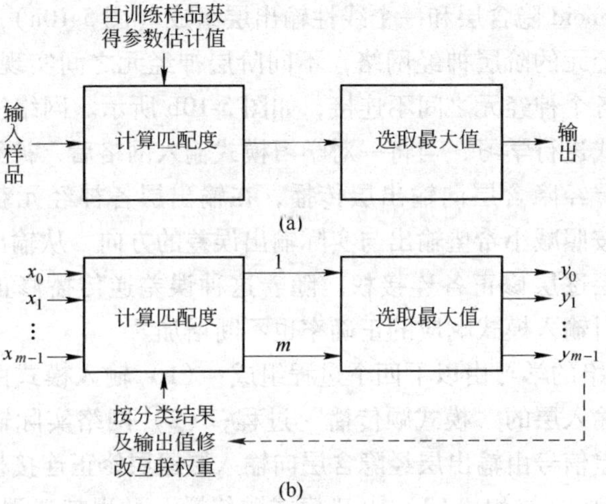

图5-8 传统分类器与神经网络分类器
（a）传统分类器；（b）神经网络分类器

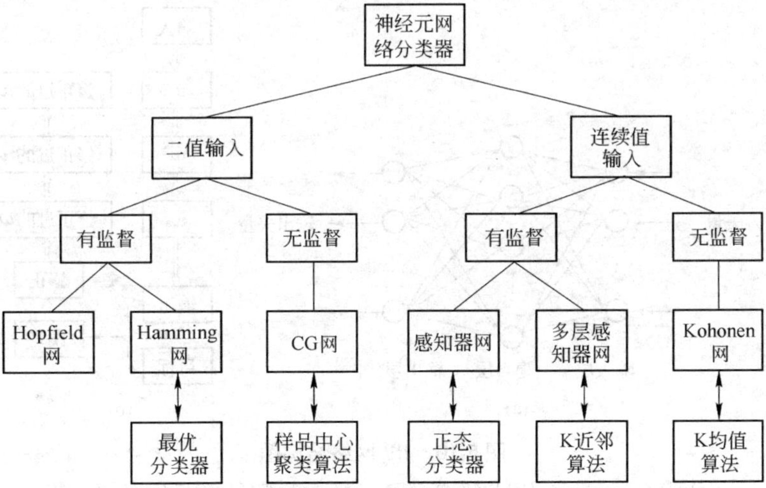

图5-9 几种神经网络分类器的分类树

5.2.4　误差逆向传播神经网络

误差逆向传播神经网络（error back propagation，简称 EBP 网络）或称逆传播神经网络（back propagation，简称 BP 网路）通常有一个或多个 Sigmoid 隐含层和一个线性输出层组成（图 5-10a），是一种具有三层神经元的阶层神经网络，不同阶层神经元之间实现权重连接，而每层内各个神经元之间不连接，如图 5-10b 所示。网络按有人管理示教的方式进行学习，当将一对学习模式输入网络后，神经元的激活值从输入层经隐含层向输出层传播，在输出层各神经元获得网络响应。然后按照减小希望输出与实际输出误差的方向，从输出层经隐含层向输入层逐层修正各连接权。随着这种误差逆传播修正的不断进行，网络对输入模式响应的正确率也不断增加。

BP 网络的学习由以下四个过程组成：（1）输入模式由输入层经隐含层向输入层的“模式顺传播”过程；（2）网络实际输出与希望输出的误差信号由输出层经隐含层向输入层逐层修正连接权和阈值的“误差逆传播”过程；（3）由“模式顺传播”过程与“误差逆传播”过程的反复交替进行的网络学习训练过程；（4）网络全局误差趋向极小的学习收敛过程。

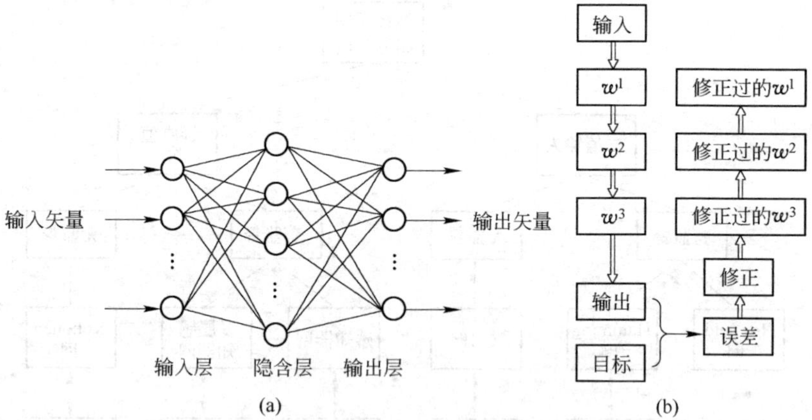

图 5-10　BP 网络结构图

（a）具有一个隐含层的 BP 网络结构；（b）三层神经元阶层神经网络结构

误差反向传播学习将数据按一个方向传送并遍历网络，而从另一个方向改变权值。在第 l 层中第 j 个神经元的第 i 个权值的修正值定义为

$$\Delta w_{ji}^{l} = w_{ji}^{l(新)} - w_{ji}^{l(旧)} \tag{5-38}$$

在第 l 层的第 j 个神经元里，权重 w_{ji}^{l} 反映出第 i 个输入对第 j 个神经元的影响。根据 δ 学习规则，有下列关系式

$$\Delta w_{ji}^{l} = \eta \delta_j^l out_i^{l-1} \tag{5-39}$$

式中，out_i^{l-1} 标记为第 $l-1$ 层的输出，同时它也是第 l 层的输入。剩下的问题是函数 δ_i^l 的估算。

在 BP 算法中，δ_j^l 是用梯度下降法来获得，该方法的实质是，对一个误差 ε 必定在某参数并不知道的值处显示出一个最小的观察。通过观察这一曲线的斜率，就可以决定如何改变该参数使之靠近所寻找到的最小值。例如，将误差对神经元的权重做图，如图 5-11 所示。

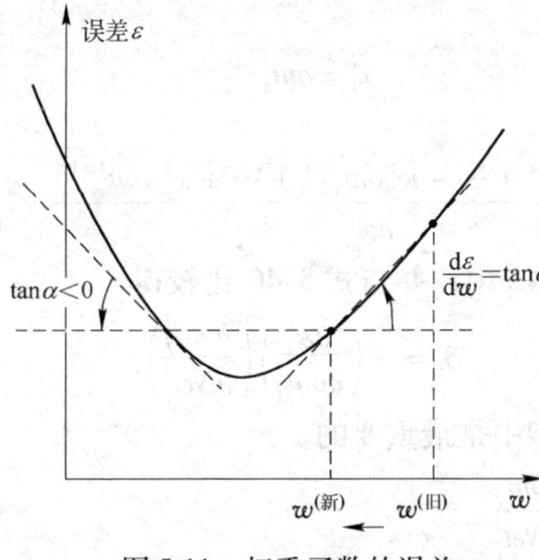

图 5-11 权重函数的误差 ε

在最小点的右边，微分 $\mathrm{d}\varepsilon/\mathrm{d}w$ 是正的，则新的参数值应该小于旧的参数值，反之亦然。也就是

$$\Delta w = w^{(新)} - w^{(旧)} = -\kappa \frac{\mathrm{d}\varepsilon}{\mathrm{d}w}$$

对于在 l 层中的一个指定的权值 w_{ji}^{l}，相应的方程为

$$\Delta w_{ji}^{l} = -\kappa \frac{d\varepsilon}{dw_{ji}^{l}}$$

该误差函数表示在输出层 l 中由特定的权值所引起的那部分误差。因为误差函数是关于参数 w_{ji}^{l} 的一个复合函数，所以有

$$\Delta w_{ji}^{l} = -\kappa \frac{\partial\varepsilon}{\partial w_{ji}^{l}} = -\kappa \left(\frac{\partial\varepsilon}{\partial out_{j}^{l}}\right)\left(\frac{\partial out_{j}^{l}}{\partial Net_{j}^{l}}\right)\left(\frac{\partial Net_{j}^{l}}{\partial w_{ji}^{l}}\right) \tag{5-40}$$

由于方程中所有的偏微分在 BP 算法中都很重要，因此分别对每一项加以讨论。

（1）偏微分 $\frac{\partial Net_{j}^{l}}{\partial w_{ji}^{l}}$。

根据神经元 j 的净输入 Net_{j}^{l} 与其相应的权重的关系式

$$Net_{j}^{l} = \sum_{i=1}^{m} w_{ji}^{l} x_{i}^{l} \tag{5-41}$$

式中，x_{i}^{l} 为输入信号。习惯上，所有的输入都可以写成来自上一层的输出。因此有

$$x_{i}^{l} = out_{i}^{l-1}$$

于是

$$\frac{\partial Net_{j}^{l}}{\partial w_{ji}^{l}} = \frac{\partial(w_{j1}^{l} out_{1}^{l-1} + \cdots + w_{ji}^{l} out_{i}^{l-1} + \cdots + w_{jm}^{l} out_{m}^{l-1})}{\partial w_{ji}^{l}} = out_{i}^{l-1} \tag{5-42}$$

将其代入式 5-42 中，并与式 5-40 比较得

$$\delta_{j}^{l} = -\left(\frac{\partial\varepsilon^{l}}{\partial out_{j}^{l}}\right)\left(\frac{\partial out_{j}^{l}}{\partial Net_{j}^{l}}\right) \tag{5-43}$$

该式在 BP 模型中是最重要的。

（2）偏微分 $\frac{\partial out_{j}^{l}}{\partial Net_{j}^{l}}$。

通常，对 out_{j}^{l} 和 Net_{j}^{l} 的关系，人们更倾向于使用 S 型转换函数，即

$$out_{j}^{l} = \frac{1}{1 + \exp(-Net_{j}^{l})}$$

因此

$$\frac{\partial out_{j}^{l}}{\partial Net_{j}^{l}} = out_{j}^{l}(1 - out_{j}^{l}) \tag{5-44}$$

（3）偏微分 $\dfrac{\partial \varepsilon^l}{\partial out_j^l}$。

根据误差函数 ε^l 和输出 out_j^l 之间的关系是否已知，分两种情况进行讨论：

第一种情况：在最后一层（输出层）上的修正，换言之，ε^l 是知道的。这种情况下，输出层的误差 ε^l 是期望输出向量（目标）$Y(y_1, y_2, \cdots, y_m)$ 与实际输出 Out^l（$out_1^l, out_2^l, \cdots, out_m^l$）之间的误差，可以表示为

$$\varepsilon^l = \sum_{j=1}^{m} (y_i - out_j^l)^2$$

所以

$$\begin{aligned}\frac{\partial \varepsilon^l}{\partial out_j^l} &= \frac{\partial (y_1 - out_1^l)^2}{\partial out_j^l} + \cdots + \frac{\partial (y_j - out_j^l)^2}{\partial out_j^l} + \cdots + \frac{\partial (y_m - out_m^l)^2}{\partial out_j^l} \\ &= -2\,(y_j - out_j^l)\end{aligned} \tag{5-45}$$

为了标识更加明确，将指示神经元所在层的上标 l 换成 last，代入式中，就得到神经网络最后一层权重修正计算的表达式

$$\Delta w_{ji}^{\text{last}} = \eta\,(y_j - out_j^{\text{last}})\,out_j^{\text{last}}\,(1 - out_j^{\text{last}})\,out_j^{\text{last}-1} \tag{5-46}$$

式中，$\eta = 2\kappa$。

第二种情况：在隐含层上修正，即不知道误差函数 ε^l 和输出 out_j^l 之间的明确关系。在隐含层 l 中，实际输出的误差 ε^l 不能直接计算，因为它们的输出“真实值”是未知的，所以必须做些假设：

假设由前馈传播过程在指定的 l 层产生的误差 ε^l 均匀分布在下一层（第 $l+1$ 层）的所有神经元上

$$\varepsilon^l = \sum_{k=1}^{n} \varepsilon_k^{l+1} \tag{5-47}$$

式中，n 表示在 $l+1$ 层上的神经元数目。也就是说，l 层的误差可以通过累加它的下一层的误差而得到。

可以得到

$$\frac{\partial \varepsilon^l}{\partial out_j^l} = \sum_{k=1}^{n} \left(\frac{\partial \varepsilon_k^{l+1}}{\partial Net_k^{l+1}}\right)\left(\frac{\partial Net_k^{l+1}}{\partial out_j^l}\right) \tag{5-48}$$

由于

$$Net_k^{l+1} = \sum_{j=1}^{m} w_{kj}^{l+1} x_j^{l+1} = \sum_{j=1}^{m} w_{kj}^{l+1} out_j^l$$

因此有

$$\frac{\partial Net_k^{l+1}}{\partial out_j^l} = w_{kj}^{l+1} \tag{5-49}$$

而

$$\frac{\partial \varepsilon_k^{l+1}}{\partial Net_k^{l+1}} = \left(\frac{\partial \varepsilon_k^{l+1}}{\partial out_k^{l+1}}\right)\left(\frac{\partial out_k^{l+1}}{\partial Net_k^{l+1}}\right) \tag{5-50}$$

结合式5-43可得到

$$\frac{\partial \varepsilon_k^{l+1}}{\partial Net_k^{l+1}} = \delta_k^{l+1} \tag{5-51}$$

于是

$$\frac{\partial \varepsilon^l}{\partial out_j^l} = \sum_{k=1}^{n} \delta_k^{l+1} w_{kj}^{l+1} \tag{5-52}$$

代入式后得到

$$\Delta w_{ji}^l = \eta\left(\sum_{k=1}^{n} \delta_k^{l+1} w_{kj}^{l+1}\right) out_j^l\,(1 - out_j^l)\, out_j^{l-1} \tag{5-53}$$

权值修正学习过程包括以下步骤：

（1）输入一个样本 $\boldsymbol{X}$（x_1，x_2，…，x_m）；

（2）将输入样本 $\boldsymbol{X}$（x_1，x_2，…，x_m）的组分 x_i 标记为 out_i^0，并且增加组分1为偏置节点，即输入向量变为 $\boldsymbol{Out}^0$（out_1^0，out_2^0，…，out_m^0，1）；

（3）通过依次计算输出向量 $\boldsymbol{Out}^l$ 将 $\boldsymbol{Out}^0$ 传播过网；为此，使用第 l 层的权重 w_{ji}^l 和来自前一层的输出 $\boldsymbol{Out}^{l-1}$（它作为向第 l 层的输入）：

$$out_j^l = f\left(\sum_{i=1}^{m} w_{ji}^l out_i^{l-1}\right)$$

式中，f 是被选择的转换函数，如S型函数；

（4）采用输出层的输出向量 $\boldsymbol{Out}^{last}$ 和目标向量 $\boldsymbol{Y}$（y_1，y_2，…，y_m），计算出输出中所有权值的修正因子 δ_j^{last}

$$\delta_j^{last} = (y_j - out_j^{last})\, out_j^{last}\,(1 - out_j^{last})$$

（5）修正最后一层中的所有权值 w_j^{last}

$$\Delta w_{ji}^{\text{last}} = \eta\delta_j^{\text{last}} out_j^{\text{last}-1} + \mu\Delta w_{ji}^{\text{last(previous)}}$$

（6）从 $l=\text{last}-1$ 到 $l=1$ 依次一层一层计算隐含层的修正因子

$$\delta_j^l = (\sum_{k=1}^{n}\delta_k^{l+1} w_{kj}^{l+1}) out_j^l (1 - out_j^l)$$

（7）修正 l 层中的所有权值

$$\Delta w_{ji}^l = \eta\delta_j^l out_j^{l-1} + \mu\Delta w_{ji}^{l(\text{previous})}$$

（8）以一个新的输入目标向量样本对（$\boldsymbol{X}$，$\boldsymbol{Y}$）来重复以上步骤。

修正第 l 层的权值采用下列表达式

$$\Delta w_{ji}^l = \eta\delta_j^l out_j^{l-1} + \mu\Delta w_{ji}^{l(\text{previous})} \tag{5-54}$$

可以看出，第 l 层的权值修正由两项构成：第一项趋向于“最速下降”收敛，第二项是一个防止解陷入局部极小的较长区间函数。常量 η 叫做学习速率，常量 μ 称为动量因子。通过考虑前一循环所做的修正，μ 能够防止在修正方向上的突然变化。

除了神经网络结构之外，这些选择中最重要的是学习速率常数 η，它决定了权值改变的速度。如果权值改变太快，训练过程可能陷入局部极小。学习速率常数 η 通过视差法而获得，初始值在 0.3 ~ 0.6 之间。而动量常数 μ 决定了动量项的大小，一个大于 η 的 μ 值往往会遏制振荡性，但很可能会导致达到全局最小的一些途径。因此，在学习过程中，学习速率常数 η 和动量因子 μ 需要系统地改变。

人工神经网络的优势在于不需要给定函数的形式，就能从已有的数据中自动归纳规则，获得这些数据的内在规律的数学模型，具有很强的非线性映照能力，特别适合与因果关系复杂的非确定性推理、判断、识别和分类等问题。但在应用过程中存在两个主要问题：一是网络会出现“过拟合”，如果训练好的网络仅能对已知样本进行精确的逼近，但预报未知的能力很差，说明网络出现了“过拟合”。二是网络训练的收敛速度太慢，传统的 BP 网络用最速下降法训练网络，由于是线性搜索，常耗费大量的机时才能使神经网络收敛。

5.2.5 应用实例

由于结构和算法不同，ANN 具有多种模型，采用目前使用最广泛的网络模型 BP 算法，对所研究的氨配合化学镀镍体系中已有的试验数据进行处理分析建模，以期得到预报的目标优化参数。

5.2.5.1　BP 方法对小型试验结果的 ANN 建模与预报

在主盐和还原剂浓度一定条件下，以添加剂 A 的浓度、每 100mL 镀液中的氨水量、反应温度、每 100mL 镀液中的饱和 SDS 溶液加入量为变化量，以镀覆反应的时间作为考察对象，构造了 4×3×1的神经网络，即由上述四个变量作为 4 个输入节点（四维）构成输入层，隐藏层为单层含 3 个神经元，1 个输出节点（一维）——镀覆反应的时间作为网络的期望输出。其试验结果的好坏判别标准为：（1）反应完全（即反应结束尾液中镍离子浓度低于 400×10^{-6}g/L）为好点，反之为坏点；（2）被镀覆颗粒表面被金属镍覆盖完全为好点，不完全为坏点。利用已有的 30 组试验数据（表 5-3）作为训练集，训练结果如图 5-12 所示。试验结果较好的点反应结束时间分布在 16～42min 之间，证明所选目标参数能够较好地描述上述的分类。相关系数 $r=0.983$，说明 ANN 计算与试验结果线性相关性较好，因此，可以采用训练结果进行预报。

用训练好的神经网络对 6 组试验数据反应结束时间进行预报，其结果如表 5-7 所示。

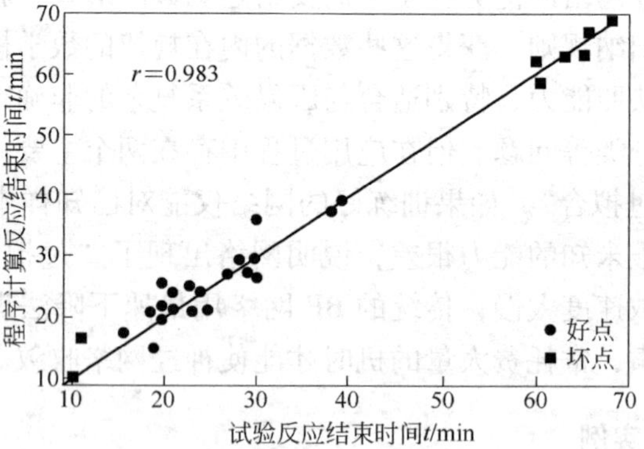

图 5-12　BP 对小型试验数据训练结果

表 5-7 在主盐和还原剂浓度一定条件下 4×3×1 网络结构预报与试验结果对比

序号	输入因素				预报时间 /min	试验时间 /min	预报误差 /%	分类
	添加剂 A /g·L⁻¹	100mL 溶液氨水加入量/mL	Θ/K	SDS /mL·L⁻¹				
1	5.0	10.0	348	5.0	20.04	20	0.2	1
2	12.0	9.0	347	5.0	26.16	23	13.7	1
3	10.0	30.0	345	0.0	77.00	68	17.6	2
4	0.0	8.5	343	0.0	9.02	11	18	2
5	13.3	10.0	346	5.0	21.15	20	5.8	1
6	12.0	9.5	348	5.0	37.08	41	9.6	1

注：分类 1 代表好点，2 代表坏点。

由表 5-7 可以看出，预报的反应结束时间与实测反应时间相对平均误差 1 类点为 7.3%，2 类点为 17.8%。由此可见，分类可信。

5.2.5.2 BP 方法对放大试验结果的 ANN 建模及预报

在采用 ANN 计算机优化技术的基础上，进行了放大试验，并进行多因素的考察分析。以主盐浓度，还原剂用量，添加剂 A 的浓度，每 100mL 镀液的氨水用量，反应温度及每 100mL 镀液的饱和 SDS 溶液加入量为变化量，以镀覆反应的结束时间为考察对象，构造了 6×4×1 的神经网络，即 6 个输入节点（六维）构成输入层，隐藏层含 4 个神经元，1 个输出节点（一维）。其判据为：好点必须是金属镍全部沉积在定位活化的颗粒表面，基本没有游离的金属镍颗粒，镀层致密，尾液中的镍离子浓度低于 400×10^{-6} g/L；否则为坏点。利用已有的 31 组放大试验数据（表 5-5）作为训练集，训练结果如图 5-13 所示，试验结果较好的点反应结束时间分布在 20 ~ 34min 之间。在放大试验中强化了分类标准，分类效果优于表 5-7。程序计算的目标参数与实验所测的反应时间线性相关性很好，相关系数 $r=0.995$。训练结果可靠，并进行了预报。用训练好的神经网络对另外 6 组试验数据反应结束时间进行预报，结果如表 5-8 所示。

由表 5-8 可以看出，预报的反应结束时间与实测时间的相对平均误差，1 类点为 2.85%，2 类点为 1.5%。由此可见，预报的结果可靠。目前已在放大试验中得到了应用，重现性很好，并得到了性能优良的金属镍镀覆的六方 BN 颗粒。

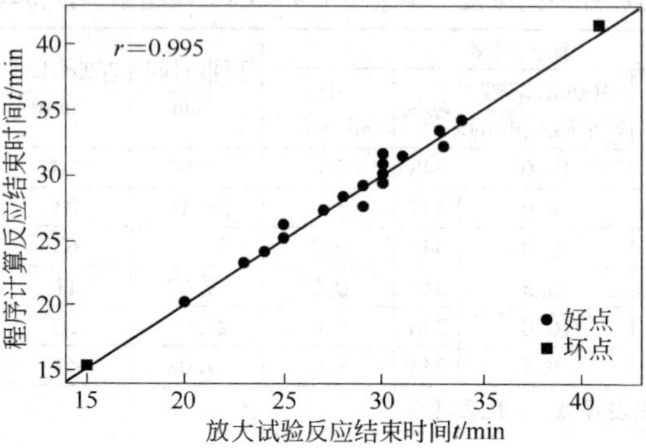

图 5-13　BP 对放大试验数据训练结果

表 5-8　放大试验的 6×4×1 网络结构预报与试验结果对比

序号	输入因素						预报时间/min	试验时间/min	预报误差/%	分类
	六水硫酸镍/g·L^{-1}	100mL 溶液联氨加入量/mL	添加剂 A/g·L^{-1}	100mL 溶液氨水加入量/mL	Θ/K	SDS/mL·L^{-1}				
1	54.6	4.00	13.3	10.0	348	0.0	27.3	28	2.3	1
2	52.5	3.75	12.5	10.0	347	0.0	24.3	23	5.6	1
3	27.0	1.10	30.0	8.5	345	0.0	48.5	50	3.0	2
4	55.0	4.70	13.0	10.0	343	10.0	15.0	15	0.0	2
5	27.0	1.50	10.0	31.0	345	0.0	23.2	23	1.1	1
6	27.0	2.00	8.0	8.5	350	5.0	27.6	27	2.4	1

注：分类 1 代表好点，2 代表坏点。

5.3　遗传算法

自然界的发展是经过漫长的自适应过程实现的，即所谓“物竞天择，适者生存”。于是人们通过模拟自然进化过程来解决某些复杂问题，并将它发展成为计算机科学领域内一个新的分支，称之为“遗传算法”（genetic algorithm，简称 GA）。它是由美国科学家豪尔南德（J. H. Holland）提出的，经后人的发展，成为解决诸多领域复杂问题的有力工具，得到广泛的应用。从本质上讲，遗传算法是一种非线性的优化方法，它采用简单的编码技术来表示各种复杂的问题，并通过对一组编码表示进行优胜劣汰的自然选择和简单的遗传操作，来指导学习和确定搜索的方向。由于采用群体（即一组解）的方法组织搜索，所以它可以同时搜索空间内的多个区域，特别适合大规模信息处理。和一般优化方法比较，遗传算法不必知道优化目标和自变量的函数关系；不必求其导数，允许目标函数不连续；从算法上讲，可避免传统优化算法陷入局部最小，能全局收敛；比模拟要节省时间。在赋予遗传算法自组织、自适应、自学习等特性的同时，优胜劣汰的自然选择和简单的遗传操作使遗传算法具有不受搜索空间约束（条件可微、连续、单峰等）的限制，以及不需要其他辅助信息（如导数）的特点。所以，遗传算法被归入人工智能算法。这些崭新的特点使遗传算法不仅能获得较高的效率，而且具有简单、易操作和普适性等优点。总之，遗传算法是一种基于生物自然选择与遗传机理的随机搜索算法，以适应性和随机信息交换为核心，是一种简洁、灵活、普通、高效的全局优化算法。它的基本处理流程如图5-14所示。

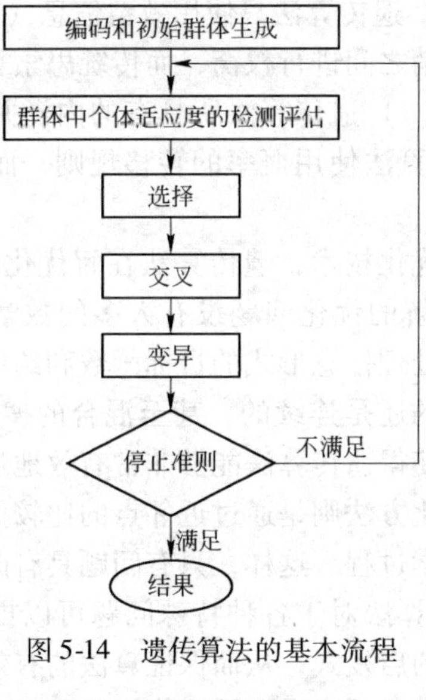

图 5-14 遗传算法的基本流程

由图可见，遗传算法是一种群体型操作，该操作以群体中的所有个体为对象。遗传算法是从一组随机产生的初始解（称为“种群”）开始搜索过程。种群中的每个个体是问题的一个解，称为“染色体”（chromosome）。染色体是一串符号，比如一个二进制字符串。这些染色体在后续迭代中不断进化，称为遗传。在每一代中用“适应度”（fitness）来判别染色体的好坏。生成的下一代染色体称为后代。后代是由前一代染色体通过交叉（crossing）或者变异（mutation）运算形成的。在新一代形成中，根据适应度的大小选择部分后代，淘汰部分后代，从而保持种群大小是常数。适应度高的染色体被选中的概率较高。这样，经过若干代之后，算法收敛于最好的染色体，它很可能就是问题的最优解或次优解。因此，遗传算法中包含了以下5个基本要素：（1）参数编码；（2）初始群体的设定；（3）适应度函数的设计；（4）遗传操作设计；（5）控制参数设定（主要是指群体大小和使用遗传操作的概率等）。这5个要素构成了遗传算法的核心内容。

与传统搜索算法相比，遗传算法具有以下特点：（1）遗传算法运算的是解集的编码，而不是解集本身；（2）遗传算法的搜索始于解的一个种群，而不是单个解。这是它能以较大的概率找到整体最优解的原因之一；（3）遗传算法只使用效益信息（即目标函数），并在增加收益和减小开销之间进行权衡，而传统思索算法一般要使用导数等其他辅助信息；（4）遗传算法所具有的内涵并行性使它能有较大的收益；（5）遗传算法使用概率的转移规则，而不是确定的状态转移规则。

作为一种新的优化技术，遗传算法在解优化问题时有以下优点：（1）遗传算法对所解的优化问题没有太多的数学要求。由于它的进化特性，因此可以处理任意形式的目标函数和约束，无论是线性的还是非线性的，离散的还是连续的，甚至混合的搜索空间；（2）进化算子的各态历经性使得遗传算法能够非常有效地进行概率意义下的全局搜索，而传统优化方法则是通过近邻点的比较而移向较好点，从而达到收敛的局部搜索过程。这样，只有问题具有凸性时才能找到全局最优解；（3）遗传算法对于各种特殊问题可以提供极大的灵活性来混合构造领域独立的启发式，从而保证算法的有效性。

遗传算法是一个以适应度函数为依据，通过对群体个体施加遗传操作实现群体内个体结构重组的迭代处理过程。它模拟的是自然界生物优胜劣汰进化过程。作为一种智能搜索算法，对其本质做简单的介绍。

5.3.1　模式定理

模式是基于三值字符集 {0, 1, *} 所产生的模板，该模板能描述具有某些结构相似性的0、1字符串集的字符串。

模式的模式阶：模式 H 中确定位置的个数称为模式的模式阶，记为 $O(H)$。

模式的定义距：模式 H 中第一个确定位置和最后一个确定位置之间的距离称为模式的定义距，记为 $\delta(H)$。

假设在第 t 代群体 $A(t)$ 中，模式 H 所能匹配的样本数为 m，记作 $m(H,\ t)$。群体在选择过程中，个体 i 以概率 $P_i = f_i / \sum f_j$ 参与选择，其中 f_i 是个体 $A_i(t)$ 的适应度。假设一代中群体大小为 n，且个体两两互不相同，因此模式 H 在第 $t+1$ 代中的样本数 $m(H,\ t+1)$ 为

$$m(H,\ t+1) = m(H,\ t) \cdot n \cdot f(H) / \sum_{j=1}^{n} f_j \tag{5-55}$$

式中，$f(H)$ 是模式 H 所有样本的平均适应度。

令群体平均适应度为 $\bar{f} = \sum_{j=1}^{n} f_j / n$，则有

$$m(H,\ t+1) = m(H,\ t) \cdot f(H) / \bar{f} \tag{5-56}$$

可见，模式数目的变化依赖于模式的平均适应度与群体的平均适应度之比。那些平均适应度高于群体平均适应度的模式将在下一代中得以增加，而那些平均适应度低于群体平均适应度的模式将在下一代中减少。

假设模式 H 的平均适应度一直高于群体的平均适应度 c 倍，则有

$$m(H,\ t+1) = m(H,\ t) \cdot (\bar{f} + c\bar{f}) / \bar{f} = m(H,\ t) \cdot (1+c) \tag{5-57}$$

假设从 $t=0$ 开始，c 为一定值，则

$$m(H,\ t+1) = m(H,\ 0) \cdot (1+c)^t \tag{5-58}$$

由此可见，在选择算子的作用下，平均适应度高于群体平均适应度的模式将呈几何级数增加。同时，平均适应度低于群体平均适应度的模式将呈几何级数减少。

对于杂交算子，模式 H 能否生存取决于杂交的位置是否落在模式的定义距之内。对于一点杂交，H 的生存概率 $P_s=1-\delta(H)/(l-1)$。而杂交本身也是以一定的概率 P_c 发生的，所以模式 H 的生存概率为

$$P_s=1-P_c\cdot\delta(H)/(l-1) \tag{5-59}$$

然而，并不是每次发生在模式定义距之内的杂交都会破坏模式的生存。因此所能得到的模式生存概率是实际生存概率的下界，即

$$P_s\geqslant 1-P_c\cdot\delta(H)/(l-1) \tag{5-60}$$

现在考虑模式 H 在选择和杂交算子共同作用下的变化，可以得到

$$m(H,\ t+1)\geqslant m(H,\ t)\cdot f(H)/\bar{f}\cdot(1-P_c\cdot\delta(H)/(l-1)) \tag{5-61}$$

可以看出，在选择和杂交算子的共同作用下，模式数目的变化取决于两个因素：（1）模式的平均适应度高于群体平均适应度；（2）模式是否具有较短的定义距。显然，那些平均适应度高于群体平均适应度、具有较短定义距的模式将呈几何级数群增长。

最后考虑变异操作。要使模式在变异中不被破坏，则必须是所有确定位置上的值保持不变。因此在概率为 P_m 的变异操作作用下，模式不变的概率为$(1-P_m)^{O(H)}$，其中 $O(H)$是模式 H 的阶。当 $P_m\ll 1$ 时，模式 H 的生存概率可近似写为

$$P_s\approx 1-O(H)\cdot P_m \tag{5-62}$$

综上所述，模式 H 在选择、杂交和变异算子的共同作用下，第 $t+1$代中模式 H 的个体数为

$$m(H,\ t+1)\geqslant m(H,\ t)\cdot f(H)/.\bar{f}\cdot[1-P_c\cdot\delta(H)/(l-1)-O(H)\cdot P_m] \tag{5-63}$$

由上式可得到如下的模式定理：

在遗传算子选择、杂交和变异作用下，具有低阶、短定义距以及平均适应度高于群体平均适应度的模式在子代中将以几何级数增长。

具有低阶、短定义距以及高适应度的模式称为积木块。根据模式定理，戈尔德伯格（Goldberg）提出了积木块假设：积木块在遗传算子的作用下，相互结合，能生成高阶、长定义距、高平均适应度的模

式，可最终生成全局最优解。

5.3.2 编码方案

将问题的解转换成编码表达的染色体是遗传算法的关键问题。遗传算法主要是通过遗传操作对群体中具有某种结构形式的个体施加结构重组处理，从而不断地搜索出群体中个体间的结构相似性，形成并优化积木块以逐渐逼近最优解。很显然，遗传算法不能直接处理问题空间的参数，必须把它们转换成遗传空间的由基因按一定结构组成的染色体或个体。这一转换操作称之为“编码”，是遗传算法与其他算法的重要区别之一。

评价编码策略常采用三个规范：（1）完备性：问题空间中的所有点（候选解）都能作为遗传算法搜索空间中的点（基因型）出现；（2）健全性：遗传算法搜索空间中的染色体能对应所有问题空间中的候选解；（3）非冗余性：染色体与候选解一一对应。

根据积木块假设，戈尔德伯格（Goldberg）提出了两条编码原则：（1）有意义积木块编码规则：所定编码应当易于生成与所求问题相关的短定义距和低阶的积木块；（2）最小字符集编码规则：所定编码应采用最小字符集以使问题得到自然的表示或描述。

根据编码方式的不同，遗传算法的编码策略可分为二进制编码、多参数映照编码、离散化编码、可变染色体长度编码、二维染色体编码和树结构编码等。其中二进制编码是遗传算法中常用的编码。假设某变量数据范围为 $x \in [\eta, \xi]$，由变量的编码换算为数值的公式是

$$x = \eta + \frac{(\xi - \eta)\sum_{i=1}^{l} g_i 2^{i-1}}{2^l - 1}$$

式中，g_i 为第 i 位的数据（0 或 1）；l 表示变量的二进制的位数；η，ξ 均为常数。

二进制编码串的长度由决策变量的定义域和优化所要求的搜索精度决定，如对某变量 $x \in [4.6, 11.2]$，对其搜索精度为 0.0001，位数为 18，则编码后的编码串换算为数值 x

$$x = 4.6 + \frac{(11.2 - 4.6)\sum_{i=1}^{18} g_i 2^{i-1}}{2^{18} - 1}$$

二进制编码就是将原问题的解空间中的解，映照到长度为1的位串空间 $B^l = \{0, 1\}^l$ 上，然后在位串空间上进行遗传操作，结果再通过解码过程还原成其表现型，以进行适应度的评估。当变量不止一个分量时，可以对各分量分别进行编码，然后合并成一个长串。解码时，根据其对应的子串，分别进行解码即可。

5.3.3　适应度函数

遗传算法在进化搜索中基本上不用外部信息，仅用适应度函数作为依据。因此，适应度函数评估是选择操作的依据，适应度函数的设计直接影响到遗传算法的性能。为了改善算法的性能，需要对适应度进行调节。这种对适应度的缩放调整称作适应度定标。常用的定标方式大致有以下几种：

（1）线性定标：设原适应度函数为 f，定标后的适应度函数为 f'，则线性定标可表示为

$$f' = af + b$$

式中，系数 a 和 b 可以有多种途径设定，但需满足两个条件：1）原适应度平均值要等于定标后的适应度平均值；2）定标后的适应度函数的最大值要等于原适应度函数平均值的指定倍数。

（2）σ 截断：σ 截断是使用线性定标前的一个预处理方法，目的在于更有效地保证定标后的适应度值不出现负值。可表示为

$$f' = f - (\bar{f} - c\sigma)$$

式中，c 为常数，要适当选择。

（3）幂函数定标：该定标方式定义为

$$f' = f^k$$

式中，幂指数 k 与求解问题有关。

（4）对数定标：该方法是为映照极小化问题的适应度函数而提出的，表示为

$$f' = b - \log(f)$$

式中，b 为选择为大于任何 $\log(f)$ 的值。

（5）窗口技术：窗口技术将移动基线技术引入到适应度函数的选择中，以维持恒定的选择压力。表达式为

$$f' = f - f_w$$

式中，w 是窗口的大小，f_w 是最后 w 代中获得的最差的值。

（6）玻兹曼（Boltzmann）定标：玻兹曼选择是一种用于正比选择的标定方法，表达式为

$$f' = e^{f/T}$$

通过控制参数 T 达到控制选择压力。

5.3.4 遗传算子

遗传算子的设计是遗传算法中最富有特色和创作性的部分。基本的遗传算法只使用选择杂交和变异操作。编码策略的不同造成了相应遗传操作的多样性。

（1）杂交算子：所谓杂交是指把两个父代个体的部分结构，加以替换重组而生成新个体的操作。在设计杂交算子时，必须满足杂交算子的评估准则，即杂交算子需保证前一代中优秀个体的性状，能在后一代的新个体中尽可能得到遗传和继承。对二进制编码，杂交算子有点式杂交和均匀杂交方式，且点式杂交算子又分为一点式杂交和多点式杂交。

（2）变异算子：变异算子的基本内容是对群体中的个体串的某些基因座上的基因值作变动。就基于字符集｛0，1｝的二进制字符串而言，变异操作就是把某些基因座上的基因值取 1→0 或 0→1。

遗传算法中，杂交算子因其具有全局搜索能力而作为主要算子，变异算子因其只具有局部搜索能力而作为辅助算子。遗传算法通过杂交和变异这一对相互配合又相互竞争的操作，而使其具备兼顾全局和局部的均衡搜索能力。所谓相互配合，是指当群体在进化中陷于搜索空间中某个超平面而仅靠杂交不能摆脱时，通过变异操作可有助于这种摆脱。所谓相互竞争，是指当通过杂交已形成所期望的积木块时，变异操作有可能破坏这些积木块。因此，如何有效地配合使用杂交和变异操作，是遗传算法的一个重要研究内容。

遗传算法对工艺参数优化的步骤是：（1）确定目标适合度算法、参与竞争染色体数目、良种比例、交叉方式、突变方式、良种复制数目和最大迭代次数；（2）确定工艺参数限制条件，在有效范围内产生大量的随机数值，并随机地形成相当数量的工艺参数（模拟染色体），存于一个数组（染色体库）；（3）随机从数组里取出规定套数的工艺参数（竞争数），并计算它们的工艺参数所对应的目标值，换算成适合度；如果它们的适合度相差很小，或已达到某个阈值，且连续多次重复，即转到最后一步；如果迭代次数超过最大迭代次数，转到最后一步；否则，就转到下一步；（4）竞争，淘汰适合度差的工艺参数，留下若干好的；（5）繁殖，好的工艺参数复制到数组，并进行交叉和突变，形成新的工艺参数，顶替原来被淘汰的工艺参数，进到数组；再转到第三步计算到适合度相差甚小，才能进入下一步；（6）迭代结束。上述遗传算法各步中涉及的主要参数有：编码串长度、种群大小、交叉和变异概率。编码串长度由优化问题所要求解精度和决策变量的定义域决定；种群大小表示种群中所含个体的数量，种群较小时可提高遗传算法的运算速度，但降低了群体的多样性，可能找不出最优解，而种群较大时会增加计算量，使遗传算法的运算效率低，通常取种群数目为 20 ~ 100；交叉概率控制着交叉操作的频率，它是遗传算法中产生新个体的主要方法，通常应取较大值，然而过大可能破坏群体的优良模式，通常取 0.4 ~ 0.99；变异概率也是直接影响新个体产生的因素，变异概率小，产生新个体就少，而太大又会使遗传算法变成随机搜索，通常取 0.0001 ~ 0.1。

许多材料设计问题都归结为一个优化问题，如工艺参数优化、成分和结构的最优设计等。由于材料的结构、成分、工艺及性能间常存在复杂的非线性关系，而且这种存在形式又多种多样，所以用传统的优化方法不易求得这类优化问题的解。而遗传算法在求解这类复杂问题时却有其独到之处。遗传算法用在材料设计时，可以解决一些实际问题。如对优选复合材料可解决这样两类问题：（1）按照一定的性能要求，从材料数据库中优选出一种最符合条件的材料；（2）在保证材料的其他性能的基础上，从数据库中选出合适的材料，使其某一性能达到最优值。

下一节网络化优化中将用到遗传算法，并有应用实例，故这里就不再列举。

5.3.5 性能评估

评估遗传算法的性能对于研究和应用遗传算法是十分重要的。目前遗传算法的评估指标大多采用适应度值。常用离线性能和在线性能来评估遗传算法。离线性能反映了算法的收敛性，而在线性能反映了算法的动态性能。

5.3.6 遗传算法与神经网络

用遗传算法优化神经网络，可以使得神经网络具有自进化、自适应能力，从而构造出进化的神经网络，主要包括以下三个方面：（1）连接权的进化；（2）网络结构的进化；（3）学习规则的进化。现在以 BP 网络为例来说明遗传算法优化神经网络的思想与方法。

5.3.6.1 神经网络连接权的进化

用遗传算法优化神经网络连接权的过程如下：

（1）随机产生一组分布，采用某种编码方案对该组中的每一个权值（或阈值）进行编码，进而构造出一个个编码串（每个编码串代表网络的一种权值分布），在网络结构和学习规则已定的前提下，该编码串就对应一个权值和阈值取特定值的一个神经网络；

（2）对所产生的神经网络计算它的误差函数，从而确定其适应度函数值，误差越大，则适应度越小；

（3）选择若干个适应度函数值最大的个体，直接遗传给下一代；

（4）利用杂交和变异等遗传操作算子对当前一代群体进行处理，产生下一代群体；

（5）重复上述步骤，使初始确定的一组权值分布得到不断的进化，直到训练目标得到满足为止。

5.3.6.2 神经网络结构的进化

用遗传算法来进化神经网络结构的步骤是：

（1）随机产生 N 个结构，对每个结构编码，每个编码个体对应一个结构；

（2）用许多不同的初始权值分布对个体集中的结构进行训练；

（3）根据训练的结果或其他策略确定每个个体的适应度；

（4）选择若干适应度值最大的个体，直接遗传给下一代；

（5）对当前群体进行杂交和变异等遗传操作，以产生下一代群体；

（6）重复(2)～(5)，直到当前一代群体中的某个个体（对应着一个网络结构）能满足要求为止。

5.3.6.3 神经网络学习规则的进化

进化学习规则的过程可描述为：

（1）随机产生 N 个个体，每个个体表示一个学习规则；

（2）构造一个训练集，其中的每个元素代表一个结构和连接权是随机设定的或预先确定的神经网络，然后对训练集中的元素分别用每一个学习规则进行训练；

（3）计算每个学习规则的适应度；

（4）根据适应度进行选择；

（5）对每个被编码的学习规则（个体）进行遗传操作产生下一代个体；

（6）重复(2)～(5)，直到达到目的为止。

5.3.7 设计遗传算法的基本步骤

设计遗传算法的基本步骤是：

（1）确定编码方案；

（2）确定适应度函数；

（3）确定选择策略，即优胜劣汰的选择机制使适应度大的解有较高的存活概率；

（4）选取控制参数为：0.25～1.00，变异率应在 0.1 左右；

（5）设计遗传算子，即选择（selection）、杂交（crossover）、变异（mutation），以及其他高级操作；

（6）确定算法的终止准则：常用的停止准则是，达到预先规定的最大演化代数，或算法在连续多少代解的适应值没有明显改进时即终止；

（7）编程上机运行。

5.4　基于网络化的人工神经网络-遗传算法系统对实验结果进行优化和寻优

广义材料的设计方法有演绎法和归纳法。人们在实践中往往优先考虑用归纳法进行材料设计。“材料设计专家系统”是归纳法中的一类典型应用，它是通过收集已有材料数据和知识，并进行整理和分析，建立材料数据库和知识库，从而形成了专家系统实现材料设计。如在前人实验和研究的基础上，对材料领域的知识进行分析、归类，建立了材料的知识库，用于预测材料性能。然而，现有的神经网络（ANN）和遗传算法（GA）等人工智能系统通常都是在单机系统下操作，随着互联网（Internet）的普及和发展，实现数据库网络化已是发展的趋势。本节仅简单介绍网络化的人工神经网络-遗传算法（WEB based ANN-GA）系统的结构和实现方法及工作原理，并用该系统对制备材料的实验结果进行优化、寻优和预测影响因素的作用规律，为扩大规模试验或工业化参数设计提供指导，也为说明数据库网络化的实现和应用过程。

5.4.1　系统的结构

常用的网络操作系统有三种：Unix、Linux 和 Windows NT。Unix 系统比较成熟，多用在大型机上运行，可靠性高，但用户界面不够友好，不易操作，且价格昂贵；Linux 系统是借助 Unix 技术发展起来的可在低端计算机上运行的操作系统，但软件和开发工具还比较少；Windows NT 虽在稳定性上不如 Unix 系统，但界面友好，操作简单，且有大量的应用软件和开发工具，应用广泛。因此，选用微软（Microsoft）公司的 NT Server 4.0 作为网络操作系统，以 Internet Information Server 4.0（IIS 4.0）作为 WEB 服务器，以 SQL Server 7.0 作为数据库系统。网络化的人工神经网络-遗传算法（WEB based ANN-GA）系统包括了数据库维护、遗传算法和神经网络三大模块，其基本结构如图 5-15 所示。

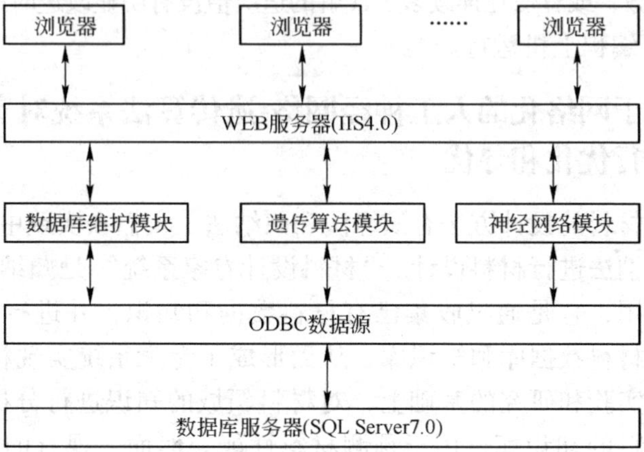

图 5-15 系统基本结构

系统中的数据库维护模块用于管理用户的材料工艺数据，诸如材料的成分、性能、工艺参数和结构等；神经网络模块用于建立材料制备工艺的数学模型，以期达到由材料制备的工艺参数预测材料性能的目的；遗传算法模块则是利用神经网络建立的模型，寻找材料制备的最佳工艺参数，以获得材料最优性能的目的。

5.4.2 数据维护模块

5.4.2.1 MIDAS 技术

用 Delphi 的多层分布式应用程序服务器技术（MIDAS），以分布式组件模型来实现基于 WEB 的数据库维护模块。利用 Delphi 的 MIDAS 技术建立 WEB 数据库应用程序有两种方式，一是将 MIDAS 技术与 ActiveX 技术相结合，由嵌入到网页中并下载到客户端的 ActiveX 控件或 Activeform 与 MIDAS 数据库应用程序服务器通讯并取得数据；二是将 MIDAS 技术与 WEB Broker 技术相结合，由使用 WEB Broker 技术编制的 WEB 应用程序，从 MIDAS 数据库应用程序服务器取得数据，并在服务器端产生出 HTML（hyper text markup language）代码，传给客户端。第一种方式的功能更强大，所以在下面的介绍中采用第一种方式。

要想使下载到客户端的Activeform能对数据库进行操作，首先要构造数据库应用程序服务器。其关键是远程数据模块，该模块通过Database及Table等数据集组件与远程数据库建立连接，并利用DatasetProvider组件为Activeform中的ClientDataset组件留下数据供应接口。客户端就是通过数据供应接口来间接访问数据库。构造好的数据库应用程序服务器可根据均衡负载、提高系统性能的需要，将其运行并注册到相应计算机上。在注册好数据库应用程序服务器后就可编制Activeform。Activeform需要一个通讯组件与应用程序服务器连接，Delphi提供了四种不同的通讯协议，它们是DCOM、TCP/IP、OLEnterprise、CORBA。考虑到是以WEB方式开发，故选用WEB方式下广泛使用的TCP/IP协议，其所用的通讯组件为Socket Connection。使用TCP/IP协议，应用程序服务器端必须运行一个专门的运行期软件ScktSrver. exe。客户的请求首先传递给ScktSrver. exe，然后再创建数据模块的实例，在此基础上，通过Activeform中ClientDataset的数据接口从应用程序服务器存取数据库，并用DBGrid等数据库显示组件显示到Activeform上。如此获得与数据库的交互能力，实现数据库维护。数据库模块维护结构如图5-16所示。

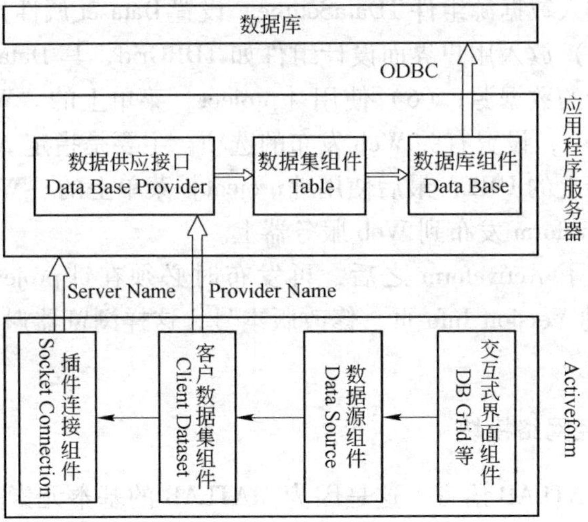

图5-16 数据库模块维护结构示意图

建立的数据库结构和管理方法，允许注册用户在网页上添加数据、修改数据、删除数据等。

5.4.2.2　数据维护模块的实现

数据维护模块的实现首先要创建应用服务器，其步骤如下：(1) 在“New Application”下选 Multitier 页，选 Remote Data Module（远程数据模块）；(2) 在远程数据模块上放入数据集控件如 TTable，进行相关设置，使其访问远程 SQL 数据库，TableName 的设置；(3) 放入 TDataSetProvider 控件，设置其 DataSet 属性指定要访问的数据库；(4) 保存、编译应用服务器。

然后建立客户端程序，用户使用数据库前必须先注册，其步骤如下：(1) 用“File”菜单上的“New”命令打开“New Items”选取“ActiveX”页的“Activeform”项；(2) 放入连接组件，系统中选择 TSocketConnection，设置其 ServerName 属性，指定和连接应用服务。只要应用服务器已注册并正常运行，这时可以从其下拉列表中直接选择；(3) 放入客户数据集组件，即 TClientDataSet，其 Remoteserver 为上一步的连接组件，另外设置 ProviderName 属性，从下拉列表中选取；(4) 放入数据源组件 TDataSource，设置 Dataset 属性指向 TClientDataSet；(5) 放入用户界面设计组件如 TDBGrid，其 DataSource 属性指向上一步的数据源；(6) 使用［project］菜单上的“WEB Deployment Options”，设置有关 Web 发布的选项，主要是指定 Activeform 在 Web 服务器上的 URL，最后使用［project］菜单上的“WEB Deploy”命令把 Activeform 发布到 Web 服务器上。

当修改了 Activeform 之后，再发布时必须在［project］菜单的 Options 下的 Version Info 页，修改版本号，这样浏览器遇到新版本才会重新下载。

5.4.3　神经网络模块

选用 MATLAB 语言，这是因为 MATLAB 的基本元素是无需定义维数的矩阵，很适合处理涉及大量矩阵运算的神经网络编程问题，而且它还提供了关于神经网络的工具箱，即用 MATLAB 语言构造出了神经网络理论中所涉及的公式运算、矩阵操作和方程求解等大部分子程序，以用于神经网络设计和训练。这样只要根据需要调用相关程序，免除了编写复杂而庞大的算法程序的困扰，所以 MATLAB 在编制神经网络程序和此类程序的执行效率上是其他传统计算语言无法比拟的。此外，MATLAB 还提供了数据库工具箱和 MATLAB WEB 技术，支持数据库操作和 WEB 开发。MATLAB 数据库工具箱允许访问 SQL Server、Oracle、Sybase、Informix 等大部分关系型数据库。MATLAB WEB 技术是采用混合 CGI（Common Gateway Interface）技术对 Web 服务器的扩展，亦即该 Web 服务器扩展程序分为两个部分："瘦" CGI 程序 Matweb. exe 和 "胖" 伙伴程序 Matlabserver。Matweb. exe 只负责接收用户输入和把用户输入发送给伙伴程序而不做任何其他工作；Matlabserver 是在 Windows NT 的后台运行的"系统服务"，它负责解释并运行后缀为". M"的 WEB 神经网络程序，该程序根据用户输入完成数据库连接、神经网络计算并获得计算结果等任务。

5.4.3.1 MATLAB 神经网络工具箱

MATLAB 的神经网络工具箱是用 MATLAB 语言构造出了神经网络理论中所涉及的公式运算、矩阵操作和方程求解等大部分子程序，以用于神经网络设计和训练。由于在人工神经网络的实际应用中，80% ~90% 的神经网络模型是采用 BP 网络（反向传播误差的多层前馈神经网络）或它的变化形式。因此，下面就以 BP 网络为例介绍 MATLAB 的神经网络工具箱。

A 确定网络结构

构造神经网络应用的第一步是设计其网络结构，亦即确定网络层数、每层中的神经元数和传递函数。在 MATLAB 中，可用 NEWFF 函数来产生一个可训练的前馈网络，该函数的语法为

$$NET = NEWFF(PR, [S_1\ S_2 \cdots S_i \cdots S_N], \{TF_1\ TF_2 \cdots TF_i \cdots TF_N\}, BTF)$$

其中，PR 是一个由每个输入向量的最大最小值构成的 $R \times 2$ 矩阵；S_i 是第 i 层网络的神经元个数；TF_i 是第 i 层网络的传递函数，传递函

数可以是任何可微的函数，MATLAB 提供两个常用的 Sigmoid 型函数（TANSIG 和 LOGSIG）和一个线性型函数（PURELIN）；BTF 是训练函数，可使用的训练函数有：TRAINGD、TRAINGDM、TRAINGDA、TRAINBFG、TRAINLM 等。NEWFF 的返回值是一个对象型数据，即一个网络对象。

B　网络初始化

在网络的结构确定下来后，就要初始化网络的权重和偏置量，NEWFF 函数会调用 INIT 函数自动地初始化网络，该函数以 NEWFF 返回的网络对象为输入参数，返回一个具有权重和偏置量的网络对象。

C　网络训练

在网络结构确定并初始化后，就要将网络的输入和输出反复作用于网络，不断调整各权重和阈值（偏置量），以使网络性能函数 NET.performFcn（一般是网络输出和实际输出间的均方差 MSE）达到最小，从而实现输入输出间的非线性映照。网络训练的函数是 TRAIN，其语法为

NET = TRAIN（NET，P，T）

其中，P 和 T 分别为输入、输出矩阵。

TRAIN 根据 NEWFF 函数中 BTF 参数确定训练算法，TRAINGD 为梯度法、TRAINGDM 为附加动量梯度法、TRAINGDA 为自适应学习速率法、TRAINBFG 为拟牛顿法、TRAINLM 是勒韦伯格-默库埃兹（Levenberg-Marquardt）算法。各算法的快慢及内存要求依据问题的复杂程度、训练集大小、网络的大小及误差要求的不同而有所不同。一般来讲，对于含有几百个权重的网络，勒韦伯格-默库埃兹（Levenberg-Marquardt）算法具有最快的收敛速度，只是它需要大的内存。在本系统中，选用的就是这种算法，因为一个基于 WWW 的神经网络系统正是利用某一网站上高性能的计算机资源如：内存、CPU 等，以期达到快的训练速度而满足用户需求的。

D　对过拟合的处理

“过拟合”是使用神经网络时经常出现的问题，特别是训练样本较少而网络结构又比较复杂时，更易出现“过拟合”。所谓“过拟

合”就是训练集的误差被训练得非常小，而当把训练好的网络用于新的数据时却产生很大的误差的现象，也就是说此时网络适应新情况的泛化能力很差。从本质上讲，如果一个神经网络的非线性能力超过样本数据所包含的信息时，在网络训练过程中就会导致“过拟合”。为了提高网络泛化能力可采取提前结束训练的技术，即将已有的可训练的数据分成两部分，一部分用作训练集，另一部分用作监控集。训练集数据用于更新网络权重和阈值（偏置量），监控集数据不参加训练，而是通过在网络训练过程中计算自身误差的变化来监控网络的训练。在训练的最初阶段，监控误差通常会与训练误差一起不断减小，而当网络训练出现过拟合时，监控误差就会变大，若经过一定迭代次数后，监控误差仍在增大，训练就会被停止，并保留监控误差为最小时的网络权重和偏置量。

E 数据预处理

如果对神经网络的输入和输出数据进行一定的预处理，可以加快网络的训练速度。MATLAB 中提供的预处理方法有归一化处理（将每组数据都变为 -1 至 1 之间数，所涉及的函数有：premnmx、postmnmx、tramnmx）、标准化处理（将每组数据都为均值为 0，方差为 1 的一组数据，所涉及的函数有：prestd、poststd、trastd）和主成分分析（进行正交处理，减少输入数据的维数，所涉及的函数有：prepca、trapca）。

由此可见，用 MATLAB 提供的神经网络工具箱可以方便地进行神经网络设计和训练。只要根据需要调用相关程序，免除了编写复杂而庞大的算法程序的困扰。

5.4.3.2 MATLAB 数据库工具箱

用于神经网络训练的大量样本数据可存于数据库中，MATLAB 提供了数据库工具箱以访问这些数据。该工具箱支持 SQL Server、Oracle、Sybase、Informix 等大部分数据库系统。MATLAB 是通过 ODBC 来访问数据库的，所以要使用 MATLAB 数据库工具箱，首先要为其设置 ODBC 数据源。需要注意的是：对于 Windiows NT 系统而言，为了能在 WWW 方式下使用数据库，必将 ODBC 数据源设为系统数据源（system DSN）。MATLAB 的数据库工具箱命令主要包括：database（用于连接数据库）、exec（用于执行 SQL 查询）、fetch（将查询所得数据存入元矩阵中）等。

5.4.3.3　MATLAB 的 WEB 技术

MATLAB WEB 技术采用的是混合 CGI（Common Gateway Interface）技术，其“瘦”CGI 程序为 Matweb.exe，“胖”伙伴程序为 Matlabserver。Matweb.exe 只负责接收用户输入和把用户输入发送给 Matlabserver，而不做任何其他工作；Matlabserver 是 Windows NT 的后台运行的“系统服务”，它负责解释并运行后缀为“.M”的 WEB 神经网络程序和遗传算法程序，该程序根据用户输入完成数据库连接、进行神经网络和遗传算法计算并获得计算结果等任务，这种处理方式可大大提高系统的性能。为了使 Matlabserver 能正常运行，需做如下工作：

（1）启动 Matlabserver。对于 Windows NT 系统，在“控制面板”中打开“服务”图标，选中 MATLAB Server，单击“开始”按钮启动 Matlabserver。也可将该服务配置成自动启动方式，这样可免去每次手动启动 Matlabserver 的麻烦。

（2）在 WWW 服务器下设置一个可运行 CGI 程序的虚拟目录 CGI-BIN，并将 matweb.exe 和 matweb.conf 放到该目录下。

（3）配置 CGI 程序 matweb.exe 的运行参数，以使其可运行所编制的神经网络程序。实际上，是在 matweb.conf 文件中，添加神经网络程序的名字及路径，格式如下：

[神经网络程序名]

mlserver = 运行 Matlabserver 的主机名

mldir = 神经网络程序的存在路径

使用上述各技术实现基于 WEB 的神经网络系统的结构如图 5-17 所示。

而 WEB 神经网络程序 anntrain 首先需对由 CGI 传来的参数进行处理，以连接数据库取得样本数据并确定网络结构，然后该程序对样本数据进行标准化处理，并根据不同的防止过拟合的措施来确定训练

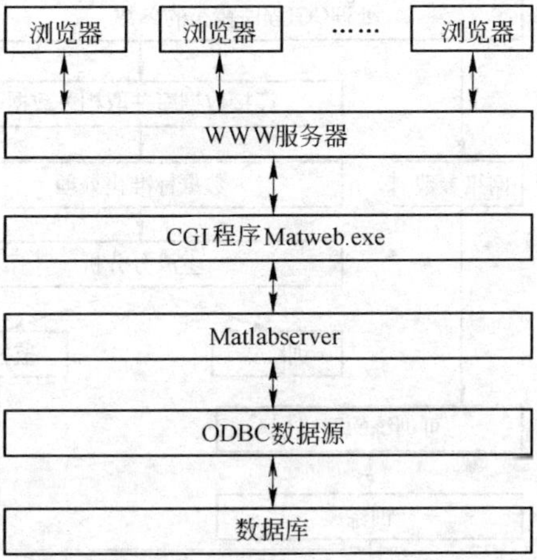

图 5-17 基于 WEB 的神经网络系统结构

算法，成功训练后即可得到用于预测未知的网络。神经网络训练程序框图如图 5-18 所示。该程序函数 anntrain 中的输入参数 instruct 是一个结构数组，用来存放由 input_ anntrain. html 经 matweb. exe 传来的变量。p 和 t 是元矩阵变量，存放着样本数据对应的网络输入和网络实际输出，它们是利用数据库工具箱从数据库中获得的。程序中利用 prestd 函数对 p 和 t 进行标准化处理，并用 prepca 进行主成分分析。之后，取样本数据的 3/4 作为训练集，另 1/4 作为监控集。此后，程序根据训练集中的数据和用户输入用 NEWFF 函数确定网络结构，并通过 train 函数训练网络。监控集用来防止网络过拟合的出现。当网络训练结束后，htmlrep 函数将所得结果按上述（3）中做好的模板 output_ anntrain. html 返回给用户。

5.4.3.4 神经网络的预测传递误差

神经网络训练达到要求之后，就认为对训练集已找到了合适的模型，当用其进行预测时，该模型是否合适，即可信程度有多大，是一个至关重要的问题。

通常认为，对要预测数据存在的误差，这一模型到底会传递多少，在一定程度上可衡量该模型的可信程度。

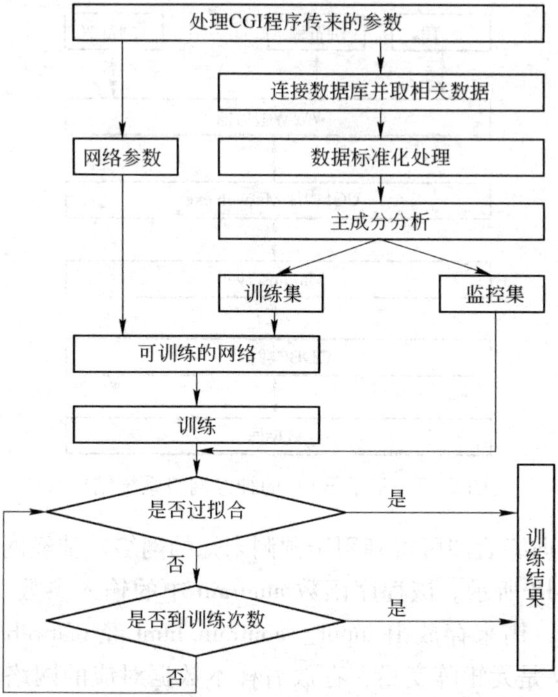

图 5-18 WEB 神经网络模块训练程序框图

对于 $y=f(x_1, x_2, \cdots, x_n)$，若 $x_1, x_2, \cdots, x_n$ 的最大绝对误差为 $\Delta_{x_1}, \Delta_{x_2}, \cdots, \Delta_{x_n}$，则函数 y 的最大绝对误差 Δ_y 为

$$\Delta_y = \left|\frac{\partial f}{\partial x_1}\right|\Delta_{x_1} + \left|\frac{\partial f}{\partial x_2}\right|\Delta_{x_2} + \cdots + \left|\frac{\partial f}{\partial x_n}\right|\Delta_{x_n}$$

对神经网络模型，无法求其偏导数，因此采取近似的方法来求

$$\left|\frac{\partial f}{\partial x_i}\right| \approx \left|\frac{f(x_i + \Delta_{x_i}) - f(x_i)}{\Delta_{x_i}}\right| = \left|\frac{\Delta f_{x_i}^{\Delta_{x_i}}}{\Delta_{x_i}}\right|$$

那么

$$\Delta_y = \left|\frac{\Delta f_{x_1}^{\Delta_{x_1}}}{\Delta_{x_1}}\right|\Delta_{x_1} + \left|\frac{\Delta f_{x_2}^{\Delta_{x_2}}}{\Delta_{x_2}}\right|\Delta_{x_2} + \cdots + \left|\frac{\Delta f_{x_n}^{\Delta_{x_n}}}{\Delta_{x_n}}\right|\Delta_{x_n}$$

$$= \Delta f_{x_1}^{\Delta_{x_1}} + \Delta f_{x_2}^{\Delta_{x_2}} + \cdots + \Delta f_{x_n}^{\Delta_{x_n}}$$

在预测时，若该传递误差较大，可以认为预测结果在该点的可信度较小。

5.4.4 系统应用

上面介绍了刘国华等人在国内较早开发的基于网络化的神经网络-遗传算法系统结构、实现方法及工作原理，它可以用于材料设计的网络化实时计算。由图 5-19 可以看出，系统中数据库维护模块、神经网络模块和遗传算法模块三大模块之间的关系。用数据库中的工艺参数对神经网络训练后所得的结果是集成神经网络模块和遗传算法模块的关键。在这个系统中以数据库的形式来管理神经网络的训练结果，如果用户对神经网络训练结果满意，则将训练结果保存，并在数据库中记录，同时与用于训练网络的工艺参数对应起来，实现神经网络训练和预测分离，增大系统的灵活性；保存在数据库中的训练结果可作为神经网络模块和遗传算法模块纽带，实现无缝连接。这个系统用 ASP 技术实现数据库维护模块中对数据的添加、删除和修改等功能。用以矩阵为基本元素的 MATLAB 语言来构建其核心算法程序，然后借助 MATLAB 的 WEB 技术将所编程序网络化。在神经网络模块中，采用了批处理训练网络的思路，并以具有二阶寻优速率的数值优化算法，如拟牛顿法、勒韦伯格-默库埃兹（Levenbeger-Marquardt）法和共轭梯度法来完成网络的训练，大大加快了网络的训练速度，可以满足网络计算的需要。用修改性能函数和提前结束训练两类方法解决了神经网络存在的“过拟合”问题，提高了神经网络预测的可靠性以满足材料设计的要求。在遗传算法模块中，以训练好的神经网络为目标函数，并将其转化为适应度函数，用遗传算法来完成寻优过程，即找到材料最优性能及其对应的最佳工艺条件。WEB 遗传算法寻优程序框图如图 5-20 所示。其实现过程是，首先用一个结构体变量 instruct 来获得由 matweb. exe 传来的参数。而后，根据用户要求的求解精度决定编码串长度，用 encoding 函数对神经网络中涉及的变量进行编码，产生一个初始种群。然后，用相对解码函数 encoding 对每一个体进行解码，以 FitnessFun 函数的返回值作为各个体的适应值 fitness 来进行选择（election）、交叉（crossover）和变异（mutation）操作，直到达到规定的遗传代数，完成遗传寻优。遗传寻优结果，以及经解码后的最佳个体 var-best 及其适应值 max（var-best 为最优值

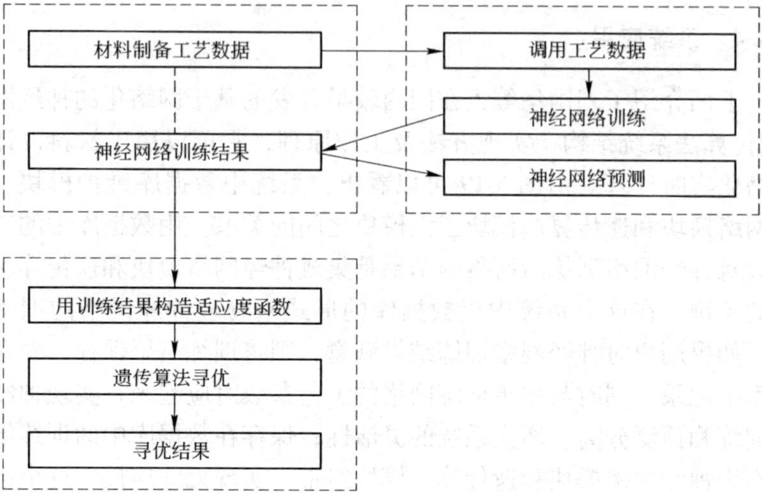

图 5-19　三大模块间的关系

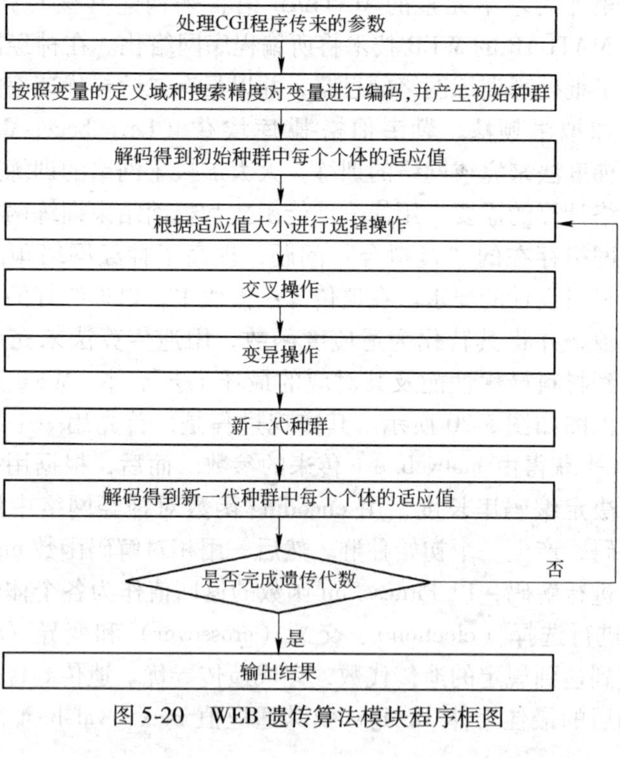

图 5-20　WEB 遗传算法模块程序框图

点；max 为最大适应值)，经相应转换可得到神经网络的实际响应最优值 target-best。最后，通过结构体变量 outstuct 将 var-best 和 target-best 返回给用户。

遗传算法模块的主界面如图 5-21 所示。通常取搜索精度为 0.001，种群大小为 40，交叉概率为 0.6，变异概率为 0.1，遗传 30 代，用遗传算法寻找由神经网络确立的函数的最大值和最小值。

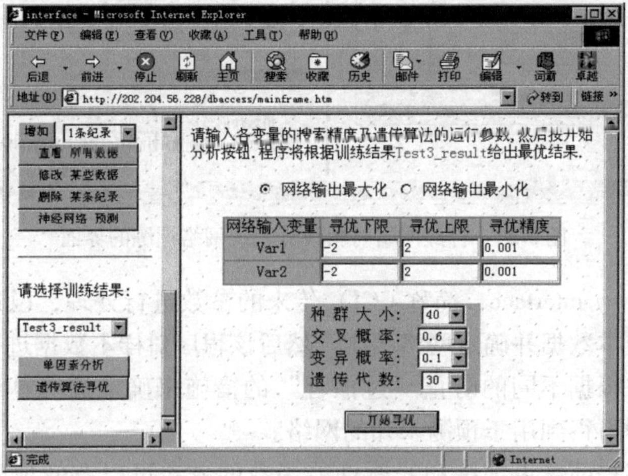

图 5-21 遗传算法模块的主界面

5.4.4.1 使用方法

当用户在浏览器中输入 WEB 神经网络材料设计系统主页的 URL 并且连接成功后，即可使用该系统。首先要用数据库中的样本数据对神经网络进行训练。在浏览器中根据提示选择合适的参数后开始训练网络（网络训练的界面如图 5-22 所示），直至网络的响应值与实际输出间的方差和相关系数满足要求后，网络训练结束。程序会将训练结果以文件的形式保存下来，作为从这些数据中获得的“知识”（这种知识是通过神经元间联结权重的隐式形式来实现的），以供下一步操作新数据预测未知之用。当用户使用预测程序时，程序会调用训练结果文件，应用已有“知识”对未知数据做出预测。

WEB 神经网络程序 anntrain. m 首先需对由公共网关接口（com-

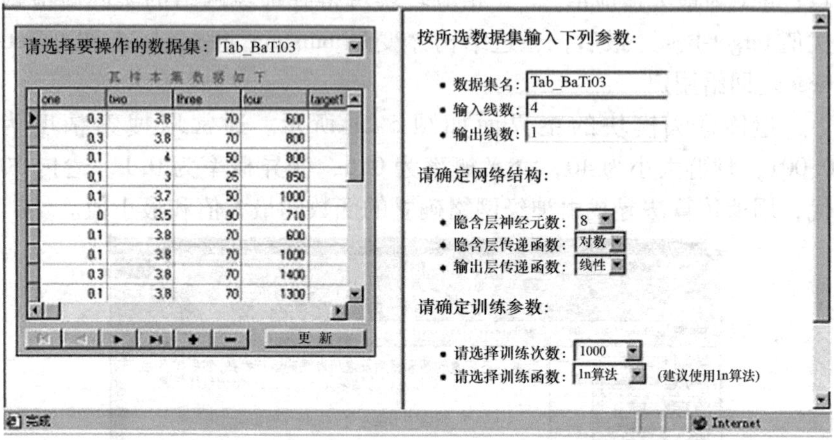

图 5-22　神经网络材料设计系统网络训练的界面

mon gateway interface，简称 CGI）传来的参数进行处理，以连接数据库取得样本数据并确定网络结构。然后该程序对样本数据进行标准化处理，并根据不同的防止“过拟合”的措施来确定训练算法，成功训练后即可得到用于预测未知的网络。

采用提前结束训练和修改性能函数的方法可以有效地防止“过拟合”的出现；在遗传算法模块中，以训练好的神经网络为目标函数，并将其转化为适应度函数，用遗传算法来完成寻优过程，即可找到最佳工艺条件。

用遗传算法寻找由神经网络确立的函数的最大值和最小值。数据库维护模块用于管理用户的材料工艺数据；神经网络模块用于建立材料制备工艺的数学模型，以达到根据材料制备的工艺参数预测材料性能的目的；遗传算法模块则是利用神经网络建立的数学模型，以材料的最优性能为目的，寻找制备过程的最佳工艺条件。

5.4.4.2　应用实例

A　对化学镀制备镍包覆 BN 颗粒工艺参数优化和寻优

联氨还原氨配合化学镀镍体系中影响因素多，且相互作用关系复杂，为得到各因素的影响规律和最佳工艺参数，采用基于网络化的人工神经网络-遗传算法（基于 WEB 的 ANN-GA）技术，对已有的试验数据进行处理，优化联氨还原氨配合化学镀镍包覆 BN 颗粒的工艺参数。所有的小型试验和放大试验的数据（表 5-3 和表 5-5 为预报方便所用单位做了些变更）分别列于表 5-9 和表 5-10。

表 5-9 BN 颗粒化学镀镍的小型实验的数据

序号	分类	$(NH_4)_2SO_4$/g·L^{-1}	氨水/mL·L^{-1}	温度/K	SDS#/mL·L^{-1}	反应时间/min
1	2	30	240	348	0	60
2	1	10	300	350	0	30
3	1	10	310	345	0	23
4	1	10	280	345	0	28
5	2	30	500	348	0	60
6	2	0	100	345	0	10
7	2	0	85	343	0	11
8	1	3	150	344	0	19
9	1	7	100	343	0	30
10	1	5	100	343	0	20
11	1	7	100	342	0	42
12	1	6	100	343	10	21
13	1	7	100	345	12	25
14	1	5	100	346	12	16
15	1	5	100	343	5	19
16	1	5	100	348	5	20
17	1	6	90	347	5	20
18	1	8	90	347	5	20
19	1	12	90	347	5	23
20	2	50	100	347	5	63
21	1	7	100	344	5	24
22	1	5	100	347	5	21
23	1	12	95	348	5	39
24	1	8	85	350	5	27
25	1	5	100	344	7	29
26	1	7	100	345	7	30
27	1	7	100	343	0	38
28	2	5	0	345	0	68
29	2	6	30	346	0	66
30	2	7	50	344	0	65

注：分类 1 为好点；分类 2 为坏点；SDS#为饱和溶液。

表 5-10 BN 颗粒化学镀镍的放大试验数据

序号	分类	六水硫酸镍 /g·L^{-1}	$(NH_4)_2SO_4$ /g·L^{-1}	联氨 /m·L^{-1}	氨水 /mL·L^{-1}	SDS# /mL·L^{-1}	温度/K	反应时间 /min
1	1	27	5	15	90	5	347	20
2	1	27	8	15	90	5	347	25
3	2	27	12	15	95	5	348	41
4	1	27	8	15	90	5	350	27
5	1	40.5	10	33	110	3.75	347	34
6	1	40.5	10	33	100	3.75	349	30
7	1	40.5	10	33	90	3.75	345	30
8	1	40.5	10	33	85	0	347	33
9	1	54	13.3	44	123	5	346	33
10	1	54	13.3	44	107	5	346	30
11	1	45	11.3	37	83	5	345	28
12	1	54	13.3	43	100	5	345	30
13	1	54	13.3	43	100	5	346	31
14	1	54.6	13.3	44	100	5	345	28
15	1	54.6	13.3	43	100	5	345.5	20
16	1	54.6	13.3	43	100	5	347	28
17	1	54.6	13.3	43	100	5	346	28
18	1	54.6	13.3	45	100	0	346	29
19	1	54.6	13.3	45	100	0	347	29
20	1	54.6	13.3	43	100	0	346	33
21	1	51.6	12.5	44	100	0	346	30
22	1	55	13	47	100	0	346.5	29
23	2	55	13	47	100	10	343	15
24	1	55	13	45	100	0	345	23
25	1	54.6	13.3	43	100	0	345.5	30
26	1	55	13	40	100	0	345	23
27	1	54.6	13.3	40	106	0	346	30
28	1	54.6	13.3	40	106	0	348	25
29	1	54.6	13.3	40	106	0	349	25
30	1	52.3	13	42	100	0	349	24
31	1	54.6	13.3	40	100	0	348	27

注：SDS#为饱和溶液。

在固定硫酸镍与联氨的比值后，以添加剂硫酸铵浓度、氨水、镀液温度和表面活性剂为网络输入，以镀覆时间为网络的期望输出，在表 5-9 和表 5-10 中选取 44 组不同条件件的实验数据对 4 ×7 × 1 网络进行训练。成功训练后，神经网络输出值与实测镀覆时间值对比的相关系数为0.985，方差为0.855。图5-23是训练成功后神经网络的输出值与实测镀覆时间值的对比图。由此图可以看出：训练效果令人满意。根据训练所建立的数学模型对未知实验条件进行预报，并与实验结果比较，结果如表5-11所示。由表可看出预报与实验的结果吻合很好，平均误差为8.4%。

表5-11　实验与预报结果的比较

序号	输入变量				预报 t/min	实验 t/min	误差/%
	$(NH_4)_2SO_4$ /g·L^{-1}	NH_4OH /mL·L^{-1}	T/K	SDS/mL·L^{-1}			
1	5.0	100	348	5	17. 11	20	14.4
2	10.0	310	345	0	24.29	23	5.6
3	8.0	85	350	5	28.44	27	5.3

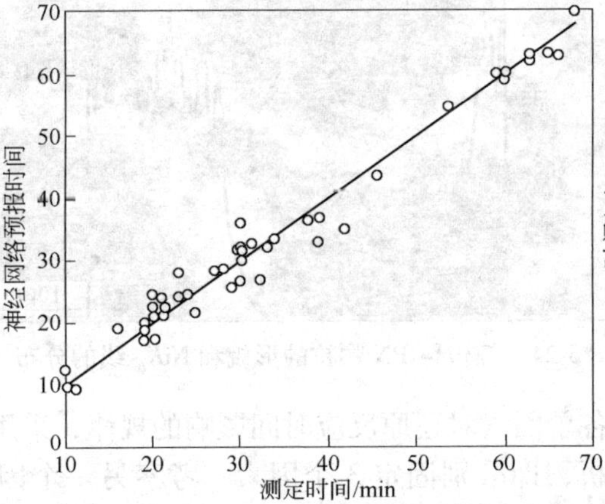

图5-23　神经网络的输出值与实测镀覆时间值的对比

在用神经网络获得工艺过程的模型后，用遗传算法进行寻优，以确定镍包覆BN颗粒的最佳工艺条件。在固定硫酸镍与联氨比值的条件下，对用联氨还原氨配合化学镀制备镍包覆BN颗粒粉体材料工艺进行寻优得到：添加剂 $(NH_4)_2SO_4$ 为5 g/L，温度为345 K，氨水90 mL/L，SDS为5 mL/L的优化工艺参数。采用优化的工艺条件，制备出包覆层的平均厚度约为2 ~ 3 μm的镍包覆BN颗粒的粉体材料，如图5-24所示。将此粉体作为前驱体，经后序工艺处理，并经热喷涂实验和性能测试，涂层与基体的结合强度约为 20 ~ 30 MPa，抗拉强度（黏结强度）大于 60 MPa，基本符合用户对自磨耗封严涂层材料的要求。

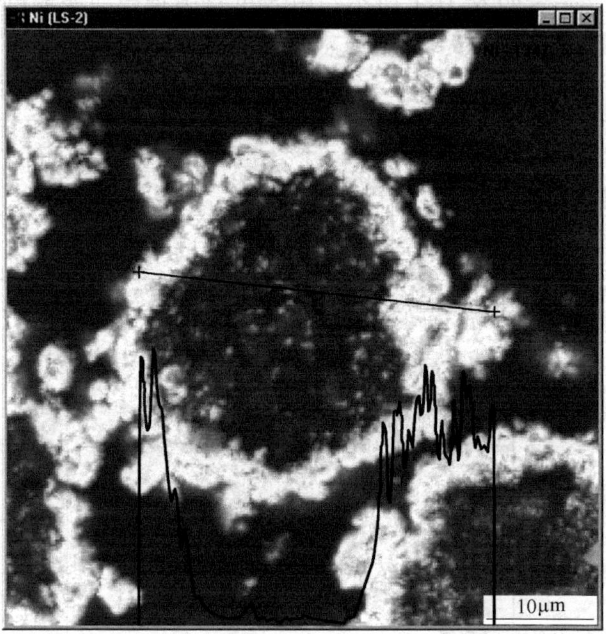

图 5-24　镍包覆 BN 颗粒的形貌和 NiK_α 线的分布

为了预报各单因素对还原反应时间影响的规律，采用在最优条件下做单因素分析，即分别固定 3 个因素，考察另一个因素对镍包覆 BN 颗粒镀覆时间的影响，计算机预报结果如图 5-25 所示。由图 5-25a 可知，化学镀镍包覆 BN 颗粒的镀覆时间随添加剂 $(NH_4)_2SO_4$ 含量的增加而增加，这与实验测定的结果相吻合。由图 5-25b 可以看出，氨水的加入量与镀覆时间的关系在 90 mL/L 附近出现最低值，这与实验结果基本一致。同样还预报了镀覆时间与温度（图 5-25c）以及 SDS 的关系（图 5-25d），其结果与实验结果也吻合。

由此可见，基于 WEB 的 ANN-GA 系统可以用于化学镀制备镍包覆 BN 颗粒粉体材料的工艺设计，从而减小了实验研究的工作量，为工业化提供设计工艺参数的依据。

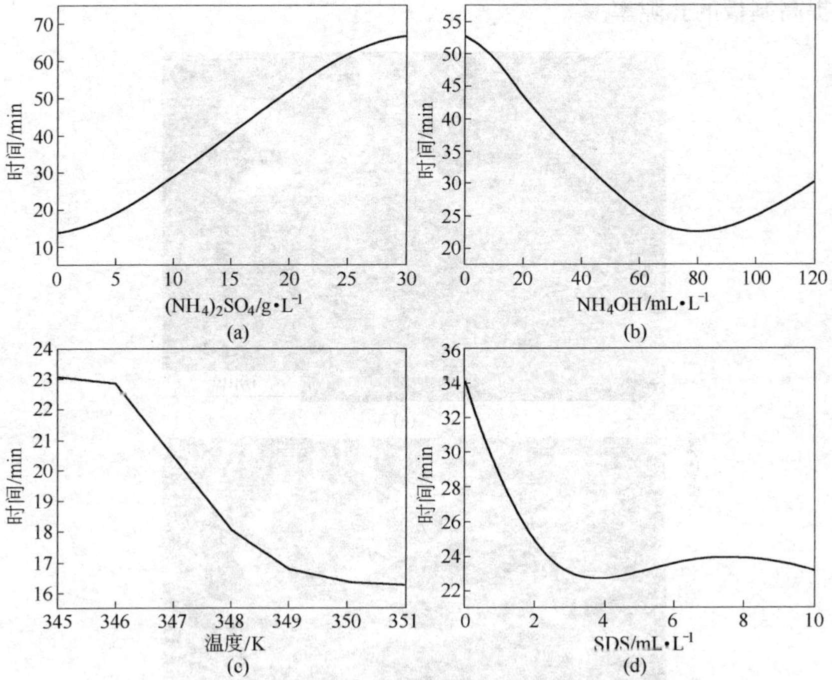

图 5-25 计算机预报的结果

(a) 预报 $(NH_4)_2SO_4$ 浓度与镀覆时间的关系；(b) 预报的氨水与镀覆时间的关系；(c) 预报的温度与镀覆时间的关系；(d) 预报的 SDS 与镀覆时间的关系

B 中空纤维镍基板制备工艺参数的优化

纤维镍或中空纤维镍基板电极，具有高比容、高充放电效率，且电极稳定性好，是密封二次 MH_X-Ni 电池内部镍正极的关键材料。用基于 WEB 的 ANN-GA 系统程序优化了制备中空纤维镍基板的工艺条件，预报最佳工艺参数和各单一因素的影响规律，并分别用实验和文献中的研究结果进行验证。

中空纤维镍基板制备工艺是将镍粉和中空镍纤维（图 5-26a），以及助剂和造孔剂等制成浆料，去除其中的气体，而后在穿孔镀镍薄钢带上刮浆、干燥，再在 1300K 左右氨裂解气气氛下烧结 20 ~ 30 min 获得多孔镍基板（图 5-26b）。经 SEM 观测表明：中空镍纤维彼此穿插形成网络结构，镍颗粒填充在网络结构的间隙处，这种结构有利于提高基板的孔隙率。

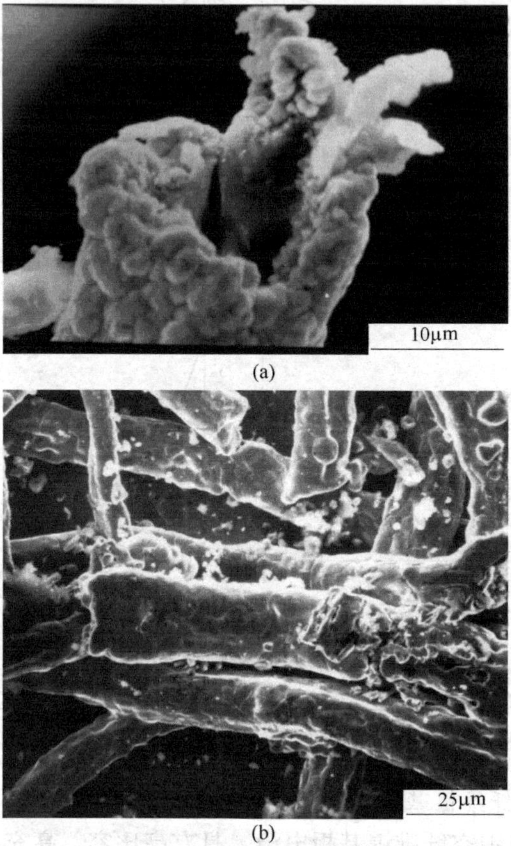

图 5-26　中空镍纤维和 100% 中空纤维镍基板三维网络结构的 SEM 照片
（a）中空镍纤维；（b）100% 中空纤维镍基板三维网络结构

孔隙率的高低是判断基板性能好坏的重要参数之一。影响中空纤维镍基板孔隙率的因素很多，如中空镍纤维的含量、造孔剂的种类和含量、浆料中氢氧化镍的含量、烧结温度和时间等。为研究各因数的影响及寻求最佳工艺条件，在不同条件下进行的 58 组试验，并检测各种实验条件获得多孔镍基板的孔隙率。以这些试验数据为样本（表 5-12），用网络化的 ANN-GA 程序优化工艺参数、建模，寻找最佳工艺条件，并分析、预报各因素的影响规律。

表 5-12 试验数据样本

序号	镍纤维含量（质量分数）/%	烧结温度/K	烧结时间/min	PVB 含量（质量分数）/%	PP 含量（质量分数）/%	$Ni(OH)_2$ 含量（质量分数）/%	基板孔隙率/%
1	0	1323	30				75
2	50	1323	30	2			80
3	50	1323	30	4			80.5
4	50	1323	30	6			80.8
5	50	1323	30	8			80.9
6	50	1323	30			3	77.6
7	50	1323	30	2		3	78
8	50	1323	30	4		3	77.5
9	50	1323	30	6		3	78.2
10	50	1323	30	8		3	77.6
11	100	1323	30	2			80.9
12	100	1323	30	4			82.5
13	100	1323	30	6			82.3
14	100	1323	30	8			83.3
15	50	1323	30		1		78
16	50	1323	30		2		79
17	50	1323	30		3		80
18	50	1323	30		4		84
19	100	1323	30		1		81.5
20	100	1323	30		2		81.6
21	100	1323	30		3		82
22	100	1323	30		4		83.8
23	50	1323	30		1	1	77.8
24	50	1323	30		2	1	77.5
25	50	1323	30		3	1	77
26	50	1323	30		4	1	76.9
27	100	1323	30			1.3	80.7
28	100	1323	30			3	81
29	100	1323	30			4.3	79.5
30	100	1323	30			5.5	80.7
31	50	1323	30	6	4		82.4
32	50	1323	30	6	4	4	82
33	50	1323	30	6	4	8	82.3
34	50	1323	30	6	4	12	80.5
35	50	1323	30	3	4		81.2
36	50	1323	30	3	2		79

续表 5-12

序号	镍纤维含量（质量分数）/%	烧结温度/K	烧结时间/min	PVB 含量（质量分数）/%	PP 含量（质量分数）/%	$Ni(OH)_2$ 含量（质量分数）/%	基板孔隙率/%
37	75	1323	30	6	4		85.3
38	100	1323	30	6	4		86.5
39	100	1323	5				80.5
40	100	1323	15				81
41	100	1323	45				79.2
42	100	1323	60				79
43	50	1323	5				76.5
44	50	1323	15				75.8
45	50	1323	45				75
46	50	1323	60				71.2
47	50	1100	30				79.3
48	50	1175	30				78.4
49	50	1250	30				78.5
50	50	1315	30				75.8
51	100	1125	30	6			78.3
52	100	1225	30	6			79.6
53	100	1275	30	6			81.3
54	50	1237	30	6	3		85.4
55	50	1325	30	6	3		82.9
56	50	1375	30	6	3		82.8
57	100	1265	30	6	3		84.5
58	100	1325	30	6	3		85.8

注：PVB（PVB-polyvinyl butyral）为聚乙烯醇缩丁醛，PP（PP-polypropylene）为聚丙烯。

以中空镍纤维含量、造孔剂种类与添加量、骨架厚度、烧结温度和保温时间为网络输入，以基板孔隙率值为网络的期望输出，用表 5-12 中的实验数据对 6 ×5 ×1 网络进行训练。成功训练后，神经网络输出值与实测基板孔隙率值对比的相关系数为 0.98，方差为 0.63。图 5-27 是训练成功后神经网络的输出值与实测值的对比图。由图可见训练效果令人满意。根据训练所建数学模型对未知实验条件预报。根据预报进行实验及检测，并与预报结果进行比较，其结果如表 5-13 所示。由表可看出预报与实验的结果吻合很好。

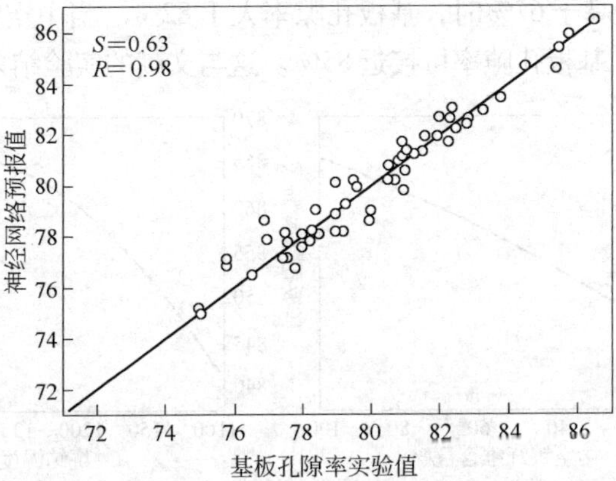

图 5-27 神经网络的输出值与实测基板孔隙率值的对比

表 5-13 实验与预报结果的比较

序号	镍纤维含量（质量分数）/%	烧结温度/K	烧结时间/min	PVB 含量（质量分数）/%	PP 含量（质量分数）/%	$Ni(OH)_2$ 含量（质量分数）/%	基板孔隙率/%	
							实验值	预报值
1	25	1323	30	0	0	0	77.5	77.5
2	50	1323	30	0	0	0	80	79.5
3	80	1323	30	0	0	0	83	82.9

另外，在用神经网络获得工艺过程的模型后，用遗传算法进行寻优，以确定达到材料最佳性能的工艺条件。也可在给定工艺条件，用神经网络预测该工艺条件下的材料性能。对采用的中空纤维镍基板制备工艺进行寻优得到的结果如下：纤维含量为 97%，烧结温度为 1275 K，保温时间为 20 min，造孔剂：PVB 为 5%，PP 为 3.5%，$Ni(OH)_2$为 1%。采用该优化的工艺条件，制备出了性能优异的基板材料，其孔隙率接近 87%。

为分析、预报各单因素对基板孔隙率的影响规律，采用在最优条件下做单因素分析，即分别固定中空镍纤维的含量、烧结温度、保温时间、造孔剂种类等 5 个因素，考察每一因素对基板孔隙率的影响，计算机预报结果如图 5-28 所示。由图 5-28a 可见，基板孔隙率随着中空镍纤维含量的增加而增加，中空镍纤维对提高基板孔隙率的效果很明显。当中空镍纤维的含量高于 67% 时，基板孔隙率大于 82%。当中空镍纤维的含量超过 90% 时，基板孔隙率可接近 85%。这与文献的实验结果一致。

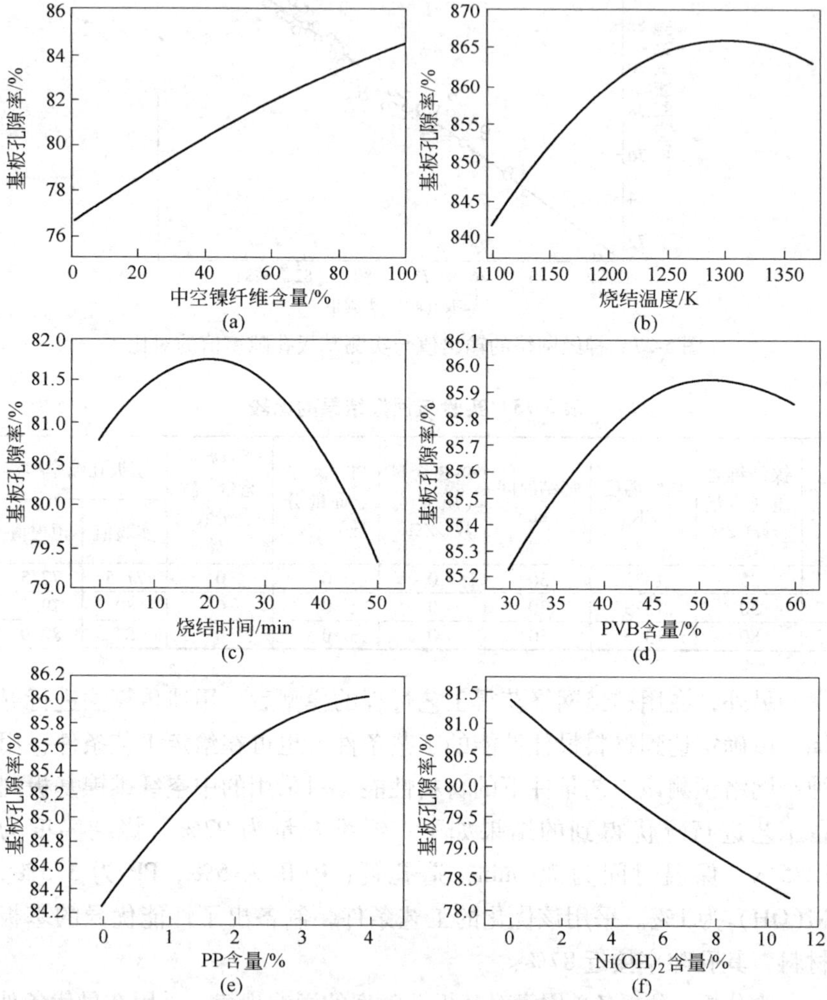

图 5-28　计算机预报各单一因素影响的规律

（a）基板孔隙率随中空镍纤维含量的变化；（b）基板孔隙率随烧结温度的变化；（c）基板孔隙率随保温时间的变化；（d）基板孔隙率随 PVB 含量的变化；（e）基板孔隙率随 PP 含量的变化；（f）基板孔隙率随 $Ni(OH)_2$ 含量的变化

由图 5-28b 可以看出：在研究的温度范围内，随着烧结温度的升高基板孔隙率有所升高；当温度超过 1300 K 时，基板孔隙率有所下降。我们认为：这是由于反应烧结，使纤维与颗粒生成聚合体造成孔洞塌陷。该规律与文献的报道吻合。由图 5-28c 可以看出，实验开始阶段，随着烧结时间的延长基板孔隙率略有提高。这是由于有机添加剂的气化和逐步排出，而引起基板孔隙率的增加；但较长的保温时间（超过 20 min）可导致空隙封闭、气孔闭合，使基板孔隙率下降。由图 5-28d 可见，基板孔隙率随着造孔剂 PVB 的增加而增加，且效果较明显。但其含量不宜过高，这是因为超过 5% 时，PVB 不能完全气化，致使在基板烧结过程中难以形成金属间的熔接点，基板孔隙率反而下降。这与 Zhu 等的实验研究结果吻合。由图 5-28e 可见，基板孔隙率随着 PP 含量（在所研究的范围内）的增加而明显增加。这与文献一致。由图 5-28f 可以看出，基板孔隙率随着 $Ni(OH)_2$ 造孔剂含量的增加而减小，这是由于在烧结过程中 $Ni(OH)_2$ 被 H_2 还原成金属 Ni，减少基板 Ni 纤维相对含量，并与纤维烧结；在一定程度上破坏了中空镍纤维的三维网络状结构，导致基板孔隙率下降。

综上所述，基于网络化的 ANN-GA 系统可以用于中空纤维镍基板材料的工艺设计，从而避免了“炒菜”式研制过程的盲目性，减小了实验工作量，并为放大实验和工业化工艺参数设计提供了依据。

参考文献

[1] 李金宗．模式识别导论［M］．北京：高等教育出版社，1994.

[2] 陈念贻，等．模式识别方法在化学化工中的应用［M］．北京：科学出版社，2000.

[3] 李钒，张登君，张慧，李报厚，等．中空镍纤维极板及电极研究中模式识别的应用［J］．电源技术，1999，23（专刊）：87～90.

[4] 张冠东．纤维镍电极金属氢化物电池的研究［D］．北京：中国科学院化工冶金研究所，1999，22.

[5] Zupan J，Gasteiger J．神经网络及其在化学中的应用［M］．潘忠孝等译，合肥：中国科学技术大学出版社，2000.

[6] 李钒，张登君，李报厚，罗世民．影响六方 BN 颗粒表面化学镀镍过程的因素及其 ANN 优化［J］．稀有金属，2002，26（5）：336～340.

[7] 玄光男，陈润伟．遗传算法与工程设计［M］．北京：科学出版社，2000.
[8] 刘国华，包宏，李文超．基于 WWW 的人工神经网络系统的实现方法［J］．计算机工程，2001，27（6）：17～19.
[9] 刘国华，包宏，李文超．基于 WEB 的人工神经网络材料设计系统［J］．计算机工程与应用，2001，37（20）：141～142.
[10] 刘国华，包宏，李文超．用 MATLAB 实现遗传算法程序［J］．计算机应用研究，2001，18（8）：80～82.
[11] 刘国华，包宏，李文超．基于 WWW 的人工神经网络—遗传算法系统的实现［J］．计算机工程，2002，28（2）：32～35.
[12] 李钒，王习东，张登君，等．网络化的 ANN-GA 系统优化中空纤维镍基板制备工艺参数［J］．金属学报，2005，41（12）：1293～1297.
[13] Zhu W H，Zhang D J，Zhang G D，Ke J J. Sintering preparation of fibrous plaques containing hollow nickel fiber［J］. Materials Research Bulletin. 1995，30（9）：1133～1140.
[14] 李钒，王习东，张梅，张登君．化学镀制备镍包覆 BN 陶瓷颗粒的工艺与优化［J］．硅酸盐学报，2006，34（9）：1113～1116.
[15] 李文超，文洪杰，杜雪岩．新型耐火材料理论基础——近代陶瓷复合材料的物理化学设计［M］．北京：地质出版社，2001.

附　录

附录1　298.15K时标准电极电势及其温度系数

电　极	电极反应	$\varphi^{\ominus}$/V	$\left(\frac{\partial \varphi^{\ominus}}{\partial T}\right)_p \times 10^3$ /V·K^{-1}
N_3^-/N_2, Pt	$3/2N_2 + e^- = N_3^-$	−3.2	—
Li^+/Li	$Li^+ + e^- = Li$	−3.045	−0.534
Rb^+/Rb	$Rb^+ + e^- = Rb$	−2.925	−1.245
Cs^+/Cs	$Cs^+ + e^- = Cs$	−2.923	−1.197
K^+/K	$K^+ + e^- = K$	−2.925	−1.080
Ra^{2+}/Ra	$Ra^{2+} + 2e^- = Ra$	−2.916	−0.59
Ba^{2+}/Ba	$Ba^{2+} + 2e^- = Ba$	−2.906	−0.395
Ca^{2+}/Ca	$Ca^{2+} + 2e^- = Ca$	−2.866	−0.175
Na^+/Na	$Na^+ + e^- = Na$	−2.714	−0.772
La^{3+}/La	$La^{3+} + 3e^- = La$	−2.522	+0.085
Mg^{2+}/Mg	$Mg^{2+} + 2e^- = Mg$	−2.363	+0.103
Be^{2+}/Be	$Be^{2+} + 2e^- = Be$	−1.847	+0.565
Al^{3+}/Al	$Al^{3+} + 3e^- = Al$	−1.662	+0.504
Ti^{2+}/Ti	$Ti^{2+} + 2e^- = Ti$	−1.628	—
Zr^{4+}/Zr	$Zr^{4+} + 4e^- = Zr$	−1.529	—
V^{2+}/V	$V^{2+} + 2e^- = V$	−1.186	—
Mn^{2+}/Mn	$Mn^{2+} + 2e^- = Mn$	−1.180	−0.08
WO_4^{2-}/W	$WO_4^{2-} + 4H_2O + 6e^- = W + OH^-$	−1.05	—
OH^-/H_2, Pt	$2H_2O + 2e^- = H_2 + 2OH^-$	−0.828	—
Se^{2-}/Se	$Se^{2+} + 2e^- = Se$	−0.77	—

续表附录 1

电 极	电极反应	$\varphi^\ominus$/V	$\left(\frac{\partial \varphi^\ominus}{\partial T}\right)_p \times 10^3$ /V · K^{-1}
Zn^{2+}/Zn	$Zn^{2+} + 2e^- = Zn$	−0.7628	+0.091
Cr^{3+}/Cr	$Cr^{3+} + 3e^- = Cr$	−0.744	+0.468
SbO_2^-/Sb	$SbO_2^- + 2H_2O + 3e^- = Sb + 4OH^-$	−0.67	—
Ga^{3+}/Ga	$Ga^{3+} + 3e^- = Ga$	−0.529	+0.67
S^{2-}/S	$S^{2+} + 2e^- = S$	−0.51	—
Fe^{2+}/Fe	$Fe^{2+} + 2e^- = Fe$	−0.4402	+0.052
Cr^{3+}, Cr^{2+}/Pt	$Cr^{3+} + e^- = Cr^{2+}$	−0.408	—
Cd^{2+}/Cd	$Cd^{2+} + 2e^- = Cd$	−0.4029	−0.093
Ti^{3+}, Ti^{2+}/Pt	$Ti^{3+} + e^- = Ti^{2+}$	−0.369	—
Tl^+/Tl	$Tl^+ + e^- = Tl$	−0.3363	1.327
Co^{2+}/Co	$Co^{2+} + 2e^- = Co$	−0.277	+0.06
Ni^{2+}/Ni	$Ni^{2+} + 2e^- = Ni$	−0.250	+0.06
Mo^{3+}/Mo	$Mo^{3+} + 3e^- = Mo$	−0.20	—
I^-/AgI, Ag	$AgI + e^- = Ag + I^-$	−0.152	—
Sn^{2+}/Sn	$Sn^{2+} + 2e^- = Sn$	−0.136	−0.282
Pb^{2+}/Pb	$Pb^{2+} + 2e^- = Pb$	−0.126	−0.451
Ti^{4+}, Ti^{3+}/Pt	$Ti^{4+} + e^- = Ti^{3+}$	−0.04	—
D^+/D_2, Pt	$2D^+ + 2e^- = D_2$	−0.0034	—
H^+/H_2, Pt	$2H^+ + 2e^- = H_2$	0.000	0.000
Ge^{2+}/Ge	$Ge^{2+} + 2e^- = Ge$	+0.01	—
$Br^-/AgBr$, Ag	$AgBr + e^- = Ag + Br^-$	+0.07103	—
Sn^{4+}, Sn^{2+}/Pt	$Sn^{4+} + 2e^- = Sn^{2+}$	+0.15	—
Cu^{2+}, Cu^+/Pt	$Cu^{2+} + e^- = Cu^+$	+0.153	+0.073
$Cl^-/AgCl$, Ag	$AgCl + e^- = Ag + Cl^-$	+0.2224	—
Cu^{2+}/Cu	$Cu^{2+} + 2e^- = Cu$	+0.337	+0.008
OH^-/Ag_2O, Ag	$Ag_2O + 2H_2O + 2e^- = 2Ag + 2OH^-$	+0.344	—
$Fe(CN)_6^{4-}$, $Fe(CN)_6^{3-}/Pt$	$Fe(CN)_6^{4-} + e^- = Fe(CN)_6^{3-}$	+0.36	—

续表附录1

电　极	电极反应	$\varphi^\ominus$/V	$\left(\frac{\partial \varphi^\ominus}{\partial T}\right)_p \times 10^3$ /V·K^{-1}
OH^-/O_2, Pt	$1/2O_2 + H_2O + 2e^- = 2OH^-$	+0.401	−0.44
Cu^+/Cu	$Cu^+ + e^- = Cu$	+0.521	−0.058
I^-/I_2, Pt	$I_2 + 2e^- = 2I^-$	+0.5355	−0.148
Te^{4+}/Te	$Te^{4+} + 4e^- = Te$	+0.56	—
MnO_4^-, MnO_4^{2-}/Pt	$MnO_4^- + e^- = MnO_4^{2-}$	+0.564	—
Rh^{2+}/Rh	$Rh^{2+} + 2e^- = Rh$	+0.60	—
Fe^{3+}, Fe^{2+}/Pt	$Fe^{3+} + e^- = Fe^{2+}$	+0.771	+1.188
Hg_2^{2+}/Hg	$Hg_2^{2+} + 2e^- = 2Hg$	+0.788	—
Ag^+/Ag	$Ag^+ + e^- = Ag$	+0.7991	+1.000
Hg^{2+}/Hg	$Hg^{2+} + 2e^- = Hg$	+0.854	—
Hg^{2+}, Hg^+/Pt	$Hg^{2+} + e^- = Hg^+$	+0.91	—
Pd^{2+}/Pd	$Pd^{2+} + 2e^- = Pd$	+0.987	—
Br^-, Br_2, Pt	$Br_2 + 2e^- = 2Br^-$	+1.0652	−0.629
Pt^{2+}/Pt	$Pt^{2+} + 2e^- = Pt$	+1.2	—
H^+/O_2, Pt	$O_2 + 4H^+ + 4e^- = 2H_2O$	+1.229	—
Mn^{2+}, H^+/MnO_2, Pt	$MnO_2 + 4H^+ + 4e^- = Mn^{2+} + 2H_2O$	+1.23	−0.661
Tl^{3+}, Tl^{2+}/Pt	$Tl^{3+} + e^- = Tl^{2+}$	+1.25	+0.89
Cr^{3+}, $Cr_2O_7^{2-}$, H^+/Pt	$Cr_2O_7^{2-} + 14H^+ + 6e^- = 2Cr^{3+} + 7H_2O$	+1.33	−1.263
Cl^-/Cl_2, Pt	$Cl_2 + 2e^- = 2Cl^-$	+1.3595	+1.260
Pb^{2+}, H^+/PbO_2, Pt	$PbO_2 + 4H^+ + 2e^- = Pb^{2+} + 2H_2O$	+1.455	+0.238
Au^{3+}/Au	$Au^{3+} + 3e^- = Au$	+1.498	—
MnO_4^-, H^+/MnO_2, Pt	$MnO_4^- + 4H^+ + 3e^- = MnO_2 + 2H_2O$	+1.695	+0.666
Ce^{4+}, Ce^{3+}/Pt	$Ce^{4+} + e^- = Ce^{3+}$	+1.61	—
SO_4^{2-}, $H^+/PbSO_4 \cdot PbO_2$	$PbO_2 + SO_4^{2-} + 4H^+ + 2e^- = PbSO_4 + 2H_2O$	+1.682	+0.326
Au^+/Au	$Au^+ + e^- = Au$	+1.691	—
$S_2O_8^{2-}$, SO_4^{2-}/Pt	$S_2O_8^{2-} + 2e^- = 2SO_4^{2-}$	+2.05	—

续表附录1

电 极	电极反应	$\varphi^{\ominus}$V	$\left(\frac{\partial\varphi}{\partial T}\right)_p^{\ominus}\times10^3$ /V·K^{-1}
F^-/F_2，Pt	$F_2+2e^-=2F^-$	+2.87	-1.830

附录2 298.15K时H_2、O_2、Cl_2在不同金属上的超电势值

电 极		电流密度 j/A·m^{-2}					
		10	100	1000	5000	10000	50000
H_2（1mol/dm^3 H_2SO_4溶液）	Ag	0.097	0.13	0.3	—	0.48	0.69
	Al	0.3	0.83	1.00	—	1.29	—
	Au	0.017	—	0.1	—	0.24	0.33
	Fe	—	0.56	0.82	—	1.29	—
	石墨	0.002	—	0.32	—	0.60	0.73
	Hg	0.8	0.93	1.03	—	1.07	—
	Ni	0.14	0.3	—	—	0.56	0.71
	Pb	0.40	0.04	—	—	0.52	1.06
	Pt（光滑的）	0.0000	0.16	0.29	—	0.68	—
	Pt（镀黑的）	0.0000	0.030	0.041	—	0.048	0.051
	Zn	0.48	0.75	1.00	—	1.23	—
O_2（1mol/dm^3 KOH溶液）	Ag	0.58	0.73	0.98	—	1.13	—
	Au	0.67	0.96	1.24	—	1.63	—
	Cu	0.42	0.58	0.66	—	0.79	—
	石墨	0.53	0.90	1.06	—	1.24	—
	Ni	0.36	0.52	0.73	—	0.85	—
	Pt（光滑的）	0.72	0.85	1.28	—	1.49	—
	Pt（镀黑的）	0.40	0.52	0.64	—	0.77	—
Cl_2（饱和NaCl溶液）	石墨	—	—	0.25	0.42	0.53	—
	Pt（光滑的）	0.008	0.03	0.054	0.161	0.236	—
	Pt（镀黑的）	0.006	—	0.026	0.05	—	—

附录3　一些物质的熔点、熔化焓、沸点、蒸发焓、转变点、转变焓

物质	熔点/℃	熔化焓 /kJ · mol^{-1}	沸点/℃	蒸发焓 /kJ · mol^{-1}	转变点/℃	转变焓 /kJ · mol^{-1}
Al	660.1	10.47	2520	291.4	—	—
Al_2O_3	2030	527.2	(3300)	—	(1000)	(86.19)
Bi	271	10.89	1564	179.2	—	—
C	(5000)	—	—	—	—	—
Ca	839	8.67	1484	167.1	460	1.00
CaO	2600	(79.50)	(3500)	—	—	—
Ca_2SiO_2	1540	(56.07)	—	—	1190	(5.44)
Ca_2SiO_4	2130	—	—	—	675；1420	4.44；3.26
Cd	320.9	6.41	767	99.6	—	—
Cr	1860	(20.9)	2680	342.1	—	—
Cu	1083.4	13.02	2560	304.8	—	—
Fe	1536	15.2	2860	340.4	910；1400	0.92；1.09
FeO	1378	31.0	—	—	—	—
Fe_3O_4	1597	138.2	—	—	593	—
Fe_2O_3	1457	—	分解	—	(680)；(780)	0.67；—
Fe_3C	1227	51.46	分解	—	190	0.67
Fe_2SiO_4	1220	133.9	—	—	—	—
Fe_2TiO_3	1370	11.34	分解	—	—	—
H_2O	0	6.016	100	41.11	—	—
Mg	649	8.71	1090	134.0	—	—
MgO	2642	77.0	2770	—	—	—
Mn	1244	(14.7)	2060	231.1	718；1100；1138	1.93；2.30；1.80
MnO	1785	54.0	—	—	—	—
Mo	2615	35.98	4610	590.3	—	—
N_2	−210.0	0.720	−195.8	5.581	−237.5	0.23

续表附录 3

物质	熔点/℃	熔化焓 /kJ·mol^{-1}	沸点/℃	蒸发焓 /kJ·mol^{-1}	转变点/℃	转变焓 /kJ·mol^{-1}
NaCl	800	28.5	1465	170.4	—	—
Na_2SiO_3	1088	52.3	—	—	—	—
Ni	1455	17.71	2915	374.3	—	—
O_2	-218.8	0.445	-183.0	6.8	-249.5；-229.4	0.0938；0.7436
Pb	327.4	4.98	1750	178.8	—	—
Ti	1667	(18.8)	3285	425.8	882	3.48
Si	1412	50.66	3270	384.8	—	—
SiO_2	1713	15.1	—	—	250	1.3
TiO_2	1840	648.5	—	—	—	—
V	1902	209.3	3410	457.2	—	—
W	3400	(46.9)	5555	(7370)	—	—
Zn	419.5	7.2	911	115.1	—	—

附录 4　某些物质的基本热力学数据

物　质	$-\Delta H^{\circ}_{298}$ /kJ·mol^{-1}	$-\Delta G^{\circ}_{298}$ /kJ·mol^{-1}	S°_{298} /J·mol^{-1}·K^{-1}	$C_P = a + bT + c'T^{-2} + cT^2$ /J·mol^{-1}·K^{-1}				
				a	$b\times10^3$	$c'\times10^{-5}$	$c\times10^6$	温度范围/K
Ag(s)	0.00	0.00	42.70	21.30	8.535	1.506	—	298 ~ 1234
AgCl(s)	127.03	109.66	96.11	62.26	4.184	-11.30	—	298 ~ 728
Ag_2CO_3(s)	81.17	12.24	167.4	79.37	108.16	—	—	298 ~ 450
Ag_2O(s)	30.57	0.84	121.71	59.33	40.80	-4.184	—	298 ~ 500
Al(s)	0.00	0.00	28.32	20.67	12.38	—	—	298 ~ 932
$AlCl_3$(s)	705.34	630.20	110.70	77.12	47.83	—	—	273 ~ 466
AlF_3(s)	1489.50	1410.01	66.53	72.26	45.86	-9.623	—	298 ~ 727
$Al_2O_{3(\alpha)}$	1674.43	1674.43	50.99	114.77	12.80	-35.443	—	298 ~ 1800
As(s)	0.00	0.00	35.15	21.88	9.29	—	—	298 ~ 1090
As_2O_3(s)	652.70	576.66	122.70	35.02	203.30	—	—	273 ~ 548

续表附录4

物　质	$-\Delta H^{\ominus}_{298}$ /kJ·mol^{-1}	$-\Delta G^{\ominus}_{298}$ /kJ·mol^{-1}	$S^{\ominus}_{298}$ /J·mol^{-1}·K^{-1}	$C_P = a + bT + c'T^{-2} + cT^2$ /J·mol^{-1}·K^{-1}				
				a	$b\times10^3$	$c'\times10^{-5}$	$c\times10^6$	温度范围/K
B(s)	0.00	0.00	5.94	19.81	5.77	-9.21	—	298~1700
B_2O_3(s)	1272.77	1193.62	53.85	57.03	73.01	-14.06	—	298~723
$Ba_{(\alpha)}$	0.00	0.00	67.78	22.73	13.18	-0.28	—	298~643
$BaCl_2$(s)	859.39	809.57	123.60	71.13	13.97	—	—	298~1195
$BaCO_3$(s)	1216.29	1136.13	112.10	86.90	48.95	-11.97	—	298~1079
BaO(s)	553.54	523.74	70.29	53.30	4.35	-8.30	—	298~1270
Be(s)	0.00	0.00	9.54	19.00	8.58	-3.35	—	298~1556
BeO$_{(无定形)}$	598.73	569.55	14.14	21.22	55.06	-8.68	-26.34	298~1000
Bi(s)	0.00	0.00	56.53	22.93	10.13	—	—	298~545
Bi_2O_3(s)	574.04	493.84	151.50	103.5	33.47	—	—	298~800
Br_2(g)	-30.91	-3.166	245.30	37.36	0.46	-1.29	—	298~2000
Br_2(l)	0.00	0.00	152.20	71.55	—	—	—	273~334
C$_{(石墨)}$	0.00	0.00	5.74	17.16	4.27	-8.79	—	298~2300
C$_{(金刚石)}$	-1.90	-2.901	2.38	9.12	13.22	-6.20	—	298~1200
C_2H_2(g)	-226.73	-20.923	200.80	43.63	31.65	-7.51	-6.31	298~2000
C_2H_4(g)	-52.47	-68.407	219.20	32.63	59.83	—	—	298~1200
CH_4(g)	74.81	50.749	186.30	12.54	76.69	1.45	-18.00	298~2000
C_6H_6(l)	-49.04	-124.45	13.20	136.1	—	—	—	298~沸点
C_2H_5OH(l)	277.61	174.77	160.71	111.4	—	—	—	298~沸点
CO(g)	110.50	137.12	197.60	28.41	4.10	-0.46	—	298~2500
CO_2(g)	393.52	394.39	213.70	44.14	9.04	-8.54	—	298~2500
$COCl_2$(g)	220.08	205.79	283.70	65.01	18.17	-11.14	-4.98	298~2000
Ca(s)	0.00	0.00	41.63	21.92	14.64	—	—	298~737
CaC_2(s)	59.41	64.53	70.29	68.62	11.88	-8.66	—	298~720
$CaCl_2$(s)	800.82	755.87	113.80	71.88	12.72	-2.51	—	600~1045
CaCO$_{3(方解石)}$	1206.87	1127.32	88.00	104.5	21.92	-25.94	—	298~1200
CaF_2(s)	1221.31	116.88	68.83	59.83	30.46	1.97	—	298~1424
CaO(s)	634.29	603.03	39.75	49.62	4.52	-6.95	—	298~2888
$Ca(OH)_2$(s)	986.21	898.63	83.39	105.3	11.95	-18.97	—	298~1000
CaS(s)	476.14	471.05	56.48	42.68	15.90	—	—	273~1000
$CaSiO_3$(s)	1584.06	1559.93	82.00	111.5	15.06	27.28	—	298~1463
Ca_2SiO_4(s)	2255.08	2138.47	120.50	113.6	82.01	—	—	298~948
$CaSO_4$(s)	1432.60	1334.84	160.70	70.21	98.74	—	—	298~1400

续表附录 4

物 质	$-\Delta H^{\ominus}_{298}$ /kJ · mol^{-1}	$-\Delta G^{\ominus}_{298}$ /kJ · mol^{-1}	$S^{\ominus}_{298}$ /J · mol^{-1} · K^{-1}	$C_P = a + bT + c'T^{-2} + cT^2$ /J · mol^{-1} · K^{-1}				
				a	$b\times10^3$	$c'\times10^{-5}$	$c\times10^6$	温度范围/K
$Ca_2(PO_4)_2$ (s)	4137. 55	3912. 66	236. 00	201. 8	166. 00	−20. 92	—	298 ~ 1000
$Ca_2CO_3 \cdot Mg$	2326. 30	2152. 59	118. 00	156. 2	80. 50	−21. 59	—	—
Cd(s)	0. 00	0. 00	51. 46	22. 22	12. 30	—	—	298 ~ 594
$CdCl_2$(s)	391. 62	344. 25	115. 50	66. 94	32. 22	—	—	298 ~ 841
CdO(s)	255. 64	226. 09	54. 81	40. 38	8. 70	—	—	298 ~ 1200
CdS(s)	149. 36	145. 09	69. 04	53. 97	3. 77	—	—	298 ~ 1300
Cl_2(g)	0. 00	0. 00	223. 01	36. 90	0. 25	−2. 85	—	298 ~ 3000
Co(s)	0. 00	0. 00	30. 04	19. 83	16. 74	—	—	298 ~ 700
CoO(s)	238. 91	215. 18	52. 93	48. 28	8. 54	1. 67	—	298 ~ 1800
Cr(s)	0. 00	0. 00	23. 77	19. 79	12. 84	−0. 259	—	298 ~ 2176
$CrCl_3$(s)	405. 85	366. 67	115. 30	63. 72	22. 18	—	—	298 ~ 1088
Cr_2O_3(s)	1129. 68	1048. 05	81. 17	119. 37	9. 20	−15. 65	—	298 ~ 1800
Cu(s)	0. 00	0. 00	33. 35	22. 64	6. 28	—	—	298 ~ 1357
$CuSO_4$(s)	769. 989	660. 87	109. 20	73. 41	152. 90	−12. 31	−71. 59	298 ~ 1073
CuO(s)	155. 85	120. 85	42. 59	43. 83	16. 77	−5. 88	—	298 ~ 1359
CuS(s)	48. 53	48. 91	66. 53	44. 35	11. 05	—	—	273 ~ 1273
Cu_2O(s)	170. 29	147. 56	92. 93	56. 57	29. 29	—	—	298 ~ 1509
Cu_2S(s)	79. 50	86. 14	120. 90	81. 59	—	—	—	298 ~ 376
F_2(g)	0. 00	0. 00	203. 30	34. 69	1. 84	−3. 35	—	298 ~ 2000
Fe(s)	0. 00	0. 00	27. 15	17. 49	24. 77	—	—	273 ~ 1033
$FeCl_2$(s)	342. 25	303. 49	120. 10	79. 25	8. 70	−4. 90	—	298 ~ 950
$FeCl_3$(s)	399. 40	334. 03	142. 30	62. 34	115. 10	—	—	298 ~ 577
$FeCO_3$(s)	740. 57	667. 69	95. 88	48. 66	112. 10	—	—	298 ~ 800
FeS(α)	95. 40	97. 87	67. 36	21. 72	110. 50	—	—	298 ~ 411
FeS(β)	86. 15	96. 14	92. 59	72. 80	—	—	—	411 ~ 598
FeS_2(s)	177. 40	166. 06	52. 93	74. 81	5. 52	−12. 76	—	298 ~ 1000

续表附录4

物　质	$-\Delta H^{\circ}_{298}$ /kJ·mol^{-1}	$-\Delta G^{\circ}_{298}$ /kJ·mol^{-1}	S°_{298} /J·mol^{-1}·K^{-1}	$C_P = a + bT + c'T^{-2} + cT^2$ /J·mol^{-1}·K^{-1}				
				a	$b\times10^3$	$c'\times10^{-5}$	$c\times10^6$	温度范围/K
FeSi(s)	78.66	83.54	62.34	44.85	17.99	—	—	298~900
$FeTiO_3$(s)	1246.41	1169.09	105.90	116.6	18.24	-20.04	—	298~1743
FeO(s)	272.04	251.50	60.75	50.80	8.614	-3.309	—	298~1650
Fe_2O_3(s)	825.50	743.72	87.44	98.28	77.82	-14.85	—	298~953
Fe_3O_4(s)	1118.38	1015.53	146.40	86.27	208.90	—	—	298~866
Fe_2SiO_4(s)	1479.88	1379.16	145.20	152.8	39.16	-28.03	—	298~1493
Fe_3C(s)	-22.59	-18.39	101.30	82.17	83.68	—	—	273~463
Ga(l)	0.00	0.00	40.88	25.90	—	—	—	298~363
Ge(s)	0.00	0.00	31.17	25.02	3.43	-2.34	—	298~1213
H_2(g)	0.00	0.00	130.60	27.28	3.26	0.502	—	298~3000
HCl(g)	92.31	95.23	186.60	26.53	4.60	2.59	—	298~2000
H_2O(g)	242.46	229.24	188.70	30.00	10.71	0.33	—	298~2500
H_2O(l)	285.84	237.25	70.08	75.44	—	—	—	273~373
H_2S(g)	20.50	33.37	205.70	29.37	15.40	—	—	298~1800
Hg(l)	0.00	0.00	76.02	30.38	-11.46	10.15	—	298~630
Hg_2Cl_2(s)	264.85	210.48	192.50	99.11	23.22	-3.64	—	298~655
$HgCl_2$(s)	230.12	184.07	144.50	69.99	20.28	-1.89	—	298~550
I_2(s)	0.00	0.00	116.14	-50.64	246.91	27.974	—	298~387
I_2(g)	-62.42	-19.37	260.60	37.40	0.569	-0.619	—	298~2000
In(s)	0.00	0.00	57.82	21.51	17.57	—	—	298~249
K(s)	0.00	0.00	71.92	7.84	17.19	—	—	298~336
KCl(s)	436.68	406.62	82.55	40.02	25.47	3.65	—	298~1044
La(s)	0.00	0.00	56.90	25.82	6.69	—	—	298~1141
Li(s)	0.00	0.00	29.08	13.94	34.36	—	—	298~454
LiCl(s)	408.27	384.05	59.30	41.42	23.40	—	—	298~883
Mg(s)	0.00	0.00	22.68	22.20	10.25	-0.43	—	298~923

续表附录4

物　质	$-\Delta H^{\circ}_{298}$ /kJ·mol^{-1}	$-\Delta G^{\circ}_{298}$ /kJ·mol^{-1}	S°_{298} /J·mol^{-1}·K^{-1}	$C_P = a + bT + c'T^{-2} + cT^2$ /J·mol^{-1}·K^{-1}				
				a	$b\times10^3$	$c'\times10^{-5}$	$c\times10^6$	温度范围/K
$MgCO_3(s)$	1096.21	1012.68	65.69	77.91	57.74	−17.41	—	298~750
$MgCl_2(s)$	601.24	591.90	89.54	79.08	5.94	−8.62	—	298~987
$MgO(s)$	601.24	568.98	26.94	48.98	3.14	−11.44	—	298~3098
$MgSiO_3(s)$	1548.92	1462.12	67.78	92.25	32.90	−17.88	—	298~903
$Mn(s)$	0.00	0.00	32.01	23.85	14.14	−1.57	—	298~990
$MnCO_3(s)$	894.96	817.62	85.77	92.01	38.91	−19.62	—	298~700
$MnCl_2(s)$	482.00	441.23	118.20	75.48	13.22	−5.73	—	298~923
$MnO(s)$	384.93	362.67	59.83	46.48	8.12	−3.68	—	298~1800
$MnO_2(s)$	520.07	465.26	53.14	69.45	10.21	−16.23	—	298~528
$Mo(s)$	0.00	0.00	28.58	21.71	6.94	—	—	298~2890
$MoO_{3(\alpha)}$	745.17	668.19	77.82	75.19	32.64	−8.79	—	298~1068
$N_2(g)$	0.00	0.00	191.50	27.87	4.28	—	—	298~2500
$NH_3(g)$	46.19	16.58	192.3	29.75	25.10	−1.55	—	298~1800
$NH_4Cl(s)$	314.55	203.25	94.98	38.87	160.2	—	—	298~458
$NO(g)$	−90.29	−86.77	210.66	27.58	7.44	−0.15	−1.43	298~3000
$NO_2(g)$	−33.10	−51.24	239.91	35.69	22.91	−4.7	−6.23	298~1500
$N_2O_4(g)$	−9.079	−97.63	304.26	128.32	1.60	−128.6	24.78	298~3000
$Na(s)$	0.00	0.00	51.17	14.79	44.23	—	—	298~371
$NaCl(s)$	411.12	384.14	72.13	45.94	16.32	—	—	298~1074
$NaOH(s)$	428.02	381.96	64.43	71.76	−110.9	—	235.8	298~568
$Na_2CO_3(s)$	1130.77	1048.27	138.78	11.02	244.40	24.49	—	298~723
$Na_2O(s)$	417.98	379.30	75.06	66.22	43.87	−8.13	−14.09	298~1023
$Na_2SO_4(s)$	1387.20	1269.57	149.62	82.32	154.4	—	—	298~522
$Na_2SiO_3(s)$	1561.43	1437.02	113.76	1309	40.17	−27.07	—	298~1362
$Na_3AlF_6(s)$	3305.36	3140.50	238.49	172.27	158.5	—	—	298~834
$Nb(s)$	0.00	0.00	36.40	23.72	2.89	—	—	298~2740

续表附录4

物　质	$-\Delta H^\circ_{298}$ /kJ·mol^{-1}	$-\Delta G^\circ_{298}$ /kJ·mol^{-1}	S°_{298} /J·mol^{-1}·K^{-1}	$C_P = a + bT + c'T^{-2} + cT^2$ /J·mol^{-1}·K^{-1}				
				a	$b \times 10^3$	$c' \times 10^{-5}$	$c \times 10^6$	温度范围/K
$Nb_2O_5(s)$	1902.04	1768.50	137.24	154.39	21.42	-25.52	—	298~1785
Ni(s)	0.00	0.00	29.88	32.64	-1.80	-5.59	—	298~630
$NiCl_2(s)$	305.43	258.98	97.70	73.22	13.22	-4.98	—	298~1303
NiO(s)	248.58	220.47	38.07	50.17	157.23	16.28	—	298~525
NiS(s)	92.88	94.54	67.36	38.70	53.56	—	—	298~600
$O_2(g)$	0.00	0.00	205.04	29.96	4.184	-1.67	—	298~3000
$P_{(黄)}$	-17.45	-12.01	41.09	19.12	15.82			298~317
$P_{(赤)}$	0.00	0.00	22.80	16.95	14.89	—	—	298~870
$P_4(g)$	-128.74	—	279.90	81.85	0.68	-13.44	—	298~2000
$P_2O_5(s)$	1548.08	1422.26	135.98	—	—	—	—	—
Pb(s)	0.00	0.00	64.81	23.55	9.74	—	—	298~601
PbO(s)	219.28	188.87	65.27	41.46	15.33	—	—	298~762
$PbO_2(s)$	270.08	212.48	76.57	53.14	32.64	—	—	298~1000
PbS(s)	100.42	98.78	91.21	46.43	10.26	—	—	298~1387
$PbSO_4(s)$	918.39	811.62	148.53	45.86	129.70	15.57	—	298~1139
Rb(s)	0.00	0.00	75.73	13.68	57.66	—	—	298~312
$S_{(斜方)}$	0.00	0.00	31.92	14.98	26.11	—	—	298~369
$S_{(单斜)}$	-2.07	-0.249	38.03	14.90	29.12	—	—	369~388
S(g)	-278.99	-238.50	167.78	21.92	-0.46	1.86	—	298~2000
$S_2(g)$	-129.03	-72.40	228.07	35.73	1.17	-3.31	—	298~2000
$SO_2(g)$	296.90	298.40	248.11	42.43	10.63	-5.94	—	298~1800
$SO_3(g)$	395.76	371.06	256.6	57.15	27.35	-12.91	-7.728	298~2000
Sb(s)	0.00	0.00	45.52	22.34	8.954	—	—	298~903
$Sb_2O_5(s)$	971.94	829.34	125.10	45.81	240.9	—	—	298~500
Se(s)	0.00	0.00	41.97	15.99	30.20	—	—	273~423
Si(s)	0.00	0.00	18.82	22.82	3.86	-3.54	—	298~1685

续表附录 4

物　质	$-\Delta H^{\ominus}_{298}$ /kJ·mol^{-1}	$-\Delta G^{\ominus}_{298}$ /kJ·mol^{-1}	$S^{\ominus}_{298}$ /J·mol^{-1}·K^{-1}	$C_P = a + bT + c'T^{-2} + cT^2$ /J·mol^{-1}·K^{-1}				
				a	$b\times10^3$	$c'\times10^{-5}$	$c\times10^6$	温度范围/K
SiC(s)	73.22	70.85	16.61	50.79	1.950	−49.20	8.2	298～3259
$SiCl_4$(l)	686.93	620.33	41.36	140.16	—	—	—	298～331
$SiCl_4$(g)	653.88	587.05	341.97	106.24	0.96	14.77	—	298～2000
$SiO_{2(\alpha)}$	910.86	856.50	41.46	43.92	38.81	−9.68	—	298～847
$SiO_{2(\beta)}$	875.93	840.42	104.71	58.91	10.04	—	—	847～1696
SiO(g)	100.42	127.28	211.46	29.82	8.24	−2.06	−2.28	298～2000
$Sn_{(白)}$	0.00	0.00	51.55	21.59	18.16	—	—	298～505
$Sn_{(灰)}$	−2.51	−4.53	44.77	18.49	26.36	—	—	298～505
$SnCl_2$(s)	325.10	281.82	129.70	67.78	38.74	—	—	298～520
SnO(s)	285.77	256.69	56.48	39.96	14.64	—	—	298～1273
SnO_2(s)	580.74	519.86	52.3	73.89	10.04	−21.59	—	298～1500
Sr(s)	0.00	0.00	52.3	22.22	13.89	—	—	298～862
$SrCl_2$(s)	829.27	782.02	117.16	76.15	10.21	—	—	298～1003
SrO(s)	603.33	573.40	54.39	51.63	4.69	−7.56	—	298～1270
SrO_2(s)	654.38	593.90	54.39	73.97	18.41	—	—	—
Th(s)	0.00	0.00	53.39	24.15	10.66	—	—	298～800
$ThCl_4$(s)	1190.35	1096.45	184.31	126.98	13.56	−9.12	—	298～679
ThO_2(s)	1226.75	1169.19	65.27	69.66	8.91	−9.37	—	298～2500
Ti(s)	0.00	0.00	30.65	22.16	10.28	—	—	298～1155
TiC(s)	190.37	186.78	24.27	49.95	0.98	−14.77	−1.89	298～3290
$TiCl_2$(s)	515.47	465.91	87.36	65.36	18.02	−3.46	—	298～1300
$TiCl_4$(l)	804.16	737.33	252.40	142.79	8.71	−0.16	—	298～409
$TiCl_4$(g)	763.16	726.84	354.80	107.18	0.47	−10.55	—	298～2000
$TiO_{2(金红石)}$	944.75	889.51	50.33	62.86	11.36	−9.96	—	298～2143
U(s)	0.00	0.00	51.46	10.92	37.45	4.90	—	298～941
V(s)	0.00	0.00	28.79	20.50	10.79	0.84	—	298～2190
V_2O_5(s)	1557.70	1549.02	130.96	194.72	−16.32	−55.31	—	298～943
W(s)	0.00	0.00	32.66	22.92	4.69	—	—	298～2500

续表附录4

物　质	$-\Delta H^\circ_{298}$ /kJ·mol^{-1}	$-\Delta G^\circ_{298}$ /kJ·mol^{-1}	S°_{298} /J·mol^{-1}·K^{-1}	$C_P = a + bT + c'T^{-2} + cT^2$ /J·mol^{-1}·K^{-1}				
				a	$b \times 10^3$	$c' \times 10^{-5}$	$c \times 10^6$	温度范围/K
WO_3(s)	842.91	764.14	75.90	87.65	16.17	-17.50	—	298~1050
Zn(s)	0.00	0.00	41.63	22.38	10.04	—	—	298~693
Zn(l)	—	—	—	31.38	—	—	—	298~1184
Zn(g)	—	—	—	20.79	—	—	—	298~2000
ZnO(s)	348.11	318.12	43.51	48.99	5.10	-9.12	—	298~1600
ZnS(s)	201.67	196.96	57.74	50.89	5.19	-5.69	—	298~1200
Zr(s)	0.00	0.00	38.91	21.97	11.63	—	—	298~1135
ZrC(s)	196.65	193.27	33.32	51.12	3.38	-12.98	—	298~3500
$ZrCl_4$(s)	981.98	889.03	173.01	133.45	0.16	-12.12	—	298~710
ZrO_2(s)	1094.12	1036.43	50.36	69.62	7.53	-14.06	—	298~1478

附录5　氧化物的标准生成吉布斯自由能 $\Delta_f G^\circ$

反　应	温度/K	每摩尔氧化物 $\Delta_f G^\circ$/kJ
$2Al(l) + \frac{1}{2}O_2 = Al_2O(g)$	1500~2000	$-196.65 - 0.055T$
$Al(l) + \frac{1}{2}O_2 = AlO(g)$	1500~2000	$14.64 - 0.056T$
$2Al(l) + \frac{3}{2}O_2 = Al_2O_3(s)$	1500~2000	$-1679.88 + 0.322T$
$B(s) + \frac{1}{2}O_2 = BO(g)$	1500~2000	$-69.04 - 0.081T$
$2B(s) + \frac{3}{2}O_2 = B_2O_3(l)$	1500~2000	$-1237.84 + 0.217T$
$Ba(l) + \frac{1}{2}O_2 = BaO(s)$	1500~1910	$-552.29 + 0.092T$
$Ba(g) + \frac{1}{2}O_2 = BaO(s)$	1910~2000	$-699.77 + 0.17T$
$Be(l) + \frac{1}{2}O_2 = BeO(s)$	1555~2000	$-601.45 + 0.097T$
$Ca(l) + \frac{1}{2}O_2 = CaO(s)$	1500~1765	$-639.52 + 0.108T$
$Ca(g) + \frac{1}{2}O_2 = CaO(s)$	1765~2000	$-789.62 + 0.191T$
$C(s) + \frac{1}{2}O_2 = CO(g)$	1500~2000	$-117.99 - 0.084T$
$C(s) + O_2 = CO_2(g)$	1500~2000	$-396.46 + 0.0001T$

续表附录 5

反 应	温度/K	每摩尔氧化物 $\Delta_f G^\circ$/kJ
$2Ce(l)+\frac{3}{2}O_2 = Ce_2O_3(s)$	1500 ~ 2000	$-1826.32+0.337T$
$Ce(l)+O_2 = CeO_2(s)$	1500 ~ 2000	$-1029.26+0.214T$
$Co_{(\gamma)}+\frac{1}{2}O_2 = CoO(s)$	1500 ~ 1766	$-238.07+0.073T$
$Co(l)+\frac{1}{2}O_2 = CoO(s)$	1766 ~ 2000	$-253.13+0.082T$
$3Co_{(\gamma)}+2O_2 = Co_3O_4(s)$	1500 ~ 1766	$-874.04+0.349T$
$2Cr(s)+\frac{3}{2}O_2 = Cr_2O_3(s)$	1500 ~ 2000	$-1131.98+0.257T$
$Cu(l)+\frac{1}{2}O_2 = Cu_2O(s)$	1502 ~ 2000	$-146.23+0.06T$
$Cu(l)+\frac{1}{2}O_2 = CuO(s)$	1500 ~ 1720	$-167.36+0.096T$
$2Cu(l)+\frac{1}{2}O_2 = CuO(l)$	1720 ~ 2000	$-153.97+0.089T$
$Fe_{(\gamma)}+\frac{1}{2}O_2 = FeO(s)$	1500 ~ 1650	$-261.92+0.064T$
$Fe_{(\delta)}+\frac{1}{2}O_2 = FeO(l)$	1665 ~ 1809	$-229.49+0.044T$
$Fe(l)+\frac{1}{2}O_2 = FeO(l)$	1809 ~ 2000	$-238.07+0.049T$
$2Fe_{(\gamma)}+\frac{3}{2}O_2 = Fe_2O_3(s)$	1500 ~ 1650	$-800.4+0.241T$
$2Fe_{(\delta)}+\frac{3}{2}O_2 = Fe_2O_3(s)$	1665 ~ 1809	$-798.94+0.24T$
$3Fe_{(\gamma)}+2O_2 = Fe_3O_4(s)$	1500 ~ 1650	$-1085.54+0.296T$
$3Fe_{(\delta)}+3O_2 = Fe_3O_4(s)$	1665 ~ 1809	$-1085.96+0.297T$
$H_2+\frac{1}{2}O_2 = H_2O(g)$	1500 ~ 2000	$-251.88+0.058T$
$Mg(g)+\frac{1}{2}O_2 = MgO(s)$	1500 ~ 2000	$-731.15+0.205T$
$Mn(l)+\frac{1}{2}O_2 = MnO(s)$	1516 ~ 2000	$-408.15+0.089T$
$3Mn(l)+2O_2 = Mn_3O_4(s)$	1516 ~ 1833	$-1418.59+0.373T$
$Mo(s)+O_2 = MoO_2(s)$	1500 ~ 2000	$-547.27+0.143T$
$Mo(s)+\frac{3}{2}O_2 = MnO_3(s)$	1553 ~ 2000	$-476.14+0.054T$

续表附录5

反 应	温度/K	每摩尔氧化物 $\Delta_f G^\ominus$/kJ
$2Nb(s) + 2O_2 = Nb_2O_4(s)$	1500~2000	$-1566.91 + 0.337T$
$2Nb(s) + \frac{5}{2}O_2 = Nb_2O_5(s)$	1500~1785	$-1866.9 + 0.408T$
$2Nb(s) + \frac{5}{2}O_2 = Nb_2O_5(l)$	1785~2000	$-1746.82 + 0.341T$
$2Ni(s) + \frac{1}{2}O_2 = NiO(s)$	1500~1726	$-233.89 + 0.084T$
$2Ni(l) + \frac{1}{2}O_2 = NiO(s)$	1726~2000	$-252.5 + 0.095T$
$\frac{1}{2}P_2(g) + \frac{1}{2}O_2 = PO(g)$	1500~2000	$112.97 + 0.01T$
$2P_2(g) + 5O_2 = P_4O_{10}(g)$	1500~2000	$-3140.93 + 0.965T$
$Si(l) + \frac{1}{2}O_2 = SiO(g)$	1686~2000	$-155.23 - 0.047T$
$Si(l) + O_2 = SiO_{2(\beta)}$	1686~1986	$-947.68 + 0.199T$
$Si(l) + O_2 = SiO_2(l)$	1883~2000	$-936.38 + 0.193T$
$Sn(l) + \frac{1}{2}O_2 = SnO(s)$	1500~2000	$-282.84 + 0.103T$
$Sn(l) + \frac{1}{2}O_2 = SnO(g)$	1500~2000	$-28.45 - 0.043T$
$Sn(l) + O_2 = SnO_2(s)$	1500~1898	$-566.93 + 0.197T$
$Sn(l) + O_2 = SnO_2(l)$	1898~2000	$-513.17 + 0.169T$
$2Ta(s) + \frac{5}{2}O_2 = Ta_2O_5(s)$	1500~2000	$-1989.28 + 0.394T$
$Ti(s) + \frac{1}{2}O_2 = TiO(s)$	1500~1940	$-502.5 + 0.083T$
$Ti(s) + \frac{1}{2}O_2 = TiO(g)$	1500~1940	$26.36 - 0.076T$
$2Ti(s) + \frac{3}{2}O_2 = Ti_2O_3(s)$	1500~1940	$-1481.14 + 0.244T$
$3Ti(s) + \frac{5}{2}O_2 = Ti_3O_5(s)$	1500~1940	$-2416.26 + 0.409T$
$Ti(s) + O_2 = TiO_2(s)$	1500~1940	$-935.12 + 0.174T$
$W(s) + O_2 = WO_2(s)$	1500~2000	$-564.0 + 0.163T$
$W(s) + \frac{3}{2}O_2 = WO_3(s)$	1500~1743	$-814.0 + 0.228T$
$W(s) + \frac{3}{2}O_2 = WO_3(l)$	1743~2000	$-743.71 + 0.188T$

续表附录 5

反　应	温度/K	每摩尔氧化物 $\Delta_f G^\circ$/kJ
$V(s)+\frac{1}{2}O_2=VO(s)$	1500 ~ 2000	$-401.66+0.074T$
$V(s)+\frac{1}{2}O_2=VO(g)$	1500 ~ 2000	$196.65-0.074T$
$2V(s)+\frac{3}{2}O_2=V_2O_3(s)$	1500 ~ 2000	$-1200.81+0.226T$
$2V(s)+2O_2=V_2O_4(s)$	1500 ~ 1818	$-1384.9+0.296T$
$2V(s)+2O_2=V_2O_4(l)$	1818 ~ 2000	$-1262.52+228T$
$2V(s)+\frac{5}{2}O_2=V_2O_5(l)$	1500 ~ 2000	$-1449.76+0.317T$
$Zr(s)+2O_2=ZrO_2(s)$	1500 ~ 2000	$-1079.47+0.178T$

附录 6　离子半径

离　子	半径/pm	离　子	半径/pm
Ag^{+}	126	K^{+}	138
Al^{3+}	53	Li^{+}	59
As^{5+}	49	Mg^{2+}	72
As^{3-}	222	Mn^{2+}	80
Au^{+}	137	Mn^{3+}	65
B^{3+}	12	Mn^{4+}	50
Ba^{2+}	136	Mo^{4+}	66
Be^{2+}	27	Mo^{6+}	62
Bi^{5+}	74	N^{3-}	171
Br^{-}	196	N^{5+}	11
C^{4+}	15	Na^{+}	102
C^{4-}	260	Ni^{2+}	69
Ca^{2+}	100	O^{2-}	140
Cd^{2+}	97	P^{5+}	34
Cl^{-}	181	P^{3-}	212
Co^{3+}	61	Pb^{2+}	121
Co^{2+}	72	Pb^{4+}	84
Cr^{3+}	61	Rb^{+}	149
Cr^{6+}	52	S^{2-}	184

续表附录6

离　子	半径/pm	离　子	半径/pm
Cs^+	170	S^{6+}	29
Cu^+	96	Sb^{3+}	90
Cu^{2+}	73	Sb^{5+}	62
F^-	133	Sc^{3+}	170
Fe^{2+}	63	Se^{2-}	198
Fe^{3+}	67	Si^{4+}	41
Ga^{3+}	62	Sn^{4+}	71
H^-	208	Sr^{2+}	116
Hg^{2+}	110	Te^{2-}	221
I^-	220	Ti^{2+}	80
I^{5+}	94	Ti^{4+}	60
I^{7+}	50	Tl^{3+}	88
In^{3+}	79	Zn^{2+}	75

附录7　某些化合物的标准吉布斯自由能变化 $\Delta_r G^\ominus$(kJ) $=A+BT$

反　应	A	B	温度/K
$4Ag(s)+S_2=2Ag_2S(s)$	−187.4	0.08	298～1115
$2Al(s)+N_2=2AlN(s)$	−603.8	0.195	298～932
$4Al(s)+3C=Al_4C_3(s)$	−215.9	0.042	298～932
$4Al(l)+3C=Al_4C_3(s)$	−266.5	0.096	932～2000
$2Ag(s)+Cl_2=2AgCl(s)$	−251.0	0.107	298～728
$\frac{2}{3}Al(s)+Cl_2=\frac{2}{3}AlCl_3(s)$	−464.0	0.162	298～465
$\frac{2}{3}Al(s)+Cl_2=\frac{2}{3}AlCl_3(l)$	−455.2	0.144	465～500
$2B(s)+N_2=2BN(s)$	−507.9	0.183	298～2300
$C_{(石墨)}+S_2=CS_2(g)$	−12.97	−0.007	298～2500
$\frac{1}{2}C(s)+Cl_2=\frac{1}{2}CCl_4(s)$	−51.46	0.067	298～2500
$C(s)+\frac{1}{2}O_2+Cl_2=COCl_2(g)$	−221.8	0.039	298～2000
$2Ca(s)+S_2=2CaS(s)$	−1083.2	0.191	298～673

续表附录 7

反　应	A	B	温度/K
$2Ca(l) + S_2 = 2CaS(s)$	-1084	0.192	673 ~ 1124
$2Cd(s) + S_2 = 2CdS(s)$	-439.3	0.181	298 ~ 594
$2Cd(l) + S_2 = 2CdS(s)$	-451	0.201	594 ~ 1038
$4Cr(s) + N_2 = 2Cr_2N(s)$	-184.1	0.10	298 ~ 2176
$4Cu(s) + S_2 = 2Cu_2S(s)$	-262.3	0.061	298 ~ 1356
$2Cu(s) + S_2 = 2CuS(s)$	-225.9	0.144	298 ~ 900
$Cu(s) + Cl_2 = CuCl_2(s)$	-200.4	0.129	298 ~ 500
$2Fe(s) + S_2 = 2FeS(s)$	-304.6	0.157	298 ~ 1468
$2Fe(s) + S_2 = 2FeS(l)$	-112.1	0.026	1468 ~ 1809
$Fe(s) + S_2 = FeS_2(s)$	-180.7	0.187	298 ~ 1200
$8Fe(s) + N_2 = 2Fe_4N(s)$	-242.7	0.103	298 ~ 1809
$3Fe(s) + C(s) = Fe_3C(s)$	26.69	-2.408	463 ~ 1115
$3Fe(l) + C(s) = Fe_3C(s)$	10.35	-0.01	1809 ~ 2000
$2H_2 + S_2 = 2H_2S(g)$	-180.3	0.099	298 ~ 2500
$3H_2 + N_2 = 2NH_3(g)$	-100.8	0.228	298 ~ 2000
$H_2 + Cl_2 = 2HCl(g)$	-188.3	0.012	298 ~ 2500
$Hg(l) + Cl_2 = HgCl_2(s)$	-223.4	0.155	298 ~ 550
$3Mg(s) + N_2 = Mg_2N_3(s)$	-458.6	0.199	298 ~ 923
$Mg(s) + Cl_2 = MgCl_2(s)$	-631.8	0.159	298 ~ 923
$Mg(l) + Cl_2 = MgCl_2(s)$	-509.6	0.026	923 ~ 987
$Mg(l) + Cl_2 = MgCl_2(l)$	-610.9	0.129	987 ~ 1376
$2Mn(s) + S_2 = 2MnS(s)$	-535.6	0.131	298 ~ 1517
$Mo(s) + S_2 = MoS_2(s)$	-362.3	0.204	298 ~ 1780
$4Na(l) + S_2 = 2Na_2S(s)$	-880.3	0.263	371 ~ 1156
$3Ni(s) + S_2 = Ni_3S_2(s)$	-328	0.159	298 ~ 800
$2Pb(s) + S_2 = 2PbS(s)$	317.1	0.158	298 ~ 600

续表附录 7

反　应	A	B	温度/K
$2Pb(l)+S_2 = 2PbS(s)$	-327.2	0.175	600～1392
$\frac{3}{2}Si(s)+N_2 = \frac{1}{2}Si_3N_4(s)$	-376.6	0.168	298～1680
$Si(s)+C(s) = SiC(s)$	-63.76	0.007	1500～1686
$Si(l)+C(s) = SiC(s)$	-114.4	0.037	1686～2000
$\frac{1}{2}Si(s)+Cl_2 = \frac{1}{2}SiCl_4(l)$	-307.1	0.089	298～330
$\frac{1}{2}Si(s)+Cl_2 = \frac{1}{2}SiCl_4(g)$	-297.5	0.059	330～1653
$2Ti(s)+N_2 = 2TiN(s)$	-671.5	0.188	298～1940
$Ti_{(\alpha)}+C(s) = TiC(s)$	-183.1	0.010	298～1155
$Ti_{(\beta)}+C(s) = TiC(s)$	-186.6	0.013	1155～2000
$\frac{1}{2}Ti(s)+Cl_2 = \frac{1}{2}TiCl_4(l)$	-400	0.111	298～409
$\frac{1}{2}Ti(s)+Cl_2 = \frac{1}{2}TiCl_4(g)$	379.5	0.061	409～1940
$2V(s)+N_2 = 2VN(s)$	-348.5	0.166	298～2190
$W(s)+C(s) = WC(\varepsilon)$	-37.66	0.002	298～2000
$Y(s)+\frac{3}{2}Cl_2 = YCl_3(s)$	-967.76	0.227	298～994
$2Zn(s)+S_2 = 2ZnS(s)$	-487.9	0.161	298～693
$Zn(l)+Cl_2 = ZnCl_2(l)$	-402.5	0.131	693～1005
$Zr(s)+C(s) = ZrC(s)$	-184.5	0.009	298～2200
$Zr(s)+2Cl_2 = ZrCl_4(g)$	-871.07	0.116	609～2273

附录 8　键焓（$\Delta H^{\circ}_{(A-B)}$（kJ/mol））

	H	C	N	O	F	Cl	Br	I	S	P	Si
H	436										
C	412	348(s)									
		612(d)									
		518(a)									
N	388	305(s)	163(s)								
		613(d)	409(d)								
		890(t)	945(t)								

续表附录 8

	H	C	N	O	F	Cl	Br	I	S	P	Si
O	463	360(s) 743(d)	157(s) 452(d)	146(s) 497(d)							
F	565	484	270	185	155						
Cl	431	338	200	203	254；242	239					
Br	366	276				219	193				
I	299	238				210	178	151			
S	338	259		386(d)		250	212		264		
P	322									172	
Si	318	241	374	425							176

注：s—单键；d—双键；t—三键；a—无定形键。

附录 9 单位转化表

量	厘米-克-秒单位制（c. g. s.）			国际单位制（SI）			转 换
	中文名	英文名	符号	中文名	英文名	符号	
能、功、热量	卡 尔格	calorie erg	cal erg	焦耳 焦耳	joule joule	J J	1cal = 4. 184J $1\text{erg} = 10^{-7}\text{J}$
力	达因	dyne	dyn	牛顿	newton	N	$1\text{dyn} = 10^{-5}\text{N}$
压力（压强）	大气压	atmosphere bar torr	atm bar torr	帕斯卡 帕斯卡 帕斯卡	pascal pascal pascal	$Pa = N/m^2$ $Pa = N/m^2$ $Pa = N/m^2$	$1\text{atm} = 1.013 \times 10^5\ \text{N/m}^2$ $1\text{bar} = 10^5\text{N/m}^2$ $1\text{torr} = 133.32\text{N/m}^2$
浓度	克分子分数	mole fraction	mol/L	摩尔分数	mol-fraction	mol/m^3	$1\text{mol/L} = 10^3\text{mol/m}^3$
表面张力	达因/厘米	dyne/cm	dyn/cm	牛顿/米	newton/meter	N/m	$1\text{dyn/cm} = 10^{-3}\text{J/m}^2$
黏度	泊， 斯托克斯	poise stokes	P St	牛顿·秒/平方米 平方米/秒	newton·s/m^2	Pa·s m^2/s	$1\text{poise} = 1\text{dyn}\cdot\text{s/cm}^2$ $1\text{poise} = 0.1\text{Pa}\cdot\text{s}$ $1\text{stokes} = 1\text{cm}^2/\text{s}$ $1\text{stokes} = 10^{-4}\text{m}^2/\text{s}$
质量	克 克分子	gram gram-mole	g g-mol	千克（公斤） 摩尔	kilogram mole	kg mol	$1\text{g} = 10^{-3}\text{kg}$ 1g – mol = mol

续表附录 9

量	厘米-克-秒单位制（c. g. s.）			国际单位制（SI）			转　换
	中文名	英文名	符号	中文名	英文名	符号	
电流密度	安培/厘米^2	ampere/cm^2	mp/cm^2	安培/米^2		A/m^2	1 amp/cm = 10^4 A/m^2
扩散系数			cm^2/s			m^2/s	1 cm^2/s = 10^{-4} m^2/s
传质系数			cm/s			m/s	1 cm/s = 10^{-2} m/s

冶金工业出版社部分图书推荐